AF493703

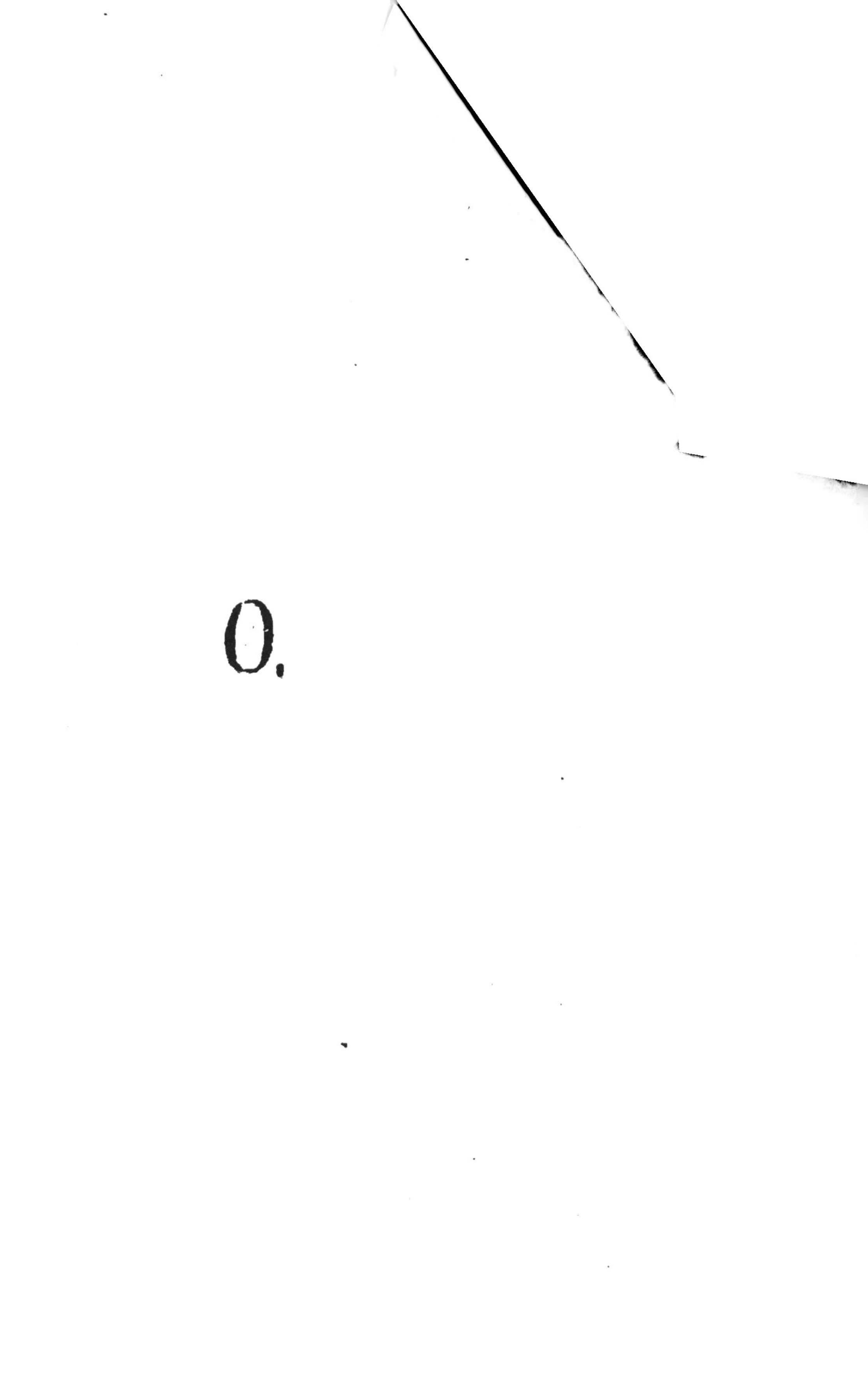

0.

# VOYAGES

# EN ARABIE.

# VOYAGES

# EN ARABIE,

CONTENANT

## LA DESCRIPTION DES PARTIES DU HEDJAZ,

REGARDÉES COMME SACRÉES PAR LES MUSULMANS,

SUIVIS

## DE NOTES SUR LES BÉDOUINS

ET

## D'UN ESSAI SUR L'HISTOIRE DES WAHHABITES,

PAR **J.-L. BURCKHARDT**,

TRADUITS DE L'ANGLAIS

PAR **J.-B.-B. EYRIÈS**.

Ouvrage orné de carte et de plans.

TOME TROISIÈME.

Paris,

ARTHUS BERTRAND, ÉDITEUR,

LIBRAIRE DE LA SOCIÉTÉ DE GÉOGRAPHIE DE PARIS,

RUE HAUTEFEUILLE, N° 23.

1835.

Imprimerie de Mme HUZARD (née Vallat la Chapelle), rue de l'Éperon, n. 7.

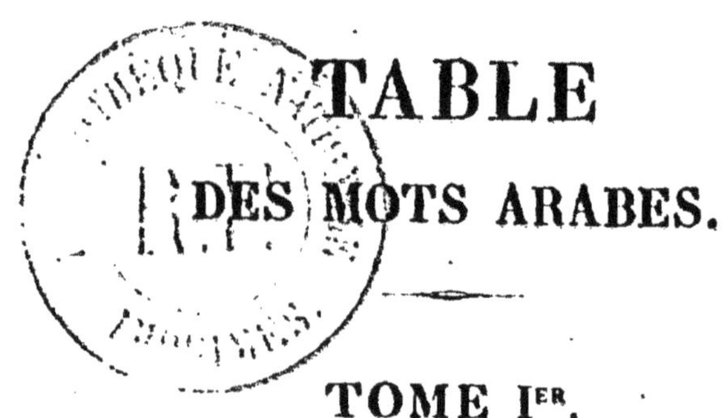

# TABLE
## DES MOTS ARABES.

### TOME I^ER.

#### NOMS DE CONTRÉES ET DE VILLES FRÉQUEMMENT MENTIONNÉES.

حجاز Hedjâz, مكّه La Mecque, مدينه Médine, طايف Thâïf, جدّه Djiddah, ينبع Yambo, نجد Nedjd.

Page XXXII (préface). عصمى A'sami.
4 سيد محمّد المحروق Seïd Mohammed el Mahrouki, عربى جيلانى A'rabi Djeïlâni.
8 سيد على اوجقلى Seïd A'li Odjakli.
39 حمر Homar.
40 رطب Routheb.
41 بقلاوه Baklâwa, قنافه Knâfé.
43 بسطرمه Basthormah.
46 حاجت الرجل Besoins d'hommes.
49 يسر Iosser.
59 حوش Hosch.
70 خاين Khâïn.
*Ibid.* خان Khân, يخون Ykhoûn.
71 رغامه Raghâmé.
72 بياضيه Beiâdhié, فراينه Ferâïné.
*Ibid.* بحره Bahhrah.
73 حدّه Haddah.
75 شميسه Schémeïsah.
76 جرول Djerouel.
78 معابده Moâbedé.
*Ibid.* وادى منى Ouâdi Muna.

79 سبيل الستّ Sebil-es-sitt, محصاب Mohhsâb.
Ibid. مزدلفه Mezdelifé, قزح Kazéhh.
80 ضب Dhob, مازمين Mâzoumeïn, مضيق Medhik.
81 نمره Nimré, عرفاة A'rafât.
Ibid. كباكب Kebâkeb, ريشيه Rischié.
84 كرا Kora.
86 نقب الاحمر Nakeb el Ahmar.
87 بلد Belad.
110 غـزوان Ghazoân.
113 ثقيف Thékif, حمده Hamdé, ثمالة Themâlé.
115 زيمه Zeïmé.
120 مشربه Maschrabé.
124 مطـوف Methouef.
126 ملتزم Multezem.
Ibid. صفى Safa.
127 سعى Saï, الميلين الاخضرين El Mileïn el Akhdhereïn.
129 مطعم Moth'am, نهيـك Nehik.
142 عين عرف Aïn A'rf, شامخ Schâmekh.
144 حـارت Hâret, شبيكه Schebeïkah.
145 الخندريسه El Khandarisé.
148 هجله Hadjelah, مسفله Mesfalé.
Ibid. مخواه Mokhoua.
150 عابديه A'bdié, بركت ماجـن Birket Mâdjen.
153 الجياد El Djiàd.
Ibid. مصعى Mesa'a.
156 سويقه Souciga.
161 كفّيه Keffié (plur. كفافى Kefâfi), قراره Garâra.
162 لعلع La'la'.
Ibid. قعيقعان Keïka'ân.
163 ركوبه Rekoubé.
Ibid. مدعه Moda'a, قشاسيه Keschâsié.
Ibid. شعب المولـد Scha'b el Moled.
164 غزّه Ghazzé.
165 معلا Ma'ala.

وادي النقى Ouàdi el Naka.
67 زقاق المرفق Zokâk el Merfek.
169 شعب عامر Scha'b A'amer.
170 رحا *Rahha*, moulins à bras.
171 حزنة Hazna.
172 معابده Moâbedé.
180 كعبه Ka'aba.
183 معجن Ma'djen.
184 ميزب Mizab, الحطم El Hathim, حجر Hedjer.
186 كسوة Khésoua.
*Ibid.* عريان Urïân.
194 قبّتين Koubbateïn.
203 كتب محبت وتبول Kutub mohhibet we Kouboul.
204 باب الزيت Bâb el Zeït, بغله Baghlé, مجاهد Madjâ-het, زليخه Zoleïkhah, ام هانى Om Hâny, وداع Wodâ'a, العمره Al Omrah, بنى سهم Beni Saham, بنى شيبه Beni Scheïbé, جنايز Djenâïz, سرطاقات Serthâkât, بازان Bâzân, مخزوم Makh-zoum, دخمسه Dokhmasé, شريف عجلان Scherif Adjelân, حزورة Hazourah, خياطين Kheïâthin, جمح Djemah.
205 عطيق Athik, باسطيه Bâsthié, قطبى Kothobi, زياده Ziâdé, دريبه Dereïbé, سدرة Sedrah, عجله Adjalé, زيادة دار الندوه Ziâdé dàr el Nedouah.
211 صرّة الرومى Surrah des Grecs.
212 اغاة الطواشيه Aghât el Thaouâschié.
230 مختبا Mokhtaba.
*Ibid.* قبّة الوحى Kobbet el Ouahi.
232 امنه Oumna.
233 ابو قبيس Abou Kobeïs.
236 مغارة الحرة Moghârat el Hira, جبل حرا Djebel Hira.
237 ثور Thor.
238 بير تنعيم Bir Ten'aïm, اهليلجه Ahliledjé.
247 مشاله Meschâlé.

247 بدن Béden.
249 مروحه *Morouhha,* éventail dont on se sert à la Mecque.
250 حبره Habra, برقع Bourko.
266 محلل Muhullil.
272 ركب المدينه Rukub el Medina.
281 ان الحرم فى بلاد الحرمين «Inné el Haram fi belâd el Harameïn.
298 جوق Djok.
303 دوى بركات Doui Barakât, ابو نمى Abou Nema.
304 عبادله Abâdelé, اهل سرور Ahl Serour, حــرازى Herâzi, جهود Hamoud, سوامله Souâmelé, شنبر Schambar, ثقبة Thokabah, جازان Djàzân, باز Bâz.
319 موالى Mouâli.
320 مربّى Morabbi.
342 مقوّم Mekouem.
355 كانون Kânoun.
362 سباق Sabâk.
381 جمرة الاوسط Djamrat el Aousath, سفلى Sofali, الاقصى El Aksa.
383 منى Muna.
384 خيف Kheïf.
389 مجنه Medjna, ذو المجاز Zou el Medjâz, خاشة Khâscha.
393 طواف الافاضه Thouâf el Ifâdhé.

## TOME II.

2 ميمونيه Meïmounié, وادى فاطمه Ouâdi Fâthmé.
*Ibid.* جمّوم Djemmoum
3 مدوة Médouah, مر Merr.
*Ibid.* صروعة Serouat, ركانى Rakâni.
6 برقا Barka.
7 قعره Ka'rah.
8 ماء وردى Mâ Ouardi.

9 ولكن حكمهم طيب « Mais leur gouvernement est bon. »

10 بير عسفان Bir A'sfân.

*Ibid.* عولا Oouła.

11 خليص Kholeïs.

13 وادى خوار Ouàdi Khaouâr, ثنية Théniet.

14 كلّية Kulleïah, كبيبة Kubeïba, ابو شيخ Abou Schich, عقال A'gâl.

*Ibid.* عتيبة A'teïbé.

15 رابغ Râbegh.

17 عوف Ouef.

20 مستورة Mastourah.

22 مجباة Medjbâh.

23 صبح Soubh.

*Ibid.* وادى زقاق Ouàdi Zogàg.

25 شجر ابو فروة Schedjer abou ferouat, (maronniers d'Inde).

29 بشم Beschem.

31 الخرمة El Kharmah.

32 دار الحمره Dâr el Hamrah, حواسب Houàseb, مقعد Moka'd.

35 النازية El Nàziyèh.

37 الفريش El Fereïsch, الحامده El Hâmeda.

39 الجحفة El Djohfé.

45 تهامة Tehàma.

48 سبّق Sabbak.

*Ibid.* البلاط El Belàth.

49 الساحة Es-Sâhah, كومة حشيفة Komat Hascheïfé, زقاق الطوال Zogàg el Thouâl, الضرّه El Dhorrah, سقيفة شخى Sakifet Schukhi, البقر El Bakar, الحماطة El Hamâthah, الحبس El Habs, عنقينى A'nkini, السماهدى Es-Semàhadi, حارت الميضة Hâret el Meïdhah, شرشورة Scherschourah, بدور Bédour, الاغوات El Aghaouât.

*Ibid.* دروان Derouân, الصالحية Es-Sâlehié, زقاق ياهو Zogàg Yàhou, احمد حيضر Ahmed Haïdhar, بسوغ Besough, سقيفة Sakifet, الرصاص Er-resâs, زرندى Zerendi, كبريت Kibreït, حجامين Hadjàmin, قماشين Kamâschin.

51 مناخ Monâkh.

52 حوش Hosch.

*Ibid.* العنبريه El Ambarié.

53 واجها Ouadjéha, السح Es' Sahh, ابو عيسى Abou A'ïsa, مصر Masr, الطيار El Theïàr, نفيسه Nefisé, حمديه Hamdié, شحريه Schahrié, خيبريه Kheïbarié.

*Ibid.* الاعلى El A'ala, زباب Zobàb, سلع Sol'a.

55 سيل المدينه Seïl el Medinah, بطحان Bathhân, الغابه El Ghâbah, زغابه Zaghâbah.

62 كوكب الدرّى Koukeb ed-durri.

65 مهبط جبرئيل Mahbath Djibraïl.

66 الروضه El Rodhah. — مابين قبرى ومنبرى روضة من رياض الجنه « Entre mon tombeau, etc. »

69 شباك النبى Schobàk en-Nebi.

70 دمر اعدائنا ولهم عذاب النار « Détruis nos ennemis, etc. »

*Ibid.* فاطمه الزهره Fathmé ezz-Zohérah.

72 الشامة Esch'schâmé.

73 باب مروان Bàb Merouàn.

74 الجبر El Djeber, النسا El Nesâ.

77 فراشين Ferràschin.

90 نواخله Nouâkhileh.

94 جبلى Djebeli, حلوه Heloua, حليّه Heleïah.

*Ibid.* صيحانى Sihâni, برنى Birni, جلبى Djelabi.

95 قلايد الشام Kalâïd esch-Schâm.

*Ibid.* رطب Rothab.

96 اثل Ithel.

*Ibid.* المدشونيه El Medschounié.

99 الشطات Eschschathât, وعيره Ouairah.

100 ثور Thor.
101 البقيع El Bekia'.
105 القرين El Koreïn.
108 خروع Khéroa'.
109 مبرك الناقة Mobrak el Nâkah.
110 عين الزرقا Aïn ez-Zerkâ.
112 اوس Aosa, خزرج Khezredj.
113 نواخله Nouâkhelé.
125 فرع Fera'.
145 مرابطين Merâbeteïn.
155 وادى العقيق Ouâdi el Akik, المعدّرجه El M'adde-ridjé, الغابه El Ghâbah, زغابه Zaghâbah, قصر المراجل Kasr el Merâdjel, النقيع Nakiah, ذى الحليفه Zil Haleïfé.
156 السلسله Es-Selseleh.
157 وادى مديق Ouâdi Medik.
159 الواسط El Ouâseth.
160 ثنية واسط Theniet Ouâseth, فارع Fâra', برك Baraké.
*Ibid.* بدر حنين Beder Honeïn.
163 ركب Rukb, الغمامه El Ghemâmé.
165 قوز على Khouz A'li, بريكه Bereïké, عضيبة Adheïbah.
176 هذا رحمة من الله و لكن نحن ما لنا مستحقين الرحمة و نهرب منها « Dieu dans sa grâce, etc. »
175 فرّ من المجذوم كفرارك من الاسد « Fuis le « lépreux, etc. »
181 القعد El Ka'd.
182 جهينه Djeheïné.
183 مويلح Mouïleh, ينبع النخل Yambo el Nakhel, قرا ينبع Kara Yambo (قرا pour قرى ou قرايا), ينبع البرّ Yambo el Berr.
185 رضوى Radhoua, عسيليه Aseïliah.
193 حسانى Hassâni.

194 جهينة Djeheïné, الوجة El Oudjèh, هتيم Heteïm.
*Ibid.* الحرّة El Harrah.
195 اراك Arâk.
196 مرسا الوجه Mersâ el Oudjeh, البلى ElBili.
*Ibid.* ضبا Dhoba, مويلح Mouïleh.
198 شرم Scherm.
199 شروم Scheroum.
200 الحمره El Hamrah.
210 المرخا El Merkhâ, اصيط Ousaïth, غرندل Gharendel, سدر Seder.
213 كبسى Kebsi, شداد Schédâd, كرا Kourâ, عباسه Abbâsa, ملّاوى جدارة Mellâoui Djedârah, مخره Mekhrah, ناصرة Nâsser, لغم Lagham, صور Sour, بجيله Bedjeileh, السرار Es-Serâr, برحرح Berahrah, زهران Zohrân.
214 مشنيه Meschnié, رغدان Raghdân, غامد Ghâmed, قرن المغسل Korn el Maghsal, ال زاهرة Al Zâherah, الرهيطه El Roheïtha, شمران Schamrân, ادمه Adamah, تبالة Tabâlah, حصبا Hasba, عسابلى Asâbeli, بنى شفره Beni Schéfrah, سدوان Sedouân, اهل العريف Ahl Arif, المطفه El Mathfa, ابن معان Ibn Ma'ân, عيل 'Il, عسير A'sir, ابن الشاير Ibn el Schaïr, دهبان Dahbân, قحطان Kahthân, درب ابن العكيده Derb ibn el Okeïdah, رفيضة Refeïdhah.
215 وكشه Ouakaschah, ابيده Abidah, عرين A'rin, شواوى Schouâoui, اهل شاه Ahl Schâh, اهل بل Ahl Bul, يعوض Ia'oudh, حوض ابن زياد Haoudh ibn Ziâd, طهران Thohrân, وادعة Ouâda'ah, كراض Karâdh, رغافه Raghâfah, سحّار Sahhâr, ضحيان Dhohiân, صعضه Sa'dhah, ولى Ouli, عاشميه A'schemieh, بكيل Bekil, حاشد Hâsched.

216 عجيب غولة Ghoulet Adjib, ريده Reïdah, عمران O'mrân, عيال سراج A'ïâl Sorâh, همدان Hamdân, صنعيه Sana'a.

220 بنى سعد Beni S'ad, بقيله Beghilé, رحاب Rehâb, المندق El Mendak, بقاع Bekâ'a, صلّبات Sollebât, خثم Khotham, بل قرن Bel-Korn, ابن دهان Ibn Dohmân, اسمر Asmar, الطور El Thor, شقرتين Schekreteïn, الضحيه Edh-Dhahié, شوهطه Schohathah, الجوف Edj-Djof, رفيضه Refeidha, حرّجه Harradjah, سنحان Senhân, راحه Râhah, حمره Homrah.

221 باقم Bâghem, خولان Khôlân, بيت مجاهد Beit Medjâhed, جرف Djorf, خيوان Kheïouân, حوث Houth, ذيبين Dzibeïn, لية Lié, بسّل Bisel, كلاخ Kolâkh.

222 عسمه Ossamah, ابيله Abilah, بقوم Begoum, غاليه Ghâlié, رنيه Ranié. سبيعه Sabi'ah, بيشه Beïsché, اقلب Oklob.

224 دواسر Douàser.

225 نجران Nedjrân.

226 ليث Leïth, دوقه Doga.

227 حلى Hali, مخواه Mokhoua.

228 جهادله Djehâdelé, لملم Lemlem, فهم Fahem, ربع الخالى Roba' el Khâli.

229 جبرين Djebrin, حصوة Hassouah.

230 دار الحمره Dâr el Hamrah, عجرود A'djeroud, روس النواطير Rous el Novâthir, تيه Tih, نخل Nakhel, العلايا El A'lâïà, سطح العقبة Sath el A'kaba, ظهر الحمار Thaher el Homâr, شرفه Schorafah, مغاير شعيب Moghâïr Schaïb, عيون القصب Ayoun el Kassab, المويلح El Moueïleh, سلما Selma, قلعة ازلم Kala't ezlam, اصطبل عنطر Asthabel A'nthar.

231 عكرة A'krah, حورة Hourah, الحنك El Hank, نبط Nabt, خضيرة Kedheïrah, ينبع النخل Yambo el Nakhel, بدر Béder, القاع El Kâa', جرينات Djèreïnât, عقبة السكر A'kabet es-Souker. خليص Kholeïs, عسفان A'sfân.

232 مداين صالح Medâïen Sâleh.

233 الشفّة Scheffah, الصفحا Es-Safaha.

234 عريض A'reïdh, حفنا Hafna, الصويدر Soueïder, مزينة Mezeïné, حناكيه Hanâkié, ابو خشيب Abou Khescheïb.

235 هيمج Heïmedj, الماوات El Mâouât, البعجه El Ba'djé.

*Ibid.* طاعية Thâ'ïé, نفود Neffoud, غرق الدسم Gherek ed-Desem, جرداويه Djerdâouié, الذات Dât, الرّض Rass, قصيم Cassim.

236 الشنانه Esch-Schenâné, بلغا Balghâ, حشاشيه Heschâschié, هلاليه Helâlié, بكيريه Bekeïrié, بطاح النبهانيه Bathâh el Nebhânié, الشبيبه Asch-Schebeïbé, عيون A'youn, قوار Kouâr, مذنب Mozneb, الوشم El Ouschem, سرّ Sarr, العارض El Â'redh, درعيه Dera'ïé.

237 مكرن Mekren, السحون Es-Sehoun.

238 ضرمه Dhoromah, دريه Derié, بقرّة Bakarrah, قريشات Kereïschât.

239 مطير Metheïr, ام البل Om el-Bel, خيل نجادى Kheïl Nedjâdi.

240 ارز Arez, تعمور Tamour.

241 زدير Zedeïr, حسا Hassâ.

242 اكير Akir, بشر Bischer, الزعب El-Za'b, كهفه Kahfé, لينه Liné.

243 مستجدّه Mestadjeddé, حايل Hâïl, كفار Kofâr, شقيق Schokeïk.

244 تيمه Teïmé.

251 فاضح Fâdhé, خندمه Khandamé, مستبزره Mestebzerah, مرازم Mozâzem, قرن مسقله Korn Meskalé, بنهان Benhân, يقيان Yakiân, اعرج A'aredj, متابخ Motâbekh, شعب ابو دب Scha'b Abou Dobb, خور Khor, عثمن Athmen, قايم Kâïm, الادخر El Adkhar.

252 ارنى Arni, كدا Kéda, بطن ذى طوى Bathn dzi thaoua, مدره Momderah, مغش Moghesch, حصاص Haschâs, قيط Keïth, فج Fedj, اشرس Aschras, كبش Kabsch, بغيبغه Bagheïbaghah, كيد Keïd, ارق Ark, حنظل Hanthal, عقلا Aklâ, ارنيه Irnié, علقا Alkâ, عراب Orâb, غداف Ghadâf, مقبعه Mekba'ah, لاحجه Lâhdjé, قدفده Kadfadé, ضخاضخ Dhokhâdhekh, اضات النبط Adhât el Nabth, ام قردان Om Kérdân, دجانه Dedjâné, ليام Liâm, اخنس Akhnès, القاعد El Kâ'ad, مفجر Mofdjer, خضر Khodher, شعب حوا Scha'b Houâ, رباب Rebâb, ذو الاراكه Dzou el Arâké, انبره Ambara, سميره Semira, سدر Sedar, ذات اللخب Dzât el Lakhob, ارجا Ardja, قفليه Kaflié, ثور Thor, البانه El Bânah.

254 عبد الوهاب Abd el Wahâb.

*Ibid.* تميم Temim, الحوته El Houta, قفار Keffâr.

255 مسالخ Mésâlikh.

*Ibid.* مكرن Mokren.

267 حكروه Rempli de haine (odieux).

272 ابو شوارب Abou Schouâreb.

273 فيصل Faïsal, ناصر Nasser, التركى El Turki.

281. اولاد الشيخ Aoulâd esch-Scheikh.

291 يا فاعل « O faiseur ! » يا تارك « O qui cesse de faire ! » (déserteur.)

296 زكى Zéka.

299 نواب Naouâb, مزكّى Mezakki, عامل A'amil.

304 سلّه Sillé.

305 مراديف Merâdif.

308 حرك Hark.

309 منجيه Mendjieh.

311 السبر Es-Sabr.

313 حارت العباسيه Hâret el Abâsieh

314 امان الله Amân allâh, حلقه Halka.

319 ثاج Thâdj.

321 زبير Zebeïr, ثويني Thocni, صبيحى Sebeïhi, القويط El Koueïth.

323 ابو نقطه Abou Noktha, عثمان المضايفه Othman el Medhaïfe.

325 معبده Moa'bedé.

326 عبد المعيّن Abd el Moaïen.

327 ابن نعمه Ibn Na'mé.

328 بني صبح Beni Sobh.

334 حرك Hark.

336 راس الخيمه Ras el Kheimé, دواسم Daouâsim (ou Douâsin), رفيضه Refeïdha.

345 سيد محمد المحروق Seïd Mohammed el Mahrouki.

376 غاليه Ghâlié.

377 ابن قرشان Ibn Korschân.

388 تركت دين المسلمين و دخلت فى دين الخوارج و دين محمد على « J'ai abandonné la religion, etc. »

393 بخروج Bakhroudj.

406 بجيله Bedjilé.

416 أكلُب Oklob.

427 رس Rass, هجيلان Hedjelân.

## TOME III.

1 عنزه A'nezé.

3 ولد على Oualad Ali, الطيار El Thaïâr, مشادقا Meschâdeka, مريخات Mereïkhât, لحوين Lahhaoueïn, مشطّا Meschuttha, اواض Aouâdh.

4 حامده Hammâmedé, جدالمه Djedâlemé, طلــوح Toulouh, حسنه Hessenné.

5 مساليخ Mesâlikh, روّلا Roualla, جلاس Djelâs.

6 بشّر Bescher.

7 اهل الشمال Ahl el Schemàl.

8 موالى Maouâli, حديديين Hadidieïn.

9 تركمان Turkmàn, عرب تحت جمّل حماه A'rabTahht hammel Hamàh.

11 صليب Soleïb.

12. فحيلى Feheïli, سرديه Serdiè.

14 لجا Ledja, جولان Djolàn,

15 قنيطره Kanneïthera.

17 بنى صخر Beni Sakher, عبس Abs.

18 بلقا Belka.

19 غوز Ghour.

21 حويتاط Haoueïtâth.

22 شرارات Scheràràt.

24 دواز Douàr, نزل Nezel, فريق Ferik.

25 قبيله Kabeilè, فنده Fendé, طايفه Thâifè, بنى Beni, سلف Soulf.

26 مضهور Medhour, ضغن Dha'an, غزو Ghazou.

27 شوقه Schaukè.

28 خروب Kheroub, متّرك Matrek, سفيفه Sefifè, رواق Rouâk, سفاله Sefàlé, مريس Mereïs, خله Khellè.

29 قاطع Kàtha', ساحه Sàhhé. مرقوم Markoum, رجود Redjoud.

30 رفه Roffè.

31 مقصر Makssar.
32 قتب Ketteb, راويه Râvouiè.
33 زتا Zeka, عدل Udel, حرّس Harrès.
34 مسومى Mesoumi, مشلخ Meschlakh.
37 شوبر Schauber, مقرونه Mekrounè, ترقيه Terkiè, تراكى Terâki.
38 رمح سان Remahh Sân, قنّاه Kennâh.
39 هربه Harbé, تومان Toumân.
40 دُرع Dora'a, قلجق Kaldjak.
41 دفن Dafen, لبس Lebs.
42 فتيته Ftita, خافورى Khâfouri, عيش Aiesch, بحتّه Behatta, حنينه Heneïnè, خبز Khoubs, صاج Sàdj.
43 برغل Borghoul.
44 كمايه Kemmâïè, خلاصى Khalâsi, جباه Djebâh, زبيدي Zebeïdi.
47 صُنع Ssona.
48 عُرق Ocrek.
50 مغزل الصوف Meghèzel el Souf.
53 بخيل Bakheïl.
54 وخد حلاله Ouekhod helâlé.
58 خاضره Khâdherè, نخوة Nekhouet.
59 قواله Kouâleh.
60 اسامر Asâmer, للخيل جيتنا يا ديبا للخيل جيتنا حطيبا El kheil djeitna, etc.
61 للخيل صوق يا ديبا El kheïl, etc. هجينى Hodjeini.
63 صحجه Soahdjé, حدو Hadou.
64 مصنع Moszana.
67 سنديان Sindiân.
69 حتوت Hétout.
74 ولولوا Ouelouloua.
76 زكوه Zekàoueh., زكا Zekâ.
78 طلب Thalab, ختب Khetab.

81 انت طالقه Ent Thâlek.

82 طامحه Thâmehhé.

88 مبشع Mebesscha.

99 متراس Metrâs.

140 دالى Dâli.

166 كفيه Keffiè, ارس Arès.

168 شبيقه Schebeïka.

171 مزراق Mezrâk, عرار الديغمى Orâr el Deïghémi, مشهور Maschour.

172 فتيته Ftita, مجلله Medjellèh, مرقده Merkéda, جريشه Djerischa, نقعه Nekâa.

173 شيح Schiba, قرص Kurs, عيش Ayesch, كهكه Kahkih.

175 غرض Gharad, دويره Daouïrèh.

176 قحطان Khathân.

181 رباب. Rabâba, اسامر Asâmer.

183 قوم يا جمل Lève-toi, chameau, سوق marche vîte. تعبان و عطشان Fatigué et altéré. قرب حتى نعلق لك Viens, etc.

190 ما يغطيك الّا فولان Nul autre, etc.

195 انت طالقه Ent Thaleka.

202 رواج Rouadjeh, جاعفر Djâ'aferé.

209 مبشع Mebesché.

211 شحّر Schahher.

212 جربه Djerba, بنيّه Beneï.

213 عقيد A'kid.

219 كفيل Kefil.

225 الحفر و الدفن Creuser et Enterrer.

227 ثار Thâr, ديه Doeï. النار ولا نترك الثار Quand même le feu de l'enfer, etc.

231 حسناى Hasnâï.

233 والله انى ما شقّيت جلدُ و ما يتّمتُ ولدُ Ouallâhi inni ma, etc.

234 ذبح Dhebahh.

238 بايقه Bâikeh, زبن Zeben, تزبنت Tezebbenet, دخلت
243 Dakhelet, مزبنه Mezbené, ملحه Melha.
243 عثمان المضايفه Othmân el Medhâïfe, المضيّان El Medheïân.
252 ابيت وحيد ولا عند اولاد سعيد Abeït, etc.
258 شيجه Scheidjè, سيرجه Siredjé.
266 غفير Ghafeïr, حسناى Hasnâï, حسنه Hasneh.
268 طيب Thaïb.
269 نهارك ابيض Puissent vos jours être blancs, نهارك لبن Puissent les vôtres l'être comme du lait.
270 يا عمنا الّى ماشى معكم موية O oncle! etc. اه والله يا خوى مرحبا بك O, etc.
272 اثر Ather.
277 جاهلية Djâhelié.
278 الاحسنّه Hessenné ou Ahsenné. وادى Ouâdi.
279 جلاس Djélâs, روالّه Rouâlla, قتعيسان Ktaïsân, دغمه Doghana, فريقّه Fereggé, نصير Nassir, امحلف Omhallef, معجل Ma'adjel, عبد الله A'bdellé, فرشا Fer-scha, بدور Bédour, سوالمه Souâlemè.
280 طنا ماجد Thana Mâdjed, فدان Fedhân, سباع Sebâ'a, سلقا Selga.
281 جعافره Dja'âferé, عواجه Ouâdjè.
282 وايل Ouâïl.
283 حويطات Hoveïthât, عطيه Atiè (plur. عطاويه), حيوات Heïvât, لحيوات Leheïvât, طرابين Therabeïn, معازى Ma'âzi, تياها Tiaha.
284 مويلح Mouïleh, حدنان Hadnân, دبور Debour, بدول Bédoul, سيايحه Seïâïhè, حكوك Hékouk, عزازمه Azâzemè, وحيدات Ouahidât, اولاد الفقرا Aoulâd el Fokarâ.
285 رتيمات Reteïmât, خناسره Khanâséra, صوالحا Souâ'léha, صعيد Saïd, عوارمه Ouâremè, غراشى Gh'ei-

raschi, قريش Gherrisch ou Koreisch, رحمى Rahami, مزينه Mezeïnè, عليقات A'leïgât.

286 واصل Ouâssel, شرقيه Scherkieh.

287 عيايده A'iâïdé, سلاطنه Salathéné, جرابنه Djerabené, معازى Me'âzi, موازه Maoualle (lisez Mouâzè), غنايمه Ghanâïmè, شدايده Schedâïdè, زرعينه Zeraïnè, هتيم Heteïm, جهينه Djeheïnè, بلى Bili.

288 عزايزه A'zâïzè, عمارات A'mârât.

289 حنادى Hanâdi.

290 حوامده Houâmedè, اولاد موسى Oulad Mousa, لبادية Lebâdiè, مقنع Megna', عقبه Okaba, مساعيد Mesâïd.

291 وجه Ouodjè, بلى Bili, au sing. بلوى.

293 حسّانى Hassâni. عبس A'bs (plur. عبوس), الحرّه El Harra.

296 شمّر Schâmmar, دغيفات Degheïfât, جعافر Dja'âfer. رباعى Rebâï.

297 عرار الديغمى Orâr el Deïghami, زقيرات Zegeïrat, سلقا Selka, سحون Sahhoun.

298 زعب Za'ab, عقيل Agheïl, زقرتى Zogorti, جماميل Djemâmil.

299 مطير Metheir, علوى Aloua, دويش Douisch, بُراى Borâi, حرابشه Herâbeschè, برسان Borsân, حرب Harb.

300 مزينه Mezeïnè.

301 وحوب Ouhoub, غربان Gharbân, جناينه Djanaïne, سفر Safâr, عمّر A'mmer, فرع Fera', دوينى Doïni.

302 حامده Hâmedè, سالم Sâlem, حواسب Houâseb, صُبح Sobh.

303 شقبان Schokbân, رحالات Rehâlât, خضره Khadhe-

ra, العوف El Ouof, رابغ Râbegh, حيب Haïb, دوى ظاهر Doui Dhâher.

304 غور Ghor, زبيده Zebeïdè.

305 سدّه Sedda, جمّله Djemméla, ساعدين Sâ'adin, عتيبه A'teïbé, (plur. عُتبان).

306 لحيان Lahhiân, مطارفه Methârefè. بنى فهم Beni Fahem, جهادله Djehâdelè.

307 دوى بركات Doui Barakât, قريش Koreïsch, ريشيه Rischiè, كباكبه Kabâkebé, عدوان A'douân.

308 حرّث Harreth.

309 ثقيف Thekif, هذيل Hodheïl, جبل كُرا Djebel Kora, علويين 'Alouieïn, ندويين Nedouieïn, بنى خالد Beni Khâled.

310 بنى سفيان Beni Sofiân, مُضر Modher, ربيعه Rabia'.

311 عُسّمه Ossama, بقوم Begoum. اُقلب Oklob, سبيعه Sabia', سالم Sàlem, قحطان Kahthân, السحامه Es-Sahâma, قرمله Gormola, عاسى A'àsi, دواسر Douâser.

312 يام Iâm, عكمان Okmân, المرّه El Marra, سعد Sad ou Sa'ad.

313 ناصره Nâsser, مالك Malek, غامد Ghâmed, زهران Zohrân, شمران Schomrân, عسابلى A'sàbeli, ابن الاحمر Ibn el Ahmar, ابن الاحمر Ibn el Ahmar, ابن الاسمر Ibn el Asmer, بنى شفره Beni Schafra, عسير A'sir, ابيده Abidé, سنحان Senhân, وادعه Ouàda'a, صحار Sahhâr. باقم Bâgham.

323 ثامريه Thâmerié, نزحّى Nezahhi.

324 قريه Keraïe. اغسل ارجال الفرس و اشرب موينتها Lave les pieds de ta jument, etc.

325 برسيم Birsim.

328 ام البل Om el Bell.

329 جعم Dja'am.

332 هجين Hedjeïn.

334 عشاى Oschâri (de عشر dix).

337 ظهره ليّن تشرب عليه فنجان قهوه Son dos est si doux, etc. ياكل فى شحمه Se nourrira de la graisse de sa bosse, etc.

339 راس Râs, غبيط Ghabeit, قصعه Kissa'a.

340 حاويه Hâouïé, شداد Schedâd, شبريه Schebrié, شقدف Schekdef, تخت روان Takht ravân.

342 العصب El A'sab, فقق Fekek, سرّر Serrer, هلل Hellel, فاهوره Fâhoura, صدره خربان Sedreh khourbân.

346 **MOIS.**

| | | |
|---|---|---|
| Moharrem. | اشور | Achoura. |
| Radjeb. | غرة | Ghourré. |
| Scha'ban. | قصير | Kasir. |
| Schawâl. / Dzu el Ka'dè. | الافطار | (plur.) El Afthâr. |
| Schawâl (seul). | فطر الاول | Fathr el Evvel. |
| Dzu el Ka'dè (seul). | فطر الثانى | Fathr el Thâni. |
| Dzu el Hadj. | العخير | El Dhahir. |

*Ibid.* يا طير يا شايب الراس يا ابو رخم و حدادى
ان كان بدكم لحم ناس احضروا يوم الطرادى

347 بوشان Bouschân.

*Ibid.* ديه Diè.

*Ibid.* ناخذ بثارنا دمك الساخن

## TOME II.

445 الّى ان حال ابيننا الليل و لزمنا دروب فرارهم و بالله القوة و الحيل

*Ibid.* عرضيهم و عرضهم Ordihom oua Ardahom.

447 كرامة لخاطركم و للى وراك

# VOYAGES

DANS

# LE HEDJAZ D'ARABIE.

## NOTES SUR LES BÉDOUINS.

### CLASSIFICATION DES TRIBUS DE BÉDOUINS QUI HABITENT LE DÉSERT DE SYRIE.

Ces tribus peuvent être partagées en deux classes : la première comprend toutes celles qui au printemps et en été s'approchent des cantons cultivés de la Syrie, et les quittent en hiver; la seconde, celles qui restent toute l'année dans le voisinage des endroits cultivés. Dans la première, on compte les tribus des *A'nezé*, dans la seconde, les nombreuses tribus désignées par les noms *d'Ahl el Schémal* et *Arab el Kébli*.

### *A'nezé.*

Les *A'nezé* sont la nation arabe la plus puissante qui se trouve dans le voisinage de la Syrie, et si on y ajoute leurs frères du Nedjd, on peut les considérer formant comme l'un des corps de Bédouins les plus considérables des déserts d'Arabie. Les A'nezé de la partie septentrionale de cette contrée prennent ordinairement leurs quartiers d'hiver dans le désert de *Hammad*, c'est à dire dans la plaine entre le *Hauran* et *Hit*, ville sur l'Euphrate. Le Hammad n'a pas du tout de sources, mais en hiver, les eaux s'y réunissent dans les terrains profonds, et les arbustes ainsi que les plantes du désert fournissent la pâture au bétail des Arabes; les A'nezé ont même franchi quelquefois l'Euphrate et campé dans l'Irak Arabi, et près de Bagdhad. En hiver, ils se rapprochent des frontières de la Syrie, et composent une ligne de camps qui s'étend depuis le voisinage d'Alep jusqu'à huit journées de marche au sud de Damas. Néanmoins leur principal séjour, durant cette période, est le Hauran et les cantons des environs; ils y campent près des villages et même parmi les maisons, tandis que dans le pays plus au nord, du côté de Homs et de Hamah, ils se tiennent généralement à une certaine distance des lieux habités : ils passent tout l'été dans cette contrée, cherchant les pâturages et l'eau; achètent en automne leur provision de froment et d'orge pour l'hiver, et après les premières pluies retournent dans l'intérieur du désert.

Leur grande force les a mis en état de lever un tribut annuel sur la plupart des villages voisins des limites orientales de la Syrie. Il y a plus de quinze ans que tous les A'nezé ont embrassé la doctrine des Wahhabites; les profits qu'ils tiraient des caravanes de pélerins allant à la Mecque, les ont jusqu'à présent maintenus en bonne intelligence avec les gouverneurs turcs, et les ont même engagés à retenir les contributions accoutumées qu'ils payaient au chef des Wahhabites; mais on peut présumer que si le pélerinage ne reprend pas bientôt son ancien éclat, ils redeviendront tributaires des Wahhabites, et conjointement avec eux dévasteront toute la plaine de Syrie.

Les A'nezé du nord, les seuls dont je parle ici, se divisent en quatre branches principales, savoir : les *Aoulad Aly, El Hessenné, El Raoualla* et *El Bescher.*

I. Les *Aoulad Aly* ont généralement leurs quartiers d'hiver sur la route des pélerins jusqu'à Kala'at Zerka. Leur scheikh, qu'on nomme *El Taïar*, occupe le premier rang parmi leurs chefs, et en conséquence, est qualifié *Abou el A'nezé* (père des A'nezé). Les *Aoulad Aly* sont divisés en cinq tribus.

1°. *El Meschadéka*, comprenant les *Arab el Taïar*, tribu du grand scheikh, *El Menzikat* et *El Lahhaoueïn.*

2°. *El Meschatta* : leur scheikh, *Dhouhi ibn Esmeïr*, est en ce moment le plus puissant des chefs des A'nezé, quoique inférieur en rang au *Taïar*; il dérive son crédit de ses liaisons intimes avec le pacha de Damas, auquel il avait l'habitude de fournir, tous les ans, un grand nombre de chameaux pour la caravane des pélerins. Il campe rarement, même en hiver, au delà de huit à dix jours de marche de Damas. Ce fut dans sa tente que se réfugia, en 1810, Youssouf pacha, en fuyant de cette ville.

Les tribus les plus considérables des *Meschatta*, sont : *El Aouadh*, entièrement composée de la grande famille et des parens des Esmeïr; *El Taïour, El Ateïfat, El Mekeïbel.*

3°. *El Hammamedé:* ils vivent principalement sur la route de la Mecque jusqu'à Ma'an; ils ont deux chefs, originairement de la même famille, savoir: *Salem el Edda* et *Embarek el Edda*.

4°. *El Djedalemé*, comprenant deux tribus principales, qui sont : *El Kéreïnat*, et *El Tourschat*; tous suivent à présent la fortune d'Ibn Esmeïr.

5°. *El Toulouhh.* Toutes les principales tribus des Aoulad Aly ont droit au surra, ou tribut des pèlerins, à leur passage au travers du désert: le montant en est noté dans les registres du pacha de Damas, qui est émir el hadj et dans ceux du *khesnédar* (trésorier) de Constantinople : mais le surra s'accroît à chaque voyage, selon qu'il convient au pacha de taxer les différens scheikhs, faculté dont il use largement à son profit, dans les marchés qu'il conclut avec les Arabes pour des chameaux, des chevaux et des moutons. Les Toulouhh sont la seule tribu qui reçoive son surra tout à la fois de Constantinople.

II. *El Hessenné* ne sont pas aussi nombreux que les autres grandes tribus des A'nezé; ils se composent de deux tribus principales :

1°. *El Hessenné*, proprement dits : *Mehanna*, leur scheikh, campe ordinairement dans le désert, à l'est du chemin de Damas à Homs. La bravoure, la générosité et l'hospitalité des Hessenné sont passées en proverbe. Leurs tribus sont : *El Schemsi*, les plus nobles des Hessenné; on a coutume de dire qu'un Arabe Schemsi possède toutes les vertus d'un nomade; *El Keddaba*, *El Aueïmar*, *El Réfasché*, *El Meheïnat*, *El Hedjadj*, *El Schera'abé*.

2°. *El Mesalikh* : ils suivent les bannières de Mehanna, et sont généralement regardés comme mercenaires; quoique supérieurs en nombre aux Hessenné, ils se joignent à eux dans toutes les expéditions, seulement pour participer aux libéralités du chef. Leurs tribus sont : *El Lehhetemi*, *Beni Reschoud* ou *Beni Taleïhan, El Belsan* et *El Semmalek*.

On dit qu'autrefois les Hessenné ne formaient qu'une seule tribu; ensuite ils se divisèrent sous deux frères. Les Hessenné et les Mesalikh perçoivent un tribut sur la caravane de Basra et de Bagdhad qui traverse le désert en allant à Alep ou à Damas; il se monte à trois shillings (3 fr. 75 c.) par charge de chameau; ils lèvent aussi une contribution sur les villages de cette route.

III. *El Raoualla* ou *El Djelas* : tribu puissante possédant plus de chevaux qu'aucune des autres, parmi les A'nezé. En 1809, ils défirent un corps de six mille hommes envoyés contre eux par le pacha de Bagdhad. Ils occupent généralement le désert depuis le Djebel Schammar du côté de Djof, jusqu'au Hauran dans le sud; mais ils campent fréquemment entre le Tigre et l'Euphrate. De même que les autres A'nezé, ils avaient refusé, depuis plusieurs années, le tribut ordinaire au chef des Wahhabites dont ils avaient embrassé la doctrine; leur courageuse opposition au pacha de Bagdhad amena une réconciliation entre eux et Ibn Saoud. En juillet 1810, ils accompagnèrent les Wahhabites dans le Hauran, et conduisirent Ibn Saoud aux villages les plus riches. Chaque printemps, les Raoualla vont rendre visite à la tribu d'Ibn Esmeïr, afin d'obtenir, par son intervention, la permission du pacha d'acheter dans son territoire du froment et de l'orge. Les Djelas n'ont aucun droit au surra des pélerins, ni à une contribution des caravanes de Bagdhad et de Basra. Leurs principales tribus sont : *El Soualemé, El Abdellé, Ferdja, El Bela'aïsch, El Bedour, Ibn Aouïdjé, El Zérak, Sabhan, Hedjilis, Deraïé.*

IV. *El Bescher* : c'est la plus nombreuse des tribus arabes; leur grand chef est Ibn Hadda'l; il campe, avec sa tribu, dans le Nedjd, où les Bescher ont choisi leur demeure. Ibn Hadda'l est en même temps un des principaux personnages de la cour de Deraïeh, si l'on peut qualifier ainsi la résidence d'Ibn Saoud. Il y a une cinquantaine d'années, les Bescher commencèrent à exiger une contribution des caravanes de Bagdhad et de Basra pour leur permettre de passer : les Hessenné l'avaient perçue depuis un temps immémorial. Les Bescher sont partagés en plusieurs tribus puissantes, savoir : *El Fedha'an, Ibn Imhid, Ibn Ghebeïn*, qui me conduisirent à Palmyre en 1810, *Ibn Kaï Schisch, Ibn Ghedzour, El Zeba'a*; en allant à Tadmor (Palmyre), je trouvai tous les lieux où il y avait de l'eau, occupés par des Arabes de cette tribu; il vivent, pour la plupart, dans le Nedjd; *El Maouad'djé; El Matarefé*, dont les frères sont également dans le Nedjd; *El Seleïmat; El Hossenni*, qu'il ne faut pas confondre avec les Hessenné; *El Medheïan.*

Telles sont les informations que j'ai obtenues sur les grandes tribus des A'nezé. Vouloir entrer dans le détail des rameaux moins considérables, ou *touaïefs*, serait entreprendre de donner une nomenclature de toutes leurs familles, puisque chacune, quand elle est considérable, forme, avec sa parenté, une petite tribu particulière. Il est difficile de connaitre le nombre des individus de chaque tribu, par suite d'un préjugé qui leur défend de compter les cavaliers, car, de même que les marchands du Levant, ils croient que quiconque sait le montant exact de son bien, doit s'attendre à en perdre bientôt une partie. Des colporteurs de Damas, qui avaient passé toute leur vie parmi les Bédouins, m'ont raconté des particularités qui me portent à estimer la force des A'nezé dont je viens de faire mention, et sans y comprendre leurs frères du Nedjd, à environ dix mille cavaliers, et peut-être quatre-vingt-dix mille ou cent mille hommes montés sur des chameaux : nombre plutôt au dessous qu'au dessus de la réalité. Ainsi, on peut évaluer la population de tous les A'nezé du nord à peu près à trois cent cinquante mille ames répandues sur un pays dont la surface est au moins de 40,000 milles carrés.

## *Ahl el Schémal.*

Les Arabes ainsi nommés, ou les *nations du nord*, composent les tribus qui campent, toute l'année, soit parmi les villages de la Syrie orientale, soit dans le désert jadis cultivé, depuis le Hauran jusqu'à Palmyre dans le nord, et jusqu'à Sokhné, village à cinq jours de marche d'Alep sur la route de Bagdhad. Ils habitent l'Ard el Schémal ou pays du nord, tandis que les Arabes du Kébli et du Nedjd vivent dans les plaines plus méridionales de l'Arabie; ils ne s'aventurent jamais dans le grand désert de l'est. En proportion de leurs tentes, ils ont plus de chevaux, mais moins de chameaux que les A'nezé. En commençant par le nord, nous trouvons les tribus suivantes :

1°. *El Maouali* : ils demeurent près d'Alep et de Hamah; leur émir ou scheikh reçoit une somme annuelle du gouverneur d'Alep, et en conséquence, il protége les villages de ce pachalik contre les autres tribus arabes. Les Maouali comptent à peu près quatre cents cavaliers; ils passent pour traitres et perfides. Mohammed el Khorfan, que Volney représente comme le chef de trente mille cavaliers, nombre qui excède celui de toute la cavalerie arabe entre la Syrie et Bagdhad, et qui était le père de leur scheikh actuel, assassina déloyalement, dans ses propres tentes, au milieu d'un festin, plus de deux cents A'nezé ses hôtes, afin de s'emparer de leurs jumens. *El Turki, El Djemadjemé, El Akeïdat* sont des tribus issues des Maouali, mais aujourd'hui elles en sont indépendantes. *El Hadheïfa* et *El Medaheïsch*, tribus moins considérables, suivent généralement les Maouali, quoiqu'ils n'en descendent pas. Une partie des *Akeïdat* s'est fixée dans les environs de Deïr (*Thapsacus*) sur l'Euphrate, et y cultive la terre; d'autres de la même tribu, campent près de Baalbec, et une troisième division dans le Djebel Heisch, au sud-ouest de Damas.

2°. *El Hadédieïn* : ils sont souvent en guerre avec

les Maouali, près desquels ils demeurent; ils les égalent par le nombre de leurs cavaliers et sont généralement armés de fusils; ils élèvent beaucoup d'ânes. Leurs femmes sont célèbres pour la blancheur de leur peau. Dans les escarmouches entre eux et les Maouali, le parti vaincu cherche souvent un refuge au milieu des murs des jardins d'Alep. *El Seken,* tribu d'environ six cents tentes, cultive une partie du Djebel Hass à l'est et au sud-est d'Alep. *El Berak* et *El Medjel* sont d'origine kourde ou turkomane; ils errent entre Aïntab et l'Euphrate.

3°. *El Turkman.* Plusieurs tribus nomades d'origine turkomane errent du côté de Hamah et de Homs.

4°. *El Arab Tahht Hammel Hamah,* ou les Arabes payant tribut au mutsellim de Hamah, officier subordonné au pacha de Damas; le tribut consiste en moutons, beurre et quelques chameaux qu'ils sont obligés de lui fournir à bas prix pour le transport des pélerins. Ces tribus sont : *Beni Khaled,* dont une branche demeure dans les environs de Basra; *Beschakin*; *Toka'n*; *Abou Schaban*; *Hauaïeroun*; *El Abou Azi*; *Beni az*; *El Rétoub*; *El Schékara, Ghanamat el Tel, El Karaschieïn, El Rezeïk, El Hadadeïm, El Djemadjemé* : pour une partie de ces trois derniers, voyez ce qui a été dit plus haut. Les Beni Khaled ont de deux cents à trois cents tentes; les autres n'en ont que de cinquante à cent.

5°. Les Arabes du territoire de Baalbec, dans la plaine, à peu près à vingt heures de marche au nord vers Homs. Il paient à l'émir de Baalbec, pour le pâturage d'été sur ses terres, une redevance de quinze ou vingt livres de beurre par tente. Ces Arabes sont : *El Turkman Soueïdiéh*, qui campent également sur le *Djourd el Scherki* ou Anti-Liban, montagne renommée par l'excellence de ses pâturages, et appartenant au territoire de Baalbec; *El Keïdat, El Abeïd*, qui ont quelques tentes, principalement près de Harmel entre El Ka'a et Homs; ils font remonter leur origine à un esclave noir des Harfousch, famille régnante des Métaoulis de Baalbec : ayant été émancipé, il adopta la vie nomade; ils ont plus de quatre-vingts tentes. *El Harb*, faisant partie des *Naïm*. (Voyez plus bas.)

6°. Les Arabes de la fertile vallée de Beka'a ou Cœlésyrie; ils n'y font paître leurs troupeaux qu'en été, et paient tribut à l'émir Bescheir, chef des Druses. Ce sont : une partie des *Faddhal* (voyez plus bas), dont le principal séjour est dans le Kanneteïra et le Djebel Heis; une partie des *Naïm*, dans le même canton que les précédens; *el Nemeïrat*, dont les quartiers d'hiver sont dans le territoire de *Ssafad; el Zereïkat*. On peut ajouter à ces tribus les Arabes *el Haib*, petite tribu qui, en hiver, fait pâturer ses bestiaux près du bord de la mer, entre Djebaïl et Tartous. Quelques familles des Haïb restent dans les montagnes même en hiver; leurs tentes sont dressées près des villages d'Akoura ou de Témerin. En été, les Haïb montent sur le Liban; je les y ai trouvés campés avec leurs troupeaux, en septembre 1810, sur l'Ardh Lahloud, entre Bescherraï et Akoura, près de la plus haute cime de cette montagne : indépendamment des chameaux, des moutons et des chèvres, ils élèvent des vaches, paient tribut au pacha de Tripoli, et passent pour de grands voleurs.

7°. *El Ssoleïb* : cette tribu, des Ahl el Schémal, vit dispersée parmi celles de la même division et celles des A'nezé dont elle est voisine ; elle est sur un pied amical avec toutes, à cause de sa pauvreté, ne possédant ni chevaux, ni chameaux, ni brebis, et presque pas de tentes. Les Ssoleïb construisent de misérables cabanes pour des familles séparées. Quelquefois vingt ou trente familles réunies cherchent un refuge contre les inclémences de l'air dans une grande mais chétive tente. Ils ne possèdent qu'un petit nombre d'ânes, quelques ustensiles de cuisine et un fusil ; leur seul moyen de subsistance consiste dans les diverses sortes de chasses. Hommes, femmes, enfans sont vêtus de peaux de gazelles, dont ils font aussi de grands sacs pour transporter leurs meubles. Ils vont mendier chez les Arabes, et avec les aumônes qu'ils reçoivent, ils achètent de la poudre et du plomb ; ils se nourrissent toute l'année de chair de gazelle sèche.

8°. *Ahl el Djebel*, ou tribus de la montagne. On appelle ainsi les Arabes qui vivent dans les montagnes depuis Homs jusqu'à Tadmor ou Palmyre ; elles composent deux chaînes principales : *Djebel Abiadh* et *Djebel Rouak* qui se réunissent à Tadmor. Ces Arabes reçoivent un tribut des villages de l'Ard el Schémal, mais en revanche, ils en paient un annuel aux Hessenné, tribu des A'nezé. Leurs principales tribus sont *El Ammour*; une cinquantaine de leurs tentes sont ordinairement dressées parmi les cabanes des paysans de Tadmor ; ils ont une excellente race de chevaux.

En allant au sud, nous trouvons beaucoup de tribus arabes demeurant dans le territoire de Damas, surtout vers le Hauran. On peut ranger ces tribus parmi les Ahl el Schémal, du moins les A'nezé les comptent au nombre de ces derniers ; mais les Syriens les regardent comme occupant une place intermédiaire entre les Arabes el Schémal et les Arabes el Kébli. En commençant par les tribus qui sont tributaires du pacha du Damas, nous pouvons les répartir dans quatre divisions.

1°. *Arabes du Hauran : El Feheïli ;* ils ont à peu près deux cents cavaliers ; le pacha de Damas revêt annuellement leur scheikh d'une pelisse, et l'emploie à lever le tribut de tous les Arabes du Djebel Hauran et du canton de Ledja. En retour, le pacha s'attend à un présent de quinze à vingt bourses. Les Feheïli reçoivent un tribut annuel de tous les villages du Hauran. Quelquefois ils n'offrent pas leur présent au pacha, et sont fréquemment en guerre avec le gouverneur du Hauran.

*El Serdié :* ils se partagent en deux tribus, *Arab el Dhaher* et *Arab el Ouaked ;* chacune a deux scheikhs ; les Serdié ont à peu près cent cinquante cavaliers et une excellente race de jumens. Tous les ans, le pacha de Damas fait cadeau à un de leurs chefs d'un habillement complet et d'un assortiment d'armes, et reçoit en retour une jument. Le chef, honoré de cette manière, est qualifié *Scheikh el Hauran*, et prête assistance aux troupes du pacha contre tout ennemi qui envahit le Hauran ; mais de même que les Feheïli, les Serdié sont fréquemment en guerre avec le pacha, et reçoivent de tous les villages du Hauran un tribut qui est double de celui que lèvent les Feheïli.

*Ahl Djebel Hauran :* ce sont plusieurs tribus qui vivent en paix avec tous leurs voisins et n'oublient jamais leur obéissance au pacha de Damas. Elles ne sortent jamais de leurs montagnes où elles changent de demeure pour chercher des pâturages : ces Arabes sont les pasteurs des paysans du Hauran dont ils mènent paître les troupeaux de brebis et de chèvres parmi les rochers des montagnes. Au printemps, ils renvoient les bestiaux à leurs propriétaires : ceux-ci les gardent trois mois dans leurs villages pour les traire et faire du beurre, et vendent les petits à Damas ; ces Arabes reçoivent pour leur peine le quart des agneaux et des chevreaux, et la même portion du beurre, ils portent aussi du charbon à Damas. Voici leurs tribus : *Schenabelé, El Hassan, Haddié, El Scherfat, El Mezaïd, Beni Adham, El Ssammarat, El Kerad* ou les Kourdes, nommés ainsi d'après leur origine ; ils ont oublié leur langue nationale, et sont devenus Arabes sous tous les rapports ; *El Raufa, El Gheiath ;* quoique l'on compte ceux-ci parmi les Ahl Djebel Hauran, ils campent rarement sur cette montagne ; ils demeurent ordinairement dans le canton d'el Ssafa, à un jour et demi de marche du Djebel Hauran ; comme les approches en sont difficiles, ils peuvent défier le pacha de Damas ou les tribus arabes réunies. Le Ssafa est un territoire rocailleux et uni, qui a des pâturages excellens ; les Gheïath possèdent à peu près quatre-vingts chevaux. Ces tribus ont chacune de quatre-vingts à cent tentes, les Schenabelé sont les plus nombreux.

2°. *Arab el Ledja*. Ceux-ci errent dans le Ledja, canton rocailleux, mais uni, au pied nord-ouest du Djebel Hauran. Son étendue est d'une journée de marche en largeur et de deux à trois en longueur; il est rempli de retraites aussi difficiles à forcer que celles du Ssafa. Cette circonstance induit souvent les Arabes à ne pas payer leur tribut au pacha de Damas, ce qui occasione une guerre : alors ils font des excursions et pillent les villages du Hauran; mais le manque de sources dans leur pays les oblige à conclure la paix aux approches de l'été; leur tribut, perçu par les Feheïli, est de dix à soixante piastres par tente, suivant la fortune du propriétaire. Leurs principales tribus sont : *El Szolout* et *El Medledj*; les deux plus fortes, comptent chacune à peu près cent cinquante tentes : *El Selman*, *El Dhoueïheré*, *El Seïalé*. Le nombre total de leurs cavaliers est de soixante à quatre-vingts; mais chaque tente a un mousquet. Ces Arabes vendent du charbon aux paysans du Hauran.

3°. Les Arabes du *Djolan*. C'est une province située à peu près à huit heures de marche de Damas; elle a une étendue de trois journées vers le sud-est; sa largeur est à peu près de dix heures. Le pacha de Damas désigne un officier appelé *Hakim ed Djolan*, pour faire payer le *miri* aux paysans et le tribut aux Arabes. Les tribus qui campent dans les plaines du Djolan sont : *El Diab*, *El Naim*, *El Ouosié*, et *El Menadhéré* qui demeurent sur les bords de l'*Ouadi Hami Sakar*, torrent venant du

Hauran, et prenant le nom de *Schéreat el Mandhour*, en approchant de la mer Morte. Quelques uns de ces Arabes ont des demeures fixes, mais continuent à vivre sous des tentes; ils cultivent, sur les bords de la rivière, des jardins à fruit dont les productions sont achetées par des colporteurs qui vont les vendre dans le Hauran. Les *Beni Kélab*, nommés aussi *El Kélabat* ou *El Makloub*, vivent au sud du Djolan.

4°. Les Arabes *de Kanneteïra* ou du *Djebel Heisch*. Kanneteïra est un petit village avec un khan à deux jours de route au sud-ouest de Damas, au milieu du *Heïsch el Kanneteira* (forêt de Kanneteïra), ou simplement *Heisch*, montagne qui, partant du pied du Djebel el Scheikh, se prolonge, sous diverses dénominations, jusqu'à l'extrémité sud-est de la mer Morte, où elle se joint aux monts de l'Arabie Pétrée. Les Arabes habitent le Heisch jusqu'à la distance d'environ quatre journées au sud de Damas, et descendent également sur le flanc occidental de la montagne dans les plaines au nord-est du lac Samachonitis qu'ils nomment *el Houlé*; on y trouve toujours quelques unes de leurs tribus. L'aga de Kanneteïra, qui est un officier du pacha, recueille le tribut annuel des Arabes, généralement payé en espèces et déposé dans le château de Mézérib. Tous ces Arabes vivent constamment en paix. Voici leurs tribus :

*El Faddhal*. Ibn Hassan leur scheikh prend le titre d'émir; ils demeurent principalement dans le Heisch. J'ai déjà parlé d'eux parmi les Arabes du Beka'a et du Djolan. Ils ont de deux cent cinquante à trois cents tentes ; ils approvisionnent Damas de lait, de moutons et de charbon, qu'ils font avec le chêne très commun dans le Heisch. Leurs petites tribus sont *el Herouk* et *Adjremié.*

*El Naïm*, tribu arabe très puissante. De même que les Faddhal qui vivent dans le même canton qu'eux, ils fournissent à Damas du lait, du leben, sorte de lait aigre, du beurre, du fromage et du charbon ; ils paient régulièrement leur tribut au pacha ; les uns cultivent la terre dans diverses parties des montagnes, d'autres sont nomades ; ils ont peu de chevaux, mais beaucoup de moutons qu'ils vendent à Damas et dans les montagnes des Druses et du Liban ; pendant leur séjour d'été dans le Beka'a, ils ont de quatre à cinq cents tentes ; une de leurs petites tribus est appelée *El Harb.*

*El Aoussié.* Quelques uns cultivent le riz et le dhourra dans les montagnes, mais demeurent sous des tentes et changent de place après chaque récolte ; ils ont des chameaux, des moutons et des vaches ; il y en a qui vivent dans le Houlé et élèvent des buffles. Ils se partagent en deux tribus : *El Hama'sé* et *El Baka'ra.*

*El Schoua'ïe, El Diab, El Kebaré, El Dja'ateïn, Beni Rabia, El Meham meda't, El Turkman;* ces derniers ont un camp d'à peu près cent soixante tentes dans le Heisch ; ils continuent à parler le turc et peu d'entre eux comprennent même l'arabe. Leurs deux petites tribus sont *El Nahaiat,* et *El Souadié,* ainsi nommés parce que tous leurs moutons sont noirs.

*Beni Az, El Laheïb, El Semaké,* ainsi nommés

parce qu'ils quittent rarement les bords du lac Houlé, où ils font la pêche; *El Berkeïat, El Athé, El Ouaheib, El Zegherié, El Seia'd, El Azzié, El Habi Heïa, El Daheioua't, El Arakié, El Scherazil, El Scham*. Presque toutes ces tribus ont de quarante à soixante tentes chacune. *Les Diab, les Arakié* et les *Beni Az* en ont chacun une centaine, elles vivent en bonne harmonie les unes avec les autres, et ont constamment des rapports avec Damas : de même que les Beka'as, on les nomme *Arab ettaou* (Arabes assujettis). Avant de parler de ces derniers, je dois faire mention de trois tribus d'Arabes libres qui campent généralement au sud du Djolan; ce sont les *Beni Ssakher, El Serhhan* et *Beni Aïssa*.

Les *Beni Ssakher* errent dans la plaine, depuis la quatrième jusqu'à la huitième station des pélerins, et de là à l'ouest vers le mont Belka'a, prolongement du Djebel Heisch; ils campent aussi dans le Hauran. Ils ne paient pas de tribut au pacha, mais sont très redoutés par les troupes, les *Ssokhouri* (pluriel de *Ssakher*), étant renommés pour leur bravoure; ils pillèrent la caravane des pélerins en 1755. Leur corps vigoureux, leurs larges traits et leur barbe touffue, ne prouvent pas qu'ils tirent leur origine des Bédouins; cependant ils se vantent d'être les seuls descendans des *Beni A'bs*, ancienne tribu du Nedjd fameuse dans l'histoire des Bédouins. Ils sont presque continuellement en guerre avec les A'nezé, qui en été s'approchent de leurs habitations. Le dialecte arabe des Beni Ssakher a le ton encore plus chantant que celui des A'nezé. Ils comptent près de cinq cents cavaliers; ils se partagent en deux tribus : 1° *el Taouakka*, qui se subdivisent en *El Hakisch* et *El Bersa'n*, *Beni Zeïn* et *Beni Zeïdan*; 2° *El Ka'abené* dont la petite tribu est les *Beni Zeheïr*.

*El Serhhan*, ou *El Serraheïn*, ces deux noms étant au pluriel : ils campent généralement près des *Beni Ssakher*, avec lesquels ils vivent en bonne intelligence, et se réunissent contre les A'nezé. Il y a deux siècles, les Serhhan étaient maîtres de tout le Hauran; mais les Serdié les repoussèrent dans le désert jusqu'au Djof, où ils furent presque réduits à mourir de faim avec leurs bestiaux; alors ils revinrent et se joignirent aux Beni Ssakher. Ils ont à peu près trois cent cinquante cavaliers. On leur reproche de n'observer qu'extérieurement le jeûne du ramadhan; leurs femmes sont renommées pour la blancheur de leur teint. On pense que l'origine de cette tribu dérive de la Mésopotamie; ses subdivisions sont : *Ibn Ramlé*, *Ibn Rajaé*, *Ibn el Baili*, et les *Hebeïleï*.

Les Beni Aïssa égalent en force les Serhhan. Ils sont de même qu'eux amis des Ssakher et ennemis des A'nezé, ils exigent le tribut des caravanes de Bagdhad et de Basra.

### *Arabes du mont Belka'a.*

Le Djebel Heisch prend le nom de *Djebel Belka'a* à cinq jours de marche au sud-sud-ouest de Damas, à l'ouest de Fedheïn, village sur la route des pélerins. C'est là que demeurent ces Arabes; ils étendent leurs campemens jusqu'à Kérak el Schaubak à l'angle sud-est de la mer Morte, et descendent sur le versant occidental de la montagne, dans les plaines voisines de ce lac. Ils comprennent une quarantaine de petites tribus, et composent en tout de trois à quatre mille tentes. Ils tirent leur commune origine de la tribu des *Heteïm*. Leur grand scheikh paie un tribut annuel de deux mille moutons au pacha de Damas; toutefois son obéissance est très précaire. Ces Arabes vont vendre du bétail à Jérusalem; plusieurs sont devenus cultivateurs, mais continuent à vivre sous des tentes. Leurs principales tribus sont *Beni Hassan*, et *Ibn al Ghanam*, les deux plus nombreuses; *El Hatabié*, *El Abad*, *El Adjeremé*, *El Bedeïat*, *El Djehaouasché*, *El Aouathem*, *El Scheïrat*; *El Zefeïfa*, *El Rescheïdé*, *El Dadjé*, *El Billi*, *El Khanatelé* et *El Meschalékha*.

En allant à l'ouest du Belka'a, nous trouvons dans les plaines voisines de la mer Morte et du lac de Tabariéh beaucoup de tribus considérables comprises sous le nom d'Arabes *du Ghour*; cette domination de *Ghour* étant donnée à tous les terrains marécageux. Ces Arabes sont partagés en quatre classes, d'après les lieux qu'ils habitent.

Les Arabes Ghour de *Tabarié*, ce sont: *El Sekhour*, qu'il faut bien se garder de confondre avec El Ssekhour nommés précédemment; *El Fuout*, *El Baschatoué*.

Les Arabes Ghour de *Tabariéh*, qui sont *El Ghezaouaïé*, *El Baouateïn*, et *Beni Fad*.

Les Arabes Ghour d'el *Khods* ou Jérusalem, qui vivent entre cette ville et la mer Morte. Leur principale tribu est *El Mesoudi*, dont le scheikh est qualifié *émir el Kods :* ils lèvent des tributs considérables sur les pélerins chrétiens allant à Jéricho et à la mer Morte.

Les Arabes Ghour de *Riéha :* leurs tribus sont *El Djermié* et *El Tameré*. Beaucoup d'Arabes Ghour cultivent la terre et élèvent des buffles, vont vendre tout leur bétail au marché de Jérusalem, et paient tribut au mutsellim de cette ville.

En retournant de l'ouest vers les parties méridionales de la mer Morte, nous trouvons *El Djelaheïn*, tribu arabe campée près de Hébron ou Khalil; ils cultivent la terre et vivent sous des tentes, ils ont peu de chevaux, mais beaucoup de fusils.

### *Ahl el Kébli.*

Les tribus dont je vais m'occuper sont nommées *Ahl el Kébli* ou nations du sud, par opposition à celles du nord ou *Ahl el Schémal*. Au sud des tribus du Belka'a, habitent les Arabes *el Kérak*, ainsi nommés du village de *Kérak el Schaubak* prés duquel on les trouve. Ce village a un château sur une montagne au dessus et à l'angle S.-E. de la mer Morte, c'est l'ancien Nebo (1). Les habitans de Kérak, au nombre de six cents chrétiens et d'autant de Turcs, sont des espèces de nomades, qui abandonnent leurs maisons en été et errent avec leurs famil-

(1) *Deutéronome*, ch. XXXIV, v. 1.

les et leurs troupeaux, en cherchant des pâturages et de l'eau. Les Turcs de Kérak sont Wahhabites; les chrétiens paient un tribut annuel au gouvernement de ceux-ci. Les tribus arabes du Kérak sont : *El Ammer*, qui comptent près de trois cents cavaliers, et exigent un surra de la caravane des pélerins; ils contractent souvent des mariages avec la population de Kérak; *El Ssoleït*, qui ont quatre-vingts cavaliers et deux cents mousquets; ils n'ont que peu de chameaux; *Beni Hammeïdé*, qui cultivent le désert en plusieurs endroits.

Au sud de Kérak, la montagne change encore de nom et prend celui de *Djebel Schéra'*, dont les branches latérales s'étendent vers Gaza. Elle est peuplée par les Arabes *el Hadjadjé*, qui ont quatre cents cavaliers. Les paysans cultivent aussi la terre dans la vallée de *l'Ouadi el Hassa*, torrent qui se jette dans la mer Morte, et ils paient en tribut à ces Arabes la moitié de leurs récoltes. *Beni Naïm* vivent dans le territoire de Ma'an, neuvième station de la route des pélerins de la Mecque.

*El Haoueïtat*, dans le territoire d'*Akaba' el Schamié* ou Akaba de Syrie, qui est la dixième station de la caravane des pélerins en venant de Damas, à un jour et demi de marche d'*Akaba' el Masri* ou Akaba d'Egypte sur le golfe oriental de la mer Rouge. Ils ont trois cents cavaliers, et peuvent fournir un corps considérable de conducteurs de chameaux. Ils entretiennent constamment des communications avec le Caire. Une caravane de plus de quatre mille chameaux part tous les ans de chez ces Arabes pour la capitale de l'Egypte, où elle achète du froment, de l'orge et des vêtemens; on l'appelle *Kheleït*. Dans les temps de sécheresse, les Haoueïtat s'approchent de Gaza ou de Hébron. Ils sont subdivisés en une douzaine de tribus, dont les principales sont : *El O'mra'n, el Dja'si, el Mesk* et *el Resaï*.

*El Schera'ra't*, dans la plaine sablonneuse au sud d'Akaba el Schamié, et à l'est de la route des pélerins. Leur nombre est considérable; tous sont Wahhabites. Ils ont peu de chevaux, mais une quantité innombrable de chameaux; presque tous ont un mousquet. Ils vivent en bonne intelligence avec leurs voisins. Des bandes de ces Arabes vont tous les ans dans le Hauran et vers Gaza, vendre des chameaux et acheter du froment. Ils paient tribut à toutes les tribus des A'nezé, et à quelques unes des Arabes Kébli et Schémal. Les Beni Ssakher prennent trois piastres de chaque propriétaire de tente qui passe; El Taïar exigent une piastre forte. On compte parmi leurs nombreuses tribus : *El Kheïal, El Lehaouaï* et *Beni Haueïni*.

Au sud des Schera'ra't, à l'est de la route des pélerins, jusque dans le voisinage de la Mecque, tout le pays est habité par les A'nezé.

Au milieu du désert de l'est, à vingt-cinq jours de route de Damas, dans la direction de Deraieh, le Djebel Schammar court de l'ouest à l'est; cette chaîne de montagnes est habitée par les *Beni Schammar*, ennemis mortels des A'nezé. Quelques unes de leurs tribus vivent dans l'Irak Arabi; on les y nomme *El Djerba* : ce sont, avec les *Dhofir*, les tribus les plus puissantes des environs des Bagdhad; ils font des incursions fréquentes de pillage dans le

Hauran. *El Temeïat, El Meniat, Ibn Ghazi, Baïr* et *El Fesiani* sont des tribus des Beni Schammar.

On peut énumérer ici les principales tribus arabes qui habitent les bords de l'Euphrate, depuis el Bir jusqu'à Anak. En descendant ce fleuve, le pays sur la rive droite, entre ces deux endroits, est nommé *el Zor;* voici les tribus des Arabes el Zor : *El Akeïdat, Abou Schaban, Beni Saïd, El Aouldé :* cette tribu, qui est la plus nombreuse, se subdivise en *Arab el Fahhel,* et *Arab el Dendel; El Sabkha, El Bakara, El Djebour* et *El Deleïb.* Plusieurs de ces Arabes cultivent la terre, et vivent sous des tentes; ils paient tribut à tous les chefs des tribus A'nezé et approvisionnent Alep de miel, de beurre et de fromage.

## MOEURS ET USAGES.

Les détails dans lesquels je vais entrer se rapportent exclusivement aux A'nezé; ceux-ci sont, parmi les Arabes de la Syrie, les seuls qui soient véritablement Bédouins; les mœurs des autres, dans le voisinage de ce pays, ont plus ou moins dégénéré; plusieurs tribus sont assujetties, tandis que l'A'nezé, né libre, est encore gouverné par les mêmes lois qui s'étendaient sur le désert au commencement de l'ère musulmane.

### *Manière de camper.*

Les A'nezé sont nomades dans la plus stricte acception de ce mot, car durant toute l'année ils sont dans un mouvement presque continuel. En été, ils campent près des frontières de Syrie, et en hiver se retirent dans le cœur du désert ou vers l'Euphrate; en été, ils s'établissent tout près des ruisseaux et des sources qui abondent dans le voisinage du désert de Syrie, mais ils restent rarement plus de trois ou quatre jours dans le même endroit; aussitôt que leur bétail a consommé l'herbe près d'un lieu où il y a de l'eau, ils vont chercher d'autres pâturages, et l'herbe qui repousse sert à un campement suivant.

Les camps varient pour le nombre des tentes; tantôt il n'est que de dix, tantôt il se monte à huit cents; quand il est peu considérable elles sont rangées en cercle et leur ensemble porte le nom de *douar;* mais, quand il est très grand, elles sont disposées sur une ligne droite, ou sur un seul rang de tentes isolées, surtout le long d'un ruisseau; quelquefois il y a trois ou quatre de ces rangées derrière les unes les autres : ces derniers camps sont nommés *nezel.* En hiver, lorsque l'eau et les pâturages ne manquent jamais, la manière de camper est différente : alors toute la tribu se répand sur la plaine en groupes, composés chacun de trois ou quatre tentes, et séparés l'un de l'autre par un intervalle d'une heure et demie de marche; cette manière de camper s'appelle *fereïk.* Dans le douar, ainsi que dans le nezel, la tente du chef ou scheikh est toujours du côté occidental; car c'est de là que les Arabes de Syrie attendent leurs ennemis aussi bien que leurs hôtes. S'opposer aux premiers et faire accueil aux derniers est la principale affaire du scheikh, et comme l'usage de l'hôte est de s'arrêter à la première tente qui se présente à lui dans le camp, le scheikh doit se trouver du côté par où il arrive le plus d'étrangers; il est même honteux pour un homme riche de dresser sa tente à l'est (1).

Chaque pére de famille fiche en terre sa lance à côté de sa tente, et attache par devant son cheval ou sa jument, s'il en a un : c'est là aussi que ses chameaux se reposent pendant la nuit. Les moutons et les chévres restent jour et nuit aux soins d'un berger qui tous les soirs les raméne à la tente.

En revenant de Tadmor à Damas, je rencontrai, dans un même jour, deux camps considérables cheminant lentement dans la plaine pour chercher de l'eau et des pâturages; voici l'ordre de leur marche. Un *soulf* ou détachement de cinq à six cavaliers précédait la tribu à une distance d'à peu près quatre milles, pour reconnaitre le pays; le corps principal occupait une ligne de trois mille au moins de front. On voyait d'abord des cavaliers et des chameliers armés à cent cinquante pas de distance l'un de

(1) Les grandes tribus parmi les Arabes sont appelées *Kabeïlé*; par exemple : *Kabeïlé Aoulad Aly*; les subdivisions des Kabeilé sont nommées *Fendé*; par exemple, *Fendé el Mesalikh*. Les petites tribus formées d'individus de plusieurs autres et d'étrangers sont nommées *Ascheïré*; par exemple *Ascheïré el Naïm*. Les A'nezé regarderaient comme une marque de dédain qu'on appelât leur tribu *Ascheïré*. Le mot de *Taïfé* désigne toutes les familles d'une tribu qui peuvent faire remonter leur origine à un ancêtre commun : tantôt elles comprennent plusieurs centaines de tentes, tantôt deux ou trois seulement. Toutes les tribus arabes portent la dénomination de *Beni*, mais ce terme se perd souvent pour faire place à une appellation plus récente; c'est à dire chaque tribu tire son origine d'un grand ancêtre; ainsi, parmi les A'nezé, El Mesalikh, El Hessené et Aoulad Aly sont tous les trois des Beni Ouaheb, bien que jamais on ne les qualifie ainsi.

l'autre qui marchaient en avant, puis les chamelles avec leurs petits, s'avançant en rangs élargis et broutant les plantes sauvages, ensuite les chameaux chargés de tentes et de provisions; enfin les femmes et les enfans montés sur des chameaux, ayant des selles en forme de berceaux, munis de rideaux pour les préserver du soleil. Les hommes à cheval étaient au milieu ou le long du corps principal, mais, pour la plupart, sur le front de la ligne; quelques uns menaient leurs chevaux par le licou; la masse de ce corps en mouvement avait une profondeur de deux milles et demi. En allant à Tadmor, j'avais vu ces Arabes campés : j'estimai le nombre des tentes d'un camp à deux cents, et celui de l'autre à deux cent cinquante. Je n'aperçus à pied que quelques bergers qui conduisaient les brebis et les chèvres à peu près à un mille en arrière du corps principal.

Dans une marche, les chameaux chargés appartenant à une tente sont désignés par le nom collectif de *medhour* ou *dha'an*, du pluriel *medhaer* ou *dhaoun*, ce qui implique alors tous ceux de la troupe.

Les mots *benoua al beiout* signifient qu'on a dressé les tentes (ils ont bâti les maisons); *heddoua elbeiout* ou *terhoua el beiout*, qu'on les a abattues; *heddoua oua meddoua*, qu'on les a abattues, et qu'on est parti. Un camp volant d'Arabes armés pour une expédition, n'importe qu'ils montent des chevaux ou des chameaux, se nomme *ghazou*. Le ghazou a campé, *nouwakh el ghazou*; le ghazou a plié ses tentes, *tououah el ghazou*; mais ces expressions sont inconnues des habitans de la Syrie qui n'ont pas de communication avec les Bédouins.

### *De la tente et de ses différentes parties.*

La tente est nommée *beith* (maison); jamais on ne se sert du mot *kheimé*, qui est le terme connu en Syrie. La couverture de la tente, *zhaker el beith*, consiste en pièces d'un tissu de poil de chèvre noir, dont la largeur est de trois quarts d'yard (1); sa longueur est égale à celle de la tente; suivant la hauteur de la tente, dix ou plus de ces pièces ou *schauké* sont cousues ensemble; ce tissu est impénétrable à la pluie la plus abondante, ainsi que l'expérience me l'a prouvé. Les perches de la tente sont nommées *amud* ou colonnes; il y en a ordinairement neuf, dont trois au milieu, et un nombre égal de chaque côté de la tente: des trois du milieu, la première ou la plus proche des gens qui entrent est nommée *makdoum*, l'intermédiaire *ouaset* et la plus éloignée *dafa*. Des trois perches latérales, de l'appartement des hommes, à gauche, en entrant dans la tente, la première, de même que la dernière, est appelée *yed* (main); l'intermédiaire, *kaseré*. Afin que ces perches soient plus fermes quand on les fait entrer dans la couverture de la tente, on coud des morceaux de vieux abbas ou manteaux de laine aux huit coins où ces perches doivent être fixées, ces morceaux sont nommés *koum el beith*; leur extrémité inférieure est

(1) Le yard, mesure anglaise, équivaut à 914 millimètres de France; par conséquent, les trois quarts font 686 millimètres.

entortillée autour d'un bâton court aux deux bouts duquel est noué un *khéroub* ou cordon de cuir; chaque perche, excepté l'*ouaset* ou celle du milieu, a son khéroub. A ces cordons sont attachées les cordes qui assurent la couverture de la tente (1).

Afin que les pièces de tissu de poil de chèvre dont la tente est composée ne soient pas déchirées quand les perches du milieu sont ôtées avec force, on a jugé nécessaire de coudre intérieurement un morceau étroit du même tissu, en travers de la couverture de la tente, le long de la rangée des perches du milieu; ce morceau se nomme *matrek* ou *sefifé*, ses extrémités sont cousues au kheroub du makdoum et du défa; le derrière de la tente est fermé par le *rouak*, pièce de tissu de poil de chèvre de trois à quatre pieds de haut, à laquelle est cousu un *sefalé*, portion de vieux manteau ou abba, qui pend jusqu'à terre. Le rouak et le sefalé empêchent le vent d'entrer; le rouak est attaché à la couverture de la tente par les trois perches postérieures, et en hiver on l'amène autour des perches latérales; le long de la partie postérieure de la couverture de la tente court un *mereis* ou cordon muni de beaucoup de *khellés* ou crochets de fer, que l'on peut à volonté fixer dans le rouak ou les en ôter, suivant qu'on veut laisser entrer l'air par derrière la tente où l'en exclure. Les cordes nouées aux huit khéroub sont nommées *tenb* ou *atenab el beith;* les bâtons courts auxquels tiennent les autres bouts de ces cordes

(1) Voyez la figure sur le *plan de l'Ouadi Muna.*

sont enfoncés en terre à trois ou quatre pas de distance de la tente; ces bâtons ou chevilles sont appelés *oued* ou *aoutad ;* la perche du milieu est bifurquée par le haut, et peut ainsi soutenir le *kabs,* bâton court et arrondi auquel sont cousus les schaukés, et sur lequel on fait passer le sefifé.

La tente est divisée en deux compartimens : l'appartement des hommes (*mekaad rabiaa*), à gauche de l'entrée, et celui des femmes (*meharrem*), à droite; cependant chez les Arabes du Hauran, j'ai vu le mekaad rabiaa à droite, et le meharrem à gauche; ces compartimens sont séparés par un *katea'a* ou *sahhé,* qui est un tapis de laine blanche fabriqué à Damas; il s'étend en travers de la tente, et est attaché aux trois perches du milieu; s'il est brodé de figures de fleurs, on le nomme *markoum.* Dans l'appartement des hommes, le sol est généralement couvert d'un bon tapis de Perse ou de Bagdhad; les sacs de froment et les sacs des chameaux sont entassés autour de la perche du milieu, et cette pyramide, qui souvent atteint presqu'au haut de la tente, porte le nom de *redjoud.* Les bâts des chameaux sur lesquels les scheikhs ou les hôtes se reposent sont placés près du redjoud ou plus en arrière près du rouak; les poser près du kaseré ou de la perche latérale passe pour un manque de politesse. L'appartement des femmes est le réceptacle des ustensiles de cuisine, du beurre, des outres à eau, enfin de toutes les guenilles; tout cela est déposé près de la perche nommée *hadhéra* où s'assied l'esclave, et où le chien dort durant le jour. Le coin de la couverture de la tente s'avance toujours un peu de ce côté par dessus le khéroub du hadhéra et reste pendant, de sorte qu'il flotte au gré du vent; ce coin se nomme *roffé.* Aucun homme de bonne réputation ne voudrait s'asseoir au dessous, et c'est de ce préjugé que dérive l'expression : *Ta place est le roffé,* pour désigner quelqu'un d'un caractère méprisable. Sur la perche antérieure de l'appartement des hommes, pend également un roffé ou coin de la couverture de la tente, qui sert de torchon pour essuyer les mains avant ou après le diner.

Quand on défait la tente (*remi el beith*), on enlève d'abord le rouak, puis le k'atea'a ou la séparation, ensuite le makdoum (la main) et le pied, après quoi la tente tombe en arrière, derrière le redjoud : les perches sont réunies ensemble, nouées aux deux extrémités avec des *scheia'an,* cordes réservées pour cet usage et suspendues au côté d'un chameau.

Telles sont les tentes qu'on trouve généralement chez les Ahl el Schémal : cependant les chefs de ces Arabes ont toujours trois perches dans le milieu de celles qu'ils occupent. La plupart des A'nezé ont au contraire deux ouaset ou perches intermédiaires, au lieu d'une, et leurs chefs en ont de quatre à cinq. Dans ce dernier cas, lorsqu'il y en a plus d'une, les autres sont placées non pas les unes derrière les autres, mais dans le sens de la longueur de la tente, et il y a toujours un nombre correspondant de defas et de makdoums, tandis que celui des perches latérales est toujours le même.

En été, les trois perches antérieures ne sont pas employées, et la tente n'est soutenue que par celles du milieu et par les postérieures : elle reste ainsi entièrement ouverte par devant. La hauteur du makdoum et de l'ouaset est à peu près de sept pieds, et celle des autres perches de cinq. Si la tente a deux ouaset, sa longueur est de vingt-cinq à trente pieds, et sa profondeur ou largeur, si toutes les perches sont placées, est de dix pieds au plus. La couverture des tentes des A'nezé est toujours de couleur noire. J'en ai vu plusieurs chez les Arabes Ledja du Hauran qui étaient rayées noir et blanc.

L'A'nezé le plus riche n'a jamais plus d'une tente, à moins qu'il n'ait une femme qu'il ne veut pas répudier quoiqu'elle ne vive pas de bon accord avec l'autre. Alors il dresse une petite tente près de la sienne propre. Il peut aussi arriver que si l'Arabe prend chez lui la famille de son fils ou celle de son frère défunt, sa tente ne soit trop petite pour tout ce monde; alors il en place une à côté de la sienne.

### *Ameublement de la tente et ustensiles.*

Le bât des chameaux se nomme *hédadjé*; la selle de ces animaux, pour les hommes, *schédad*; celle des femmes, *hézar*, en diffère; elle consiste en quantité de tapis et d'abbas s'élevant à peu près à dix-huit pouces au dessus du bât, afin qu'on puisse y être assis à l'aise; les Ahl el Schémal en font usage. Les femmes des A'nezé sont portées dans le *makssar*, espèce de berceau qui est couvert du *gharfé* ou d'un cuir de chameau tanné en rouge; si le gharfé est de petite dimension, on le nomme *aïbé*. Les femmes du scheikh voyagent sur un *ketteb*, selle qui ressemble beaucoup au makssar pour la forme, mais qui est revêtue partout de cuir rouge de chameau couvert de morceaux de même sorte, mais beaucoup plus grands, et flottant au gré du vent; des lambeaux d'étoffe de diverses couleurs sont quelquefois suspendus autour du ketteb. Le licou servant à guider le chameau est appelé *resen*, nom employé communément en Syrie : les femmes l'ornent de morceaux de toile et de plumes d'autruche, alors son nom est *ra's*. Le bâton qui sert à guider le chameau se nomme *a'assi* ou *matrèk*; s'il est droit, mais, *a'adjan* ou *mescha'ab* s'il se termine par un crochet. Les petites clochettes de fer qui pendent autour du cou des chameaux femelles, donnant du lait, sont nommées *tabl*, le petit sac dans lequel on met le poil des chameaux ou la laine des moutons qui tombe en chemin est appelé *iebeïd*.

Les Arabes conservent l'eau pour leurs chevaux dans de grands sacs de peau de chameau tannée; ils sont cousus aux quatre coins, et on y laisse deux ouvertures, la principale par dessus, l'autre près de l'un des angles inférieurs; c'est celle-ci qu'on ouvre pour étancher sa soif en voyage, pendant que cette outre reste pendue au côté de l'animal; deux de ces sacs nommés *navouié* forment une lourde charge (1).

Le *zeka'* est l'outre de peau de chèvre dans laquelle l'Arabe conserve le lait des chamelles; le *sohe-*

(1) Ce sac est représenté sur le *plan de l'Ouadi Muna*.

le *schera'a* est celle où l'on garde le lait destiné aux voyageurs qui passent; on donne le même nom à celle dont on se sert pour faire boire aux jumens le lait de chamelle. Le beurre est fait dans un *mamakhadh* ou *zeka'* et conservé dans un *mèkrasch*.

*L'udel* (pluriel *udoul*) est le sac à froment fait en laine; on le nomme *fudel harrés* s'il est en poil de chèvre.

Le *haoudh* est le cuir dans lequel on fait boire les chameaux. Quelquefois les Arabes se contentent de placer du sable, ou une couple de pierres sous le cuir, afin de lui donner un degré de concavité suffisant pour tenir l'eau, alors on le nomme *foursch*. Le *dellou* (1) est le seau de cuir destiné à tirer de l'eau d'un puits profond : *arka' el dellou* sont les deux bâtons placés en travers du seau et auxquels est attaché le *mahhas* formé de courroies de cuir de chameau tordues ensemble et tenant lieu de corde à puits. Le *khéder* est un grand bassin de cuivre employé pour la cuisine; le *ghelié* est plus petit; le *rahaï* est le mortier dans lequel les femmes pilent ou broient le froment; le même nom désigne le moulin à bras. Le *tefal el rahaï* est le torchon étendu sous le mortier pour recevoir la farine qui peut tomber; le *kedéhh* est la gamelle à traire les chamelles; le *ta's*, la tasse de bois pour l'eau; le *mehabedj*, le mortier en bois pour le café; *dellet el kahoué*, la cafétière. On nomme *khefaiedh* ou *houa'di* les trois pierres qui soutiennent le khéder

(1) Nom usité communément en Syrie.

au dessus du feu; l'*aliké*, en Syrie *makhlié*, est le sac dans lequel mange le cheval; le *hedeid el fers* est la chaine de fer qui attache ensemble deux chevaux par l'un des pieds de devant; les chevaux ainsi entravés paissent tout le jour autour du camp. *Merebet el fers* est une longue chaine avec un anneau de fer à une extrémité; la nuit on y passe le nez de la jument et on le ferme; on fixe l'autre extrémité de la chaine à un piquet de fer que le propriétaire de l'animal enfonce en terre, à l'endroit de sa tente où il compte dormir. Il est, par conséquent, très difficile de dérober une jument; cependant les voleurs réussissent quelquefois à limer la chaine et à emmener leur prise.

## *Habillement des Bédouins.*

En été, les hommes portent une chemise de grosse toile de coton; les riches mettent par dessus un *kombar* ou robe longue, de soie ou de coton, comme dans les villes de Turquie; cependant la plupart ne se servent pas de kombar, et ont seulement un manteau de laine sur leur chemise. Il y a plusieurs sortes de manteaux; le *mesoumi* est de laine blanche, très mince, léger, fabriqué à Bagdhad; l'*abba* est plus lourd, rayé de blanc et de brun, et se place par dessus le mesoumi : ceux de Bagdhad sont les plus estimés; ceux de Hamah, à manches courtes et larges, sont appelés *bousch*. On donne, dans le nord de la Syrie, le nom de *meschlakh* à toute espèce de manteau de laine soit blanc, soit noir, soit rayé blanc et brun, ou bleu et blanc. Je n'ai pas vu d'abbas noirs chez les A'nezé, mais chez les scheikhs des Ahl el Schémal; ils sont fréquens, quelquefois brodés en or, et valant jusqu'à dix livres sterling. Les A'nezé ne portent pas de caleçons; même les plus riches sont nu-pieds, quand ils montent à cheval, quoiqu'ils estiment beaucoup les bottes jaunes et les souliers rouges. Au lieu du bonnet rouge des Turcs, les Bédouins se coiffent d'un *keffié*, turban ou mouchoir carré de toile de coton ou d'un tissu de soie et de coton; ils le roulent autour de la tête, de manière à laisser tomber un bout par derrière, et deux autres sur les épaules; ils se servent de ceux-ci pour préserver leur visage des rayons du soleil, d'un vent brûlant ou de la pluie, ou pour le cacher s'ils veulent n'être pas connus. Le keffié est jaune, ou jaune mêlé de vert. L'A'nezé noue au dessus du keffié un *aka'l*, qui est une corde en poil de chameau; elle fait le tour de la tête en guise de turban; quelques uns y substituent un *schoutfé* ou mouchoir. Quelques scheikhs riches portent des châles à raies rouges et blanches, fabriqués à Damas ou à Bagdhad; quelquefois ils se coiffent aussi d'un *takié* ou bonnet rouge, nommé *tadbousch* en Syrie, et par dessous ils ont un *ma'araka*, bonnet plus petit en poil de chameau; en Syrie, où on l'appelle *arkié*, il est ordinairement de toile de coton.

Au premier coup-d'œil, les A'nezé se distinguent de tous les Bédouins de Syrie par les *kéroun* ou longues tresses de leurs cheveux noirs : ils ne les rasent jamais; ils soignent leur chevelure dès leur enfance, jusqu'à ce qu'ils puissent la natter en tresses qui leur pendent le long des joues jusque sur la poitrine. Quelques A'nezé ont des ceintures de cuir, d'autres nouent une corde ou un morceau de chiffon par dessus leur chemise. Hommes et femmes portent, dès l'enfance, sur la peau, une ceinture de cuir, qui consiste en quatre ou cinq courroies tordues ensemble ou une corde de la grosseur du doigt. On m'a dit que les femmes ont ces courroies séparées les unes des autres (1).

Hommes et femmes ornent cette ceinture de morceaux de rubans et d'amulettes. Les A'nezé la nomment *hhakou;* les Ahl el Schémal, *bircim*. En été, les petits garçons vont nus jusqu'à l'âge de sept ou huit ans; mais je n'ai jamais vu aucune petite fille dans cet état, quoiqu'on m'ait dit que, dans les cantons de l'intérieur du désert, les filles, à cet âge tendre, n'étaient pas plus chargées de vêtemens que les garçons.

En hiver, les Bédouins mettent par dessus la chemise une pelisse faite de plusieurs peaux de moutons cousues ensemble; beaucoup la portent même en été, l'expérience leur ayant appris que plus on est vêtu chaudement, moins on souffre du soleil. Les Arabes supportent d'une manière étonnante les inclémences de la saison pluvieuse; tandis qu'autour d'eux tout pâtit du froid, ils dorment nu-pieds dans une tente ouverte, où le feu n'est entretenu que jusqu'à minuit. En revanche, au milieu de l'été, ils som-

(1) On en voit la figure sur la planche du *plan de l'Ouadi Muna*.

meillent enveloppés de leur manteau, sur le sable brûlant, et exposés à la chaleur intense des rayons d'un soleil ardent.

Les femmes ont une large robe de toile de coton de couleur foncée, bleue, brune ou noire; elles coiffent leur tête d'un *schauber* ou *mékrouné*; c'est un mouchoir qui est rouge pour les jeunes, noir pour les vieilles. Toutes les femmes des Raoualla sont coiffées avec des *schalé ka's*, mouchoirs de soie noire de deux quarts carrés, fabriqués à Damas. Les femmes des A'nezé portent des anneaux d'argent aux oreilles et au nez; *terkié* (pluriel, *teraki*) est le nom des premiers; *schedré*, celui des autres de petite dimension; *khézam*, celui des grands qui ont quelquefois trois pouces et demi de diamètre. *bertoum* est le nom de l'espèce de tatouage de couleur bleue que toutes les femmes appliquent à leurs lèvres, et quelquefois aussi à leurs tempes et à leur front. Celles des Serhha'n se tatouent les joues, la poitrine, les bras; celles des Amour, la cheville des pieds. Plusieurs hommes ornent aussi leurs bras de la même manière. Les Bédouines se couvrent la moitié du visage avec le *hekié*, voile de couleur foncée qui est noué de manière à cacher le menton et la bouche. Le *berkoa'*, voile des Égyptiennes, est employé par les femmes des Arabes Kéfr...; celles des A'nezé portent autour des poignets des bracelets de verroterie de diverses couleurs; les riches en ont aussi d'argent, et quelques unes des chaînes du même métal au cou; en été et en hiver, hommes et femmes vont nu-pieds.

Les A'nezé se distinguent aisément des Arabes

Schémal par leur taille plus petite ; car il y en a peu qui aient plus de cinq pieds deux à trois pouces de haut ; ils ont de beaux traits, le nez souvent aquilin ; ils sont très bien faits et n'ont pas le corps si maigre ni si chétif que le disent quelques voyageurs. Leurs yeux noirs, très enfoncés, brillent de dessous leurs sourcils touffus, et ont un feu inconnu dans nos climats septentrionaux ; leur barbe est courte et peu fournie, mais tous ont la chevelure très épaisse. Les femmes semblent être, en général, plus grandes que les hommes ; leurs traits sont généralement jolis, et leur tournure est très gracieuse ; les Arabes ont le teint très brun ; cependant les enfans, en naissant, sont blancs, mais d'une teinte livide. Comme médecin, j'eus une fois l'occasion de voir les bras nus de la femme d'un scheikh ; ils égalaient, pour la blancheur, ceux des européennes les plus belles.

## *Armes des Bédouins.*

L'arme la plus ordinaire des Arabes est la lance ; les A'nezé en ont de deux sortes : le *rémah sa'n* est de bois et vient de Gaza en Palestine ; le *rémah kennah*, plus estimé, est apporté de l'Irak et de Bagdhad : il est fait d'une espèce de bambou qui a beaucoup de nœuds ; les lances les plus légères sont les plus recherchées ; leur prix varie de six à cinquante piastres la pièce. Le *kenta'd* est la pointe de fer ou d'acier ; j'en ai vu qui sont damasquinées en or et en argent ; le *harbé* est l'extrémité aiguë d'en bas qui s'enfonce en terre : les Syriens appliquent ce nom à la pointe supérieure ; la lame est souvent sans aucun ornement : quelquefois on place près du haut deux nœuds ou des touffes de plumes d'autruche noires ; ces nœuds, ou *doubé*, sont de la grosseur des deux poings ; le supérieur est bardé de *ghalabé*, plumes d'autruche courtes et blanches ; entre ces deux nœuds, la hampe est entourée de *touma'n*, qui sont des bandes de toile rouge tressées (1).

Les Arabes ne jettent la lance qu'à une petite distance, quand ils poursuivent un cavalier qu'ils ne peuvent rejoindre et qu'ils sont sûrs de frapper. Ils la balancent pendant quelques momens au dessus de leur tête, puis la dardent en avant ; d'autres la tiennent et la brandissent à la hauteur de la selle. L'Arabe vivement pressé par son ennemi pousse continuellement sa lance en arrière, pour empêcher que la jument de celui qui le poursuit ne l'approche trop, et quelquefois en poussant adroitement la pointe de sa lance en arrière, il tue soit l'homme, soit sa monture. Si, ainsi qu'il arrive quelquefois, l'Arabe éprouvait de la difficulté à retirer la lance de la blessure, il a recours à son *seif* ou sabre, qui l'accompagne toujours, même quand il va boire du café dans la tente d'un voisin. Les Arabes estiment beaucoup les lames de Perse, mais ne sont pas en état de les apprécier convenablement, et souvent ils paient

(1) Cette lance est figurée sur le *plan de l'Ouadi Muna*.

à des colporteurs qui passent, quatre-vingts ou cent piastres pour une lame d'acier damasquiné qui n'en vaut pas plus de vingt. Indépendamment de la lance et du sabre, chaque Arabe porte à sa ceinture un *sékin*, ou coutelas recourbé (1); ceux qui combattent à pied se servent du *keta'a*, lance courte qu'ils jettent à une distance considérable.

Si un cavalier n'a pas de lance, il s'arme d'une masse; il y en a de plusieurs sortes : le *kénoua'a* a un manche en bois et une tête ronde en fer; le *da'bous* est entièrement de fer; le *kolong* a un manche de bois et un marteau de fer au bout. Les fantassins ont quelquefois un *daraké*, bouclier de forme ronde, de dix-huit pouces de diamètre, fait de peau de bœuf sauvage, et couvert de lames de fer (2). La cotte de mailles (*dora*) est encore en usage parmi les Arabes. Les Aoulad Aly en ont à peu près vingt-cinq, les Raoualla deux cents, les Ibn Faddhal et les Mesalikh une quarantaine. Il y a deux sortes de dora : le *sirgh* couvre tout le corps depuis le coude, les épaules, et descend jusqu'aux genoux comme une longue robe; le *kembaz* ne va que jusqu'à la ceinture; le bas du bras depuis les coudes, étant défendu par les *kudjak*, qui sont deux pièces d'acier s'adaptant l'une à l'autre par des bouts de fer. L'Arabe ainsi vêtu complète son armure en coiffant

(1) Niebuhr en a donné le dessin. *Description de l'Arabie.*

(2) La vache sauvage, *beker el ouahhesch*, broute l'herbe dans le désert du canton de Djof à quinze journées de marche de Damas. On m'a décrit cet animal comme ressemblant par la forme à une vache et à un daim de grande taille; son cou est pareil à celui de la vache, il a les jambes plus grosses que le daim et les cornes courtes.

sa tête d'un *ta's*, bonnet de fer qui est rarement orné de plumes. Le prix d'une cotte de mailles varie de deux cents à deux cent cinquante piastres. Saoud, chef des Wahhabites, en avait un grand nombre; quand elles sont de bonne qualité, elles peuvent résister à une balle. On nomme *melebs* (pluriel, *mela'beis*) le cavalier revêtu du dora; s'il a un vêtement par dessus pour le cacher, c'est un *da'fen*. J'ai entendu dire que les Arabes ont des cottes de mailles qui couvrent en partie le corps de leurs chevaux, mais je n'en ai pas vu.

Les A'nezé connaissent bien l'usage des armes à feu; mais les seuls fusils que j'aie aperçus chez eux étaient à mèche; pour les tirer, ils s'étendent ventre à terre, et manquent rarement leur but; ils ne se servent pas de pistolets; mais les Arabes Schémal les emploient fréquemment. Les pasteurs qui gardent les troupeaux à une certaine distance du camp sont armés de lances courtes et de frondes avec lesquelles ils lancent très adroitement des pierres aussi grosses que le poing. Les A'nezé ont pour leurs chevaux le *lebs*, sorte d'armure pour le temps de guerre; il ne se fabrique qu'à Alep, et consiste en sept pièces épaisses de carton revêtu de toile rouge; deux pendent de chaque côté du cheval, deux par derrière, une devant le poitrail; les deux des côtés sont cousues ensemble sous les étriers, et tiennent à celles de derrière et du poitrail par des boulons d'acier. Les hommes qui se piquent d'élégance ont leurs lebs brodés; un lebs coûte de cent cinquante à deux cents piastres; il garantit d'un coup de lance qui n'est pas asséné avec force.

## *Nourriture des Arabes.*

Voici les principaux mets des Bédouins :

Le *ftita* est une pâte de farine détrempée avec de l'eau; on la fait cuire dans des cendres chaudes de fiente de chameau, ensuite on y ajoute un peu de beurre; quand tout cela est complétement pétri, on le sert dans une gamelle de bois ou de cuir; le *khafouri* est le ftita avec un mélange de lait.

L'*aïesch* est une pâte de farine et de lait aigre de chamelle, on la fait cuire; le lait de chamelle aigrit promptement après qu'on l'a mis dans le *zéka* ou l'outre de peau de chèvre.

Le *behatta* est du riz ou de la farine qu'on fait cuire dans du lait doux de chamelle.

Le *heneïné* est une pâte faite de pain, de beurre et de dattes mêlés ensemble.

Le *khoubz*, ou plus communément *jisré*, dans le dialecte bédouin, est le pain; il y en a de deux sortes, toutes deux sans levain : l'une en forme de galettes rondes et cuites sur un *sadj* qui est une plaque de fer; c'est ce qui se pratique chez les fellahs de Syrie; l'autre manière de faire le pain est de placer en cercle une grande quantité de petites pierres, au dessus desquelles on allume un feu vif; quand elles sont suffisamment échauffées, on enlève le feu, et la pâte est étendue sur ces cailloux, puis on la couvre aussitôt de cendres brûlantes; on l'y laisse jusqu'à ce qu'elle soit complétement cuite; ce pain, nommé *khoubz aly el redha'f*, ne se mange qu'à déjeuner.

Le *burgoul* est du froment qu'on fait bouillir avec du levain, et ensuite sécher au soleil; on le conserve un an; cuit avec du beurre ou de l'huile, c'est un mets ordinaire dans toutes les classes en Syrie.

Voici comme on fait le beurre : le lait de brebis ou de chèvre, car on ne se sert jamais, pour cette opération, de celui de chamelle, est versé dans un *kéder*, posé sur un feu doux, et on y jette un peu de *lében*, ou lait aigre, ou un petit morceau des entrailles desséchées d'un jeune agneau (*metefkha'*) : alors le lait se sépare et est mis dans un *zéka ;* c'est une outre de peau de chèvre attachée à une des perches de la tente, on l'agite en avant et en arrière pendant deux heures sans discontinuer; alors la substance butyreuse se coagule, on en fait sortir l'eau par la pression, et le beurre est placé dans le *mekrasch* qui est une poche en peau : quand au bout de deux jours on en a réuni une quantité suffisante, on le pose de nouveau sur le feu, on y jette une poignée de burgoul, et on le fait bouillir, en ayant soin de l'écumer. Après un certain temps le burgoul précipite toutes les substances étrangères et le beurre reste clarifié au haut du kéder; on fait encore passer le lait de beurre à travers un sac de poil de chameau, et tout ce qui reste de substance butyreuse est séché au soleil; c'est ce qu'on nomme *aouket* ou *hhameid jebscheb*, et on le mange. Le burgoul, dégagé du beurre avec lequel il a bouilli, est nommé *khelásé*, on le donne aux enfans. Des tribus d'A'nezé, dans le Nedjd, n'ont jamais goûté de viande; elles vivent presque uniquement de dattes et de lait. Aprés avoir enlevé le beurre, on bat le lait de beurre jusqu'à ce qu'il se coagule de nouveau, puis on le fait sécher jusqu'à ce qu'il soit complétement dur : alors on le moud et chaque famille en recueille, au printemps, deux à trois charges; on le mange mêlé avec le beurre.

Les A'nezé ne font pas de fromage, ou du moins que très rarement; ils convertissent en beurre tout le lait de leurs brebis et de leurs chèvres. Les Arabes Ahl el Schémal, au contraire, fournissent de fromage presque toute la population de la plaine orientale de la Syrie.

Le *kemmaié* ou *kemma* ou *djémé*, en dialecte bédouin, est le mets de prédilection des Arabes : c'est une espèce de truffe qui croit dans le désert et qui n'offre nulle apparence de racine, ni de semence; par sa forme et sa dimension, elle ressemble beaucoup à la vraie truffe. Il y en a trois variétés, savoir : la rouge (*khela'si*); la noire (*jebah*); la blanche, (*zebeïdi*). Si les pluies ont été abondantes en hiver, on trouve les djémé à la fin de mars. Elles sont à peu près à quatre pouces de profondeur en terre; on reconnait leur présence à un petit renflement du sol; si on les laisse parvenir à leur maturité complète, elles s'élèvent de la moitié de leur volume hors du terrain. Les enfans et les domestiques les enlèvent avec de petits bâtons. Quelquefois il y a tant de ces tubercules dans une plaine, qu'ils font trébucher les chameaux. Chaque famille en ramasse quatre à cinq charges de chameaux, et tant que cette provision dure, on vit uniquement de kemmaïé sans goûter ni burgoul, ni aïesch. On les fait cuire dans de l'eau ou du lait, jusqu'à ce qu'ils forment une pâte sur laquelle on verse du beurre fondu; on dit qu'ils occasionent la constipation. S'ils sont abondans, on les fait sécher au soleil, et ensuite on les accommode comme ceux qui sont frais. Les habitans de Damas et les paysans de la Syrie orientale en consomment de grandes quantités; ils valent en général, à Damas, un demi-penny (cinq centimes) la livre; ils y sont apportés des environs de Tel Zeïkal sur la limite orientale du Merdj. A Alep, ils viennent de la plaine voisine du Djebel el Hass. Les chameaux ne mangent pas le kemmaïé; le désert de Hammad, comprenant la grande plaine entre Damas, Bagdhad et Basra, en est rempli.

Les A'nezé mangent des gazelles quand ils peuvent en tuer; on m'a dit qu'ils regardaient le gerboa ou la gerboise comme un mets très friand à cause de la finesse de son goût; l'intérieur du désert fourmille de ces singuliers mammifères.

L'aïesch est le mets journalier et universel des A'nezé et même le scheikh le plus riche regarderait comme une honte d'en faire préparer par sa femme un autre, uniquement pour satisfaire son propre palais. Les Arabes ne se permettent un plat délicat qu'à l'occasion d'une fête ou de l'arrivée d'un étranger. Pour un hôte ordinaire on fait cuire du pain et on le sert avec l'aïesch; si l'hôte mérite de la considération, on lui prépare du café, ainsi que du behatta ou du ftita, qui est du pain avec du beurre fondu. Pour un homme de rang, on tue un chevreau ou un agneau. Dans ces cas-là, on fait bouillir l'agneau avec du burgoul dans du lait, et on le sert dans un grand plat de bois autour duquel la viande est placée. Une gamelle contenant la chair de l'animal est posée sur le milieu du burgoul qu'elle comprime, et chaque morceau est trempé dans cette graisse, avant qu'on le porte à la bouche. Si on tue un chameau, occurrence très rare, on le dépèce en grands morceaux; une partie est bouillie et la graisse est mêlée avec du burgoul; une partie est rôtie et également posée sur un plat de burgoul; ensuite toute la tribu prend part au régal délicieux. La chair de chameau est plus estimée en hiver qu'en été, et celle de la femelle plus que celle du mâle. On conserve la graisse de chameau dans des peaux de chèvre et on l'emploie comme le beurre.

Les Arabes mangent malproprement; ils plongent la main entière dans le plat qui est devant eux, font avec le burgoul des boulettes de la grosseur d'un œuf de poule, et les avalent. Ils lavent leurs mains avant le dîner, mais rarement après, se bornant à lécher la graisse de leurs doigts, et de frotter leurs mains sur le fourreau de leurs sabres, ou de les nettoyer avec la roffé de la tente, ainsi que je l'ai dit précédemment. L'heure ordinaire du déjeûner est vers dix heures; si le pâturage est abondant, le lait de chameau passe à la ronde après le dîner. Les Arabes mangent de bon cœur et avec beaucoup d'avidité. Le mets bouilli étant toujours très chaud, il faut une certaine pratique pour éviter de se brûler les doigts et pour ne pas aller moins vite que la compagnie vorace. Durant les premiers temps que je passai avec les Arabes, ma faim était rarement satisfaite après le repas. Parmi les Arabes du désert et des villes, le dégoûtant usage de roter après qu'on a fini de manger est universel; je fais cette observation afin de corriger une erreur de d'Arvieux.

Les femmes font leur repas dans le meharrem, avec ce que les hommes ont laissé; elles ont rarement la chance de goûter de la viande, excepté la tête, les pieds et le foie des agneaux. Pendant que les hommes du camp vont dans la tente où un étranger est régalé, et prend part au souper, leurs femmes se glissent dans le meharrem de la maîtresse, pour lui demander un pied ou quelque autre morceau chétif de l'animal tué à cette occasion.

## *Arts et industrie.*

Les A'nezé ne connaissent qu'un petit nombre d'arts : deux à trois forgerons pour ferrer les chevaux et quelques selliers pour raccommoder les ouvrages en cuir, sont les seuls artisans qu'on trouve même dans les tribus les plus nombreuses; on les nomme *ssona;* ils ne sont pas A'nezé d'origine, parce qu'un A'nezé, né libre, regarde leurs occupations comme dégradantes. Ils viennent, pour la plupart, des villages du Djof, qui sont entièrement peuplés d'ouvriers; quelques uns, au printemps, se dispersent parmi les Bédouins, et en hiver retournent dans leurs familles. Un A'nezé ne donne jamais sa fille en mariage à un ssona, ou à un descendant d'une famille de ssona; celles-ci se marient entre elles, ou bien prennent pour femmes les filles des esclaves des A'nezé.

Les A'nezé exercent l'art du tanneur et celui du tisserand; les hommes s'occupent du premier, les femmes du dernier. Voici leur méthode de teindre et de tanner les peaux: pour donner la couleur jaune à celle du chameau, car ils n'en teignent jamais d'autres, ils la couvrent de sel qu'ils laissent deux ou trois jours, puis ils la plongent dans une pâte liquide faite de farine d'orge délayée dans de l'eau, et ne l'en ôtent pas avant sept jours; alors ils la lavent dans de l'eau douce et la débarrassent aisément de tous les poils; ensuite ils prennent des écorces de grenades sèches, fruit qu'ils achètent dans les villes de Syrie, ou des Arabes Menadhéré, ou des fellahs des bords de l'Euphrate, les broient et les font tremper dans l'eau. La peau reste trois ou quatre jours dans ce mélange; l'opération est alors terminée, la peau ayant acquis une teinte jaune. Pour la rendre souple, ils la lavent et la frottent avec de la graisse de chameau. S'ils ne peuvent se procurer des grenades, ils se servent de la racine de l'*œrk*, herbe du désert; elle a trois empanes de long et la grosseur du doigt d'un homme; son écorce extérieure remplace celle de la grenade et teint le cuir en rouge; quand il est ainsi préparé, on en fait des *ravouié* ou grandes outres à eau; quelquefois, un mois aprés la première teinture, on plonge les peaux une seconde et une troisième fois dans les mélanges que je viens de décrire. Pendant quelque temps le ravouié donne à l'eau un goût styptique et amer, qui ne déplaît pas aux Arabes.

Chez toutes les tribus bédouines, le poil de chèvre compose la matière de la couverture des tentes, ainsi que des sacs de chameaux et à provisions; les couvertures de tentes se fabriquent principalement dans le Hauran et dans les montagnes de Heisch et de Belka'a, où les chèvres sont plus nombreuses que chez les A'nezé; en revanche ceux-ci façonnent, avec la laine, des sacs à froment et à orge, des sacs pour les chameaux, des rouaks ou tentures postérieures des tentes, et d'autres tissus. Les femmes arabes emploient un métier très simple, on le nomme *nutou*: c'est pourquoi l'on dit proverbialement: (*maratak tanté el schouké*) ta femme *tisse* le parfait amour. Ce métier consiste en deux bâtons courts qui sont fichés en terre à une certaine distance l'un de l'autre, suivant la largeur qu'on veut donner au *schauké* ou à l'étoffe qu'on a l'intention de fabriquer. Un troisième bâton est placé en travers des premiers; à douze pieds de distance, on en dispose trois autres de la même manière; la chaîne (*sa'douh*) est posée sur les bâtons de traverse ou horizontaux, afin de tenir convenablement écartées l'une de l'autre les parties supérieure et inférieure de la chaîne, on place entre elles un *mensebh* ou bâton plat (1); un morceau de bois sert de navette et une petite corne de gazelle est employée pour rabattre le fil qui vient de passer. Le métier est placé devant le me-

(1) Il est représenté sur la planche du *plan de l'Ouadi Muna.*

harrem, la mère et ses filles y travaillent. La quenouille (*meghézel el souf*) est d'un usage général chez les A'nezé; à Palmyre, je vis plusieurs hommes qui s'en servaient, et chez les Arabes Kébli tous les bergers filent de la laine.

Les femmes arabes font, avec le poil de chameau, des *schemlé*, sacs dont on couvre la mamelle de la chamelle pour empêcher le petit de téter; le *metrek* est la corde qui attache le schemlé, et *oka'l* la corde courte et forte qui sert à lier, l'une à l'autre, les cuisses et les mâchoires du chameau accroupi, pour l'empêcher de se lever quand il est chargé; le poil de chameau est également employé à tricoter le *mearaka*, ou bonnet des hommes.

Quelques uns mêlent, par parties égales, la laine et le poil de chameau pour faire les sacs ou les poches; il n'y a que les plus pauvres qui les font uniquement en poil de chameau, dont la qualité est moins estimée que celle du poil de chèvre.

### *Richesse et biens des Bédouins.*

Les biens d'un Arabe consistent presque entièrement dans ses chevaux et ses chameaux. Le profit qu'il tire de son beurre lui fournit les moyens de se procurer le froment et l'orge dont il a besoin, et quelquefois des vêtemens neufs pour sa femme et ses filles. Chaque printemps, sa jument lui donne un poulain qui a de la valeur, et c'est grâce à elle qu'il peut espérer de s'enrichir par du butin. Nulle famille arabe ne peut exister sans un chameau au moins ; un homme qui n'en a que dix, passe pour pauvre ; trente ou quarante le rendent aisé ; quiconque en possède soixante est riche. Ce que je viens de dire ne s'applique pas à tous les Arabes ; quelques tribus, par exemple, les Ahl Djebel, sont originairement pauvres ; chez ceux-ci, l'homme qui a dix chameaux est réputé riche. Quelques scheikhs A'nezé en ont jusqu'à trois cents. Celui qui fut mon guide dans mon voyage à Tadmor avait, disait-on, cent chameaux, et à peu près trois cents brebis et chèvres, deux jumens et un cheval. Le prix d'un chameau varie suivant les demandes des caravanes de la Mecque. Le pélerinage n'ayant pas eu lieu depuis quatre ans, un bon chameau arabe vaut maintenant près de dix livres sterling. Je demandai un jour à un Arabe dans l'aisance à combien s'élevait sa dépense annuelle, il me répondit que, dans les années ordinaires, il consommait

| | |
|---|---|
| Froment, quatre charges de chameau. | 200 piast. |
| Orge pour sa jument. . . . . . . . . | 100 |
| Vêtemens pour sa femme et ses enfans. | 200 |
| Café, *kammerdin*, *debs* (1), tabac, et une demi-douzaine d'agneaux. . . . . | 200 |
| | 700 |

Somme qui équivaut à une quarantaine de livres sterling.

Les chevaux ne sont pas aussi communs chez les

(1) *Kammerdin*, pâte d'abricots de Damas ; *debs*, conserve sucrée faite avec des raisins.

Arabes que l'on pourrait le supposer, d'après les récits de quelques voyageurs et des habitans de la Syrie qui ne connaissent que très imparfaitement l'état des choses dans le désert. Quand je visitai les A'nezé dans leurs camps, j'y comptai rarement plus d'une jument pour six ou sept tentes. Les A'nezé ne montent que des jumens, et vendent les poulains aux paysans et aux citadins de la Syrie et de Bagdhad. Les Arabes Ahl el Schémal ont plus de chevaux que les A'nezé, mais leur race est souvent altérée.

Toutefois la richesse est extrêmement précaire chez les Arabes, et chaque jour est témoin de changemens de fortune très rapides. Les hardies incursions des voleurs et les attaques soudaines des partis ennemis, réduisent en quelques instans l'homme le plus riche à un état de mendicité; et nous pouvons nous aventurer à dire que très peu de pères de famille ont échappé à de tels désastres. Les détails que je donnerai plus bas sur les guerres, et les pillages des Bédouins, expliqueront cette assertion. On peut affirmer en quelque sorte que les Arabes sont obligés de voler et de piller. La plupart des familles des A'nezé ne sont pas en état de subvenir à leur dépense annuelle, avec le profit qu'elles tirent de leur bétail, et peu d'Arabes consentiraient à vendre un chameau pour acheter des vivres. Ils savent par expérience que si on reste long-temps en paix, on voit diminuer sa richesse; la guerre et le pillage deviennent donc indispensables. Le scheikh est obligé de conduire ses Arabes contre l'ennemi s'il en existe un; dans le cas contraire, on peut aisément s'en faire un ; mais on peut soutenir avec vérité que la richesse seule ne donne pas à un Bédouin de l'importance parmi les siens. Un homme pauvre, s'il est hospitalier et libéral suivant ses moyens, c'est à dire s'il tue toujours un agneau quand un étranger arrive, s'il verse du café à tous ses convives, s'il tient sa poche à tabac toujours prête à remplir la pipe de ses amis, s'il partage son butin parmi ses parens pauvres, s'il sacrifie jusqu'à sa dernière pièce de monnaie pour honorer ses hôtes, ou pour soulager ceux qui ont besoin, acquiert infiniment plus de considération et d'influence dans sa tribu que le *bakheïl* ou l'avaricieux et l'avare riche qui reçoit un hôte avec froideur, et laisse mourir de faim ses amis mal aisés. La richesse parmi cette nation de voleurs ne donnant ni crédit, ni pouvoir, l'homme opulent ne dérive de ses biens aucun plaisir recherché, que le plus pauvre de la tribu ne puisse goûter également. Le scheikh le plus riche vit comme le dernier de ses Arabes ; tous deux mangent chaque jour les mêmes mets et en quantité égale, et ne font jamais meilleure chère, si ce n'est à l'arrivée d'un étranger, quand la tente de celui qui le reçoit est ouverte à tous ses amis. Tous deux ont pour vêtement la même robe chétive et le messchlak. La plus grande satisfaction que puisse se donner un chef, est la possession d'une jument excellente à la course, et le contentement de voir sa femme et ses filles mieux parées que les autres femmes du camp.

Une banqueroute, dans l'acception ordinaire de ce mot, est inconnue chez les Arabes. Un Bédouin perd son bien soit parce que l'ennemi le lui enlève, et alors on dit de lui *ouakad hela'lé*, soit parce qu'il l'a prodigué pour se montrer hospitalier. Dans ce dernier cas, il reçoit les éloges de toute la tribu, et l'Arabe généreux étant ordinairement doué des autres vertus d'un nomade, il manque rarement de regagner par quelques coups heureux ce qu'il a si noblement perdu.

### *Sciences, musique et poésie des Bédouins.*

La science des Bédouins est un sujet qui ne nous retiendra pas long-temps; il y a des tribus entières, telles que les Ibn Dhouahi, où personne ne sait ni lire ni écrire. Un colporteur de Damas, qui passait chez eux la plus grande partie de l'année, servant, à l'occasion, de secrétaire au scheikh, m'a assuré ce fait. On citait comme une circonstance extraordinaire que les enfans des Ibn Esmeïr avaient appris à écrire; quand j'allai à Palmyre, j'avais pris avec moi un volume de l'*histoire d'Antar*, et j'en lisais quelquefois un passage remarquable à mes compagnons; mais jamais je ne rencontrai parmi eux un seul individu qui fût aussi habile que moi dans la lecture de l'arabe. Quel savoir d'ailleurs peut-on s'attendre à trouver chez des hommes dont l'esprit est constamment tourné vers la guerre et le pillage? Je n'ai vu d'autres livres chez les A'nezé que quelques exemplaires du Koran. Je parlerai plus tard de leur science en médecine; ce qu'ils savent d'astronomie se borne à une simple nomenclature des constellations et des planètes, que la plupart des A'nezé connaissent.

La poésie continue à être très estimée chez les Arabes; un poète est plus souvent qualifié *saheb koul* ou *koual*, maître de la parole, que *scha'ara'* (poète). Le talent poétique s'exerce ordinairement à réciter des vers qui célèbrent le mérite des chefs, ou de quelque guerrier distingué (*el mediéhh*) ou les charmes d'une maîtresse. Chaque espèce de poésie est nommée *kassidé*. Dans la poésie ancienne, l'*histoire d'Antar* (excellent ouvrage), l'*histoire de Selim el Zir*, et trois ou quatre compositions semblables, dans le véritable style bédouin, sont connues d'un petit nombre de personnes qui les répètent à l'occasion : quand un A'nezé récite des vers, il s'accompagne toujours du *rébaba*, espèce de guitare décrite par Niebuhr; c'est le seul instrument de musique dans le désert. Les habitans du Djof sont fameux par leurs talens pour la poésie et pour la musique, leurs poètes viennent de temps en temps chez les A'nezé, et chantent dans les tentes des scheikhs de ceux-ci pour une faible récompense; mais les A'nezé n'en acceptent jamais aucune pour avoir entretenu la compagnie.

Afin que le lecteur puisse juger de la poésie bédouine, je vais lui présenter un véritable échantillon des productions du désert, une composition récente qui, bien qu'elle puisse manquer de la précision grammaticale, sera peut-être trouvée intéressante comme offrant un tableau des mœurs arabes peint réellement d'après nature; le style est celui qu'emploient la plupart des Bédouins quand ils chantent les louanges de leurs héros.

Un Arabe avait, contre l'avis de son scheikh, envoyé pâturer ses chameaux en hiver, avec une tribu étrangère; les chameaux moururent et il adressa les vers suivans au scheikh, qui après les avoir écoutés se détermina à le dédommager de sa perte, en lui donnant quelques chameaux.

*Poème bédouin.*

« Soleïman! prête-moi la plume et la feuille de
» couleur blanche, afin que je puisse composer mes
» vers, le langage de la vérité. Il faut que j'implore
» l'aide de Dieu; qu'il ait compassion de nos péchés.

» Louons-le avec des louanges innombrables
» comme les grains entassés, les cultivateurs de la
» terre, les *bedous* et les pasteurs.

» Et puisse le prophète intercéder pour nous au-
» près de Dieu; alors nos crimes pourront obtenir
» leur pardon.

» O toi, qui t'éloignes de moi, monté sur le cha-
» meau de couleur claire, portant sur son dos la selle
» à quatre côtés (1).

» Et son sac et son cuir de cou (2), et de la farine

(1) Le *schedad* ou le bât du chameau.

(2) Le *marakah* est un morceau de cuir mis sur le cou du chameau pour servir à appuyer les pieds du cavalier.

» bien moulue, avec des grains de café et le tombac » à l'odeur suave (1).

» C'est un honnête jeune homme, aimé de tous ses » compagnons, l'orgueil des jeunes femmes.

» Mieux que les katas (2) si nombreux, la nuit il » découvre les sentiers de la campagne; et son œil » voit plus loin que celui de l'aigle, qui cherche sa » proie.

» Ta route est vers le Boudjé (3); tu t'avances » lentement; car tu ne connais pas la crainte, et un » jour tu obtiendras un riche butin des pélerins (4).

» Il faut que sur ta route tu combattes le voleur » errant, et que tu le poursuives; mais, ami, garde » bien ton chameau, autrement le voleur te laissera » périr dans la plaine solitaire.

» Voyage de nuit, long-temps après le coucher » du soleil; que le feu aperçu de loin ne te fasse » point hâter le pas, avant d'avoir entendu l'aboie- » ment des chiens,

» Et les chants de nos gens; les femmes (5) les » plus fières ne discontinuant pas de chanter les » louanges du frère d'Ouaddha.

(1) *Tombac*. Sorte de tabac qu'on fume dans le narghilé ou la pipe persane, après qu'elle a été complétement lavée.

(2) Le kata, oiseau très commun dans les plaines du Hauran (voy. Russel's, *Natural History of Aleppo*), *tetrao elchata* de Linné; *pterocl̀ès setarius* de Temminck : en français grandoule.

(3) Le Boudjé est une source voisine de Mezerib, à deux longues journées de marche au sud de Damas.

(4) Les Arabes se glorifient de voler et de piller les caravanes allant à la Mecque.

(5) Les Arabes appellent *touamih* les femmes qui ont quitté leur mari, mais n'ont pas encore obtenu la sentence du divorce.

» Parmi les troupeaux du pasteur vigilant (1), tu » pourras trouver le frère d'Ouaddha, suivant le bé- » tail en mouvement (2).

» Monté sur sa jument d'un blanc de neige (3), il » atteint sans peine tous les cavaliers ; le butin qu'il » prend avec son aide est immense.

» Qui pourra compter les héros, les guerriers » qu'il a tués, et dont le sang du cœur a coulé sur » la terre !

» Ils fuient devant ses regards, les guerriers, » comme des oiseaux légèrement blessés ;

» Mais il les a désignés, et à son cri de guerre (4) » nul n'ose retourner en arrière; le lâche même » combattra pour son butin.

» Son propre parent n'a-t-il pas senti la pesanteur » de son bras? nulle prouesse plus digne de louange » n'a jamais été racontée par personne (5).

(1) Aussitôt que le berger voit venir de loin un homme monté sur un cheval ou sur un chameau, il en avertit les Arabes du camp par un grand cri.

(2) *El suhhet,* dans le dialecte bédouin, est le troupeau de tout un camp.

(3) *Khadheré*, une jument blanche.

(4) Chaque Arabe a quelque expression de prédilection par laquelle il anime, dans un combat, son propre courage et celui de ses amis. Les cavaliers fameux emploient ordinairement leur propre nom pour effrayer et défier l'ennemi ; ainsi l'un s'écrie : « *Ana akhou Ouaddha* » je suis le frère d'Ouaddha ; ce cri de guerre est appelé *nekhouet.*

(5) Le scheikh à qui ces vers sont adressés frappa de sa masse d'armes un de ses cousins et lui brisa quelques dents, parce qu'il s'était comporté lâchement pendant que toute la tribu était engagée dans un combat. Le scheikh est loué de ce qu'il a ainsi, pour l'honneur de la tribu, perdu la somme à laquelle le kadhi le condamnerait pour avoir maltraité son cousin.

» Et maintenant quand tu approches du camp, » des chants de joie seront entonnés, et les acclamations se feront entendre, et il sera grand le carnage (des animaux).

» Alors accourent les filles avec leurs dents brillantes comme l'éclair, pour apprendre les exploits » du frére d'Ouaddha ; ils sont riches ses Arabes.

» Sa barbe est resplendissante de vertu ; sa démarche n'est pas celle du misérable ; et l'obscurité de la nuit ne cache aucune de ses actions.

» Sa personne mâle est exempte de tout crime » avilissant, et ne mérite aucun reproche.

» Présente-lui mes salutations et de nombreuses » bénéditions ; et remets entre ses mains mes vers à » sa louange.

» Et quand tu entreras dans la tente, que tout » homme méchant se retire ; loue Dieu et le prophéte, et la richesse sera ton lot.

» Et en parlant ainsi, des tapis seront étalés pour » toi, et les haricots qui bouilliront répandront une » odeur agréable.

» Tandis que les dattes et le beurre sont posés sur » des plats (1), sois sobre, pense à la brebis qui » vient d'être égorgée.

» Quand tu auras mangé et que tu te seras lavé (2), » il pourra te demander où je vis présentement.

(1) Les Arabes nomment *koualek* le mets posé devant les étrangers qui arrivent entre les heures du déjeûner et du souper, ou entre dix heures du matin et le coucher du soleil ; intervalle dans lequel un Arabe mange quelque chose.

(2) L'original dit « nettoyé avec du savon » : compliment adressé

» Dis-lui : Yousouf vit maintenant dans la misère et » l'affliction ; depuis le temps qu'il a négligé tes avis, » il n'a pas éprouvé de bonheur ;

» Son bien est disparu ! Ni les lances, ni les en- » nemis ne l'ont pris ; mais il est puni de n'avoir » pas fait attention à tes avis.

» Dieu améliorera les choses, mon frère : son aide » sera toujours avec toi ; car si toi seul m'es laissé, » ô frère ! je suis encore riche.

» O fortune ! accompagne ses pas : que la verdure » et les racines (1), même en hiver, croissent devant » lui et satisfassent son troupeau.

» Lorsque tu fais ta prière à Dieu, adresse-lui » des louanges sans fin comme les fruits de l'ar- » brisseau et les poils de ton bétail. »

Indépendamment du kassidé, les Arabes ont divers chants nationaux ; ceux des femmes sont appelés *asa'mer*. Dans les fêtes et les réjouissances elles se retirent le soir, à une petite distance derrière les tentes, et se partagent en chœurs de six, huit ou dix chacun : l'une commence le chant, l'autre le répète à son tour ; c'est ce qu'on nomme *el bena't yelaboua el asa'mer* : le chant a toujours pour objet la louange de la bravoure et de la générosité ; le ton ne varie jamais ; le mouvement est vif ou lent au gré du chanteur. Voici un échantillon des paroles :

*El Kheïl djeitna ya Deïba* ; — Le guerrier s'avance, ô Deïba !

au scheikh qui, pour faire honneur à ses hôtes, ne recule pas devant la dépense d'une chose aussi rare que le savon dans le désert.

(1) Il est ici question des *kemmaié* ou truffes du désert.

*El Kheïl Djeitna hhéteiba ;* — L'intrépide guerrier s'avance !

*El Kheïl Dhoui ya Deïba;* — Dhoui le guerrier, ô Deïba !

La première ligne est répétée cinq ou six fois par le chœur dirigeant, ensuite les autres la reprennent à leur tour ; il en est de même de la seconde ligne ; mais la troisième, qui contient toujours le nom de quelque guerrier fameux, est souvent répétée jusqu'à cinquante fois ; néanmoins, les femmes prononcent ce nom de telle manière qu'il est difficile, pour les hommes qui écoutent, de savoir quel est l'heureux mortel ainsi désigné.

Les chants nationaux des hommes, sont d'un genre absolument différent ; les *hodjeïni* sont les chants d'amour. Cette passion n'est pas enveloppée d'autant de mystère chez un Arabe que chez un Européen ; l'objet en est connu de toute la tribu ; son seul secret est sa rencontre clandestine avec sa bien-aimée ; le grand nombre des vallées que le désert offre de toute parts, la facilite beaucoup ; les puits où les femmes vont chercher de l'eau, sont encore des lieux favorables aux rendez-vous. Un amant, qui, la nuit, ne dort pas, va dans l'appartement des hommes de la tente où demeure sa maitresse, ou à celle d'un ami qui en est voisine, et commence à chanter son hodjeïni qu'il continue jusqu'au point du jour à l'unisson avec ses amis qui se sont assemblés autour de lui. Les filles, de leur côté, font de même, leurs chansons sont également nommées hodjeïni ; l'air en est constamment le même, mais sa mélodie et sa modulation diffèrent tellement de toute la musique, que les Européens entendent, même dans les villes de Turquie, que je n'ai pu le noter. Voici un échantillon des hodjeïni des hommes :

« O loup ! ô toi qui es plus haut que le Kara (1),
» J'ai vu mon amour et les tentes de sa famille. »

En voici un autre :

« Cousine, lève-toi ! amène-moi le chameau,
» Le chameau noir que l'on aime pour la solitude,
» Place sur son dos sa belle selle et des outres en cuir
» du Nedjd,
» Afin que, montés sur son dos, nous hâtions notre mar-
» che de compagnie avec les chameaux de charge. »

Un chameau à formes minces (*dha'mer*), et un chameau foncé ou noir (*mo'lhhad*), sont maintenant à la mode chez les femmes des A'nezé ; mais ceux de couleur rouge brunâtre sont plus estimés par les femmes des Beni Ssakher.

Personne ne put me donner un échantillon des hodjeïni des femmes ; ils ne sont connus que d'elles seules.

Le *ssahdjé* est un chant des hommes en honneur d'un chef. Une douzaine d'Arabes s'asseient en cercle, et commencent par répéter plusieurs fois le mot *hamoudé, hamoudé* (au lieu de *hamd*, louange); ensuite l'un d'eux chante cinq à six mots à louange de quelqu'un ; le *hamoudé* est répété de nouveau et accompagné de claquemens de mains ; alors un second Arabe chante une autre stance à la louange du même homme ou d'un autre, et la syllabe finale

(1) Haute montagne dans le Djof.

de son verset doit rimer avec celle du premier chanteur ; le *ssahdjé* se continue ainsi pendant des heures entières.

Le *hadou* est le chant de guerre des Arabes. Quand une tribu marche à l'ennemi, le premier rang est composé de cavaliers que suivent les hommes montés sur des chameaux ; les Bédouins à pied et armés de bâtons, de lances, de *kolongs*, forment l'arrière-garde. Si l'ennemi est près, les fantassins accélèrent le pas, et souvent courent pour rattraper les colonnes qui sont en avant ; dans ces occasions, ils chantent le fameux *hadou* :

« O mort ! suspends ta rage, ô mort, jusqu'à ce que » nous puissions tirer notre vengeance du sang ! »

L'air de ce hadou de guerre est le même que celui de *l'asa'mer* dont j'ai parlé précédemment. Les hommes montés sur des chameaux entonnent aussi leur hadou ; et on sait que ces animaux ne marchent jamais mieux que lorsqu'ils entendent leur maître chanter.

« Seigneur, préserve-les de tous les dangers qui » les menacent ! Fais que leurs membres soient des » colonnes de fer !... »

Les cris de réjouissance retentissent aussi souvent dans le désert que dans les villes de Syrie. Les hommes regardent comme au dessous de leur dignité de se joindre jamais à un pareil bruit.

## *Fêtes et réjouissances.*

La plus grande fête des Arabes est celle de la circoncision : les garçons, arrivés à l'âge de six à sept ans, subissent cette opération, n'importe dans quelle saison. Le matin du jour fixé pour la cérémonie, le père de l'enfant tue une brebis ; son oncle ou son plus proche parent, apporte à la tente une brebis qui vient également d'être égorgée ; ou si ce sont des gens pauvres, un grand plat de mets tout apprêtés ; mais en général on immole une demi-douzaine de brebis ; ensuite le makzar, ou la selle du chameau, est placé devant la tente, et on couvre de toile rouge, ou d'une robe, ou d'un schermal ; des plumes d'autruche sont fichées sur sa partie antérieure. Les femmes du camp se réunissent alors près de cet étalage, qui est nommé *moszana*, et s'amusent à chanter, pendant que les hommes dînent dans la tente ; le repas fini, l'enfant est circoncis, et les femmes accompagnent l'opération de chants ou de cris très forts ; après cela, les hommes quittent la tente, prennent leurs lances et montent leurs jumens, chacun fait trois fois le tour du mossana ; puis ils se rangent de chaque côté de la tente à une distance de six cents à neuf cents pieds, et commencent leurs évolutions guerrières. Un cavalier galope vers la ligne opposée, et défie quelqu'un ; celui-ci court aussitôt à lui et s'efforce de dépasser sa jument ; quand il est près du rang dés adversaires, il en défie un à son tour, et le jeu continue ainsi d'une ligne à l'autre alternativement, pendant une heure, en honneur de la tente où la circoncision a eu lieu. Durant tout ce temps, les femmes chantent leur asa'mer, et louent le meilleur cavalier, ou le maitre de la jument qui a le mieux couru.

Pendant le ramadhan, les Arabes entourent d'un mur en pierres sèches un grand espace, qu'ils regardent comme une mesched, ou chapelle, et y font leurs dévotions. Après les prières du matin et du soir, ils exercent souvent leurs chevaux de la manière que je viens de décrire, dans la plaine, devant cette chapelle; mais cela n'a lieu que dans ce mois saint.

Pendant la fête du sacrifice sur le mont A'rafat (ou l'*aïd el dhahié*), ils construisent une mesched semblable, et les prières finies, font courir régulièrement les chevaux durant une heure. Dans ce temps de fête, la nourriture journalière est meilleure qu'à l'ordinaire, même chez les familles qui n'ont pas de sacrifices à faire pour des parens morts dans le cours de l'année précédente.

Les Arabes n'ont pas d'autres fêtes que celles que je viens de décrire; mais ils célèbrent l'arrivée de chaque étranger par un banquet auquel sont invités tous les amis de celui qui donne l'hospitalité. Si l'absence d'un parent se prolonge au delà d'un temps raisonnable, ou si on sait qu'il s'est engagé dans une expédition dangereuse, sa famille fait le vœu (*Nedzdzr*) de placer, à son retour, quelques plumes d'autruche sur le *makdoum* de la tente, de manière que vues d'une certaine distance, il puisse être félicité de son arrivée; on les nomme *aïa lefdjé Allah.*

Quelquefois un Arabe fait vœu de sacrifier un chameau à Dieu, si sa jument met bas une pouliche; dans ce cas, la chair de l'animal qu'il a égorgé sert à régaler tous ses amis.

*Maladies et traitemens.*

La petite-vérole (*djédri*) fait constamment de grands ravages parmi les Bédouins; sa violence a dépeuplé des camps entiers. Dès qu'un homme ou un enfant en est attaqué, on lui dresse une tente à une distance considérable du camp, et il n'est soigné que par une personne qui a déjà eu la maladie et qu'on appelle *nedji* (débarrassé); l'inoculation, *dik el djédri* (piqûre), est connue des A'nezé et encore plus des Arabes Schémal et Kébli; les hommes seuls font cette opération avec une aiguille qu'ils tiennent entre le pouce et l'index; mais le virus est rarement appliqué avant que le mal ait déjà dévasté la tribu; on inocule les adultes aussi bien que les enfans. Les A'nezé ont appris, des paysans de Syrie, la pratique de l'inoculation; mais les Arabes de l'intérieur du désert, tels que les Beni Schammar et d'autres, ne la connaissent pas, et abandonnent tout à la volonté de Dieu, ce que font également beaucoup d'A'nezé. La vaccine commence à s'étendre en Syrie : le vaccin y fut d'abord apporté par M. John Barker, consul britannique à Alep; il l'avait reçu de Vienne; ensuite il l'introduisit dans les montagnes des Druzes, à l'époque où éclata la dernière guerre entre la Grande-

Bretagne et la Porte; depuis ce temps, la plupart des familles chrétiennes et juives d'Alep, de Latakieh, de Tripoli, de Beirout, de Damas, les Maronites et les Druzes ont fait vacciner leurs enfans. En 1810, plus de neuf cents enfans subirent cette opération à Damas; la vaccine a été de même accueillie favorablement à Bagdhad; les Turcs ne suivent que lentement l'exemple des chrétiens; mais sans doute, dans quelques années, ils connaîtront l'importance et l'utilité de la vaccine.

Les Arabes se plaignent fréquemment d'obstructions et de tumeurs dans l'estomac; on suppose que l'usage de boire constamment du lait de chamelle est la principale cause de cette maladie; ils en souffriraient bien davantage si la qualité purgative de l'eau saumâtre ne les soulageait pas. Dans ces cas, et dans ceux de rhumatismes (*reihh*), les Arabes ne connaissent d'autre traitement que le *keï*, qui consiste à brûler, avec un fer rouge, la peau tout autour du siége de la douleur. J'ai vu des gens dont le corps était entièrement couvert des marques de cette opération; il est certain que le keï a de temps en temps produit des résultats favorables. Au lieu de brûler simplement la peau, on la tire quelquefois en la pinçant avec les doigts et on la perce avec un fer rouge très mince, puis on passe un fil à travers le trou pour faciliter la suppuration; ce procédé se nomme *khéla'l*. Parfois, au lieu de fer rouge, on se sert du bois de *sindia'n*, espèce de chêne qui est très commun sur les monts de Heisch et de Belka'a; on frotte une branche de cet arbre, qui est très sec, sur une meule, jusqu'à ce qu'elle soit brûlante, puis on l'applique sur le corps du malade; de la même manière que le fer rouge dont je viens de parler (1).

Les fièvres ne sont pas inconnues dans le désert : on nomme *khebbié* la fièvre inflammatoire; *ssékhoun* la fièvre intermittente; mais en Syrie le nom de la première est *sékhounéh*, celui de la seconde *douwer*. Si le keï manque son effet, le malade est abandonné au soin de la Providence.

Les ophthalmies sont très fréquentes, et quoiqu'on ne fasse jamais rien pour arrêter le mal, bien peu de Bédouins perdent la vue en comparaison du grand nombre d'aveugles qu'on rencontre dans les villes de Syrie. Les Arabes dorment toujours enveloppés de leur meschlak; les habitans des villes, au contraire, se livrent au sommeil dans des lits sur le haut de la terrasse de leurs maisons, et ont généralement le visage découvert; ce fait peut, je le crois, expliquer pourquoi les ophthalmies sont si nombreuses à Alep et encore plus à Damas.

Les Arabes ne saignent jamais en ouvrant la veine; mais, dans les cas de maux de tête violens, ils tirent quelques gouttes de sang en faisant, avec un couteau, des incisions au front. Beaucoup de Bédouins ont des vers.

Les maladies vénériennes sont presque absolument inconnues parmi les A'nezé; mais les Ahl el Schémal en souffrent fréquemment. Jamais un A'nezé ne se livre à la débauche quand il entre dans une ville ou dans un village, quoique la Syrie lui

(1) Je demandai si l'on connaissait deux espèces de bois qui, frottées l'une contre l'autre, produisaient du feu; mais personne n'a pu me donner des renseignemens positifs sur ce sujet.

offre toutes les facilités possibles à cet égard. Si quelqu'un est infecté, événement très rare, sa famille l'envoie à l'hôpital ou *murfden* de Damas ou de Bagdhad.

La lèpre (*a'berz*), ou du moins une espèce de cette maladie, se trouve encore parmi les Arabes; mais, durant une pratique de douze ans, un médecin franc, établi à Alep, n'a vu qu'un seul cas de lèpre. Je n'ai pas rencontré de lépreux dans le désert; cependant on m'a dit que la maladie consistait en taches blanches de la grandeur de la main qui se montrent sur différentes parties du corps, sans aucun soulèvement de la peau, qui reste unie et lisse. Quelques individus naissent avec la lèpre, d'autres en sont attaqués à l'âge de vingt ou trente ans; si les taches blanches paraissent sur la joue, la barbe tombe ordinairement, mais cela n'arrive pas toujours; si d'autres maladies occasionent cet accident, il est regardé comme honteux, et l'homme qui l'a éprouvé est appelé *hétout*, ce qui signifie un galeux, ou un cheval galeux sous la queue. La lèpre n'a jamais été guérie. Les Arabes prétendent que, si elle est une fois invétérée dans une famille, il est impossible de l'en extirper entièrement; mais qu'elle ne descend pas immédiatement du père au fils, et passe du grand-père au petit-fils, laissant intacte une génération intermédiaire. Rien ne peut égaler le degré de malheur attaché à l'infortuné malade: aucun Arabe ne veut dormir auprès d'un lépreux, ni manger au même plat que lui, ni permettre à son propre fils ou à quelqu'un de sa famille de contracter mariage dans celle d'un lépreux.

Le mal de dents est inconnu parmi les Bédouins; tous ont des dents très belles.

Quelques Arabes savent remettre ou redresser une jambe cassée; c'est par le moyen des *medjeber*, espèce d'éclisses; ils s'en servent aussi pour les membres fracturés des brebis et des chèvres.

Les Bédouins emploient quelques plantes de leurs déserts comme médicamens apéritifs: la connaissance de ces simples et celle du keï composent toute leur science médicale; mais ils ont une grande foi à l'efficacité de certains mots écrits sur des morceaux de papier que le malade avale avidement. La tempérance extrême de la masse de cette nation dans le manger et le boire fait supposer naturellement qu'elle a une santé vigoureuse; néanmoins, les fatigues continuelles de la vie nomade sont trop fortes pour les gens avancés en âge, et tous les voyageurs doivent être frappés du petit nombre des vieillards dans le camp de ces Arabes.

Leurs femmes souffrent peu dans l'accouchement, et souvent elles sont délivrées en plein air; quand cela arrive, la mère frotte et nettoie l'enfant, avec de la terre ou du sable, dès qu'il est né, le place dans un mouchoir et le porte chez elle; si elle éprouve des symptômes de douleurs pendant qu'elle est montée sur un chameau, elle en descend et accouche derrière l'animal, afin que personne ne la voie; ensuite elle reprend à l'instant sa place. Elle allaite son enfant, jusqu'à ce qu'il puisse prendre de la nourriture solide; les femmes arabes ont très peu de lait; durant les huit derniers jours de la grossesse elles boivent prodigieusement de lait de chamelle, afin d'augmenter la quantité du leur; l'enfant est ainsi accoutumé de bonne heure à goûter de ce lait et même à l'âge de quatre mois en avale des portions copieuses.

## *Éducation.*

Aussitôt que l'enfant est né, on lui donne un nom qui est tiré d'un accident insignifiant, ou de quelque objet qui a frappé l'imagination de la mère ou de l'une des femmes présentes à l'accouchement; par exemple, si le chien était alors près de l'endroit où cet événement s'est passé, il est probable que l'enfant sera nommé *Kélab* (de *kelb*, chien); si le travail de l'enfantement s'est prolongé pendant la nuit jusqu'au point du jour, le nom donné sera peut-être *Dhouihhi* (de *dhohha* : deux). Excepté le nom de Mohammed qui n'est pas rare, les véritables noms musulmans, tels que : *Hassan*, *Aly*, *Moustafa*, *Fatmé*, ou *Aïescha*, sont peu en usage parmi les vrais Bédouins. Indépendamment de son nom propre et personnel, chaque Arabe est appelé par celui de son père et celui de sa tribu, ou de l'ancêtre de sa famille; ainsi on dit : *Kedoua ibn Gheian el Schamsi* : Kedoua, fils de Gheïan de la tribu de Schamsi.

Quant à l'éducation, un jeune garçon a'nezé peut être appelé, avec raison, l'enfant de la nature; ses parens lui laissent faire toutes ses volontés; ils le châtient rarement, mais dès le berceau ils l'accoutument aux fatigues et aux dangers de la vie nomade ; j'ai vu des troupes d'enfans nus jouant à midi sur le sable brûlant, au cœur de l'été, ou courant jusqu'à ce qu'ils fussent fatigués, et quand ils retournaient à la tente de leurs parens, ils étaient grondés de n'avoir pas continué cet exercice (1). Au lieu d'enseigner la civilité à son fils, le père veut qu'il frappe ou injurie les étrangers qui viennent à la tente, qu'il dérobe ou mette de côté, par plaisanterie, quelque bagatelle qui leur appartient; plus il est insolent et impertinent, plus il est incommode pour eux et pour les hommes du camp, plus il reçoit d'éloges comme annonçant un caractère entreprenant et belliqueux.

Jamais un enfant arabe ne révèle que son surnom à un étranger, étant instruit à cacher celui de sa famille, de crainte qu'elle ne devienne la victime d'un ennemi qui aurait à exercer la vengeance du sang contre la tribu, pour la mort d'un parent : même les Arabes adultes ne disent jamais le nom de leur famille à un étranger, quelle que soit sa tribu.

### *Culte, religion.*

Autrefois les Bédouins n'avaient parmi eux ni imans, ni mollas, mais depuis qu'ils ont embrassé la doctrine des Wahhabites, des mollas ont été introduits par quelques scheikhs, tels que El Taïar et Ibn Esmeïr, dont les jeunes enfans ont appris à écrire de l'un de ces prêtres. Les A'nezé sont ponctuels à

(1) En général, les Arabes peuvent courir avec une aisance et une célérité très grandes.

réciter leurs prières journalières : le vendredi, ils n'ont pas de khotbé; ils observent le jeûne du ramadhan avec la plus grande rigueur, même durant leurs marches au milieu de l'été; la seule crainte de la mort peut les engager à rompre ce jeûne; il n'y a que trois choses dont les Bédouins regardent le contact comme leur étant interdit, ce sont : le pourceau, les cadavres et le sang; ils mangent toute espèce de gibier qu'ils peuvent prendre. Le jour du kourba'n, ou du grand sacrifice sur le mont A'rafat, chaque famille arabe égorge autant de chameaux qu'elle a perdu de personnes adultes, dans le cours de l'année précédente, n'importe le sexe des défunts. Quand même un de ceux-ci n'aurait légué qu'un chameau à son héritier, l'animal est sacrifié; et s'il n'en a pas laissé, ses parens immolent un de leurs propres chameaux. Sept brebis peuvent être substituées à un chameau, et si on ne peut se procurer le nombre entier pour le kourba'n des décès de l'année, on y supplée en tuant ce qui s'en manque, l'année suivante ou celle d'après; c'est pourquoi le kourba'n est toujours un jour de grand régal parmi les tribus.

A la mort d'un Arabe, son corps est aussitôt enterré sans aucune cérémonie. Quand Soleïman, frère aîné du fameux Ibn Esmeïr, chef des A'nezé, mourut, son corps fut jeté sur un chameau et confié à un fellah, pour qu'il l'inhumât; personne, pas même son frère, n'osant accompagner le cadavre. Si le camp où un Arabe vient à décéder est près d'un village ruiné, comme il y en a beaucoup dans le désert à quatre ou cinq journées à l'est de la Syrie, le corps du défunt est enterré entre les ruines; s'il n'y a pas de village voisin, on le dépose en terre dans la plaine, et des pierres sont entassées sur la sépulture pour l'indiquer au voyageur, et en même temps pour le préserver de l'atteinte des bêtes sauvages. A la mort d'un père, ses enfans, des deux sexes, coupent, en signe de douleur, leurs kérouns ou les tresses de leurs cheveux. Au moment où un homme expire, ses femmes, ses filles, ses parentes, se réunissent et poussent des cris de lamentation, *ouelouloua*, qu'elles répètent plusieurs fois. Si le défunt ne laisse pas d'héritier mâle, et si tout son bien passe à une autre famille, ou si l'héritier est mineur, il va demeurer avec son oncle ou avec un proche parent; les perches de la tente sont brisées aussitôt après le décès du propriétaire et la tente est démolie (*khourb beith*).

C'est depuis leur conversion à la doctrine des Wahhabites, il y a environ quinze ans, que les A'nezé ont commencé à réciter régulièrement les prières, parcequ'ils savent que le chef de ces sectaires ne manque pas de punir quiconque omet cette pratique. Les opinions sont partagées sur les préceptes des Wahhabites, et je n'ai jamais rencontré en Syrie quelqu'un qui prétendit même avoir une connaissance exacte de leur croyance. Je me crois fondé à assurer, d'après le résultat de mes recherches parmi les Arabes, et parmi les Wahhabites eux-mêmes, que la religion de ceux-ci peut être appelée le protestantisme, et même le puritanisme de l'islamisme : ils reconnaissent le Koran comme étant de révélation divine, leur principe est celui-ci : le Koran, rien que le Koran; ils rejettent, par conséquent, tous les *hedaïth*, ou les traditions par lesquelles les légistes musulmans interprètent ce livre, et que même ils y interpolent souvent. Ils regardent Mahomet comme un prophète, mais comme un simple mortel pour lequel ses disciples ont trop de vénération. Le Wahhabite interdit le pèlerinage au tombeau de Mahomet à Médine, mais il exhorte les fidèles à visiter la ka'aba, et surtout à sacrifier sur le mont A'rafat, sanctionnant dans ces deux points l'objet du hadj à la Mecque. Il blâme les musulmans de ce siècle de leur vanité impie dans leurs vêtemens, de leur recherche dans leurs repas, et leur manière de fumer. Il leur demande si Mahomet portait des pelisses ; s'il fumait avec le narghilé ou la pipe? Tous les Wahhabites sont habillés de la manière la plus simple, n'ayant ni sur eux, ni sur leurs chevaux, ni or ni argent; ils s'abstiennent de fumer, disant que cet usage stupéfie et enivre. Ils réprouvent la musique, le chant, la danse, les jeux de toutes les sortes, et vivent entre eux, au moins en présence de leur chef, sur le pied de l'égalité la plus parfaite; parce que, dit le chef, le respect n'est dû qu'à Dieu devant qui tous les hommes sont égaux; ce grand chef ne permet pas non plus que personne se lève quand il entre, ou lui fasse place; il déclame contre toute communication entre son peuple fidèle et les hérétiques (*meschreïm*), nom qu'il donne aux musulmans. Le Wahhabite, ainsi que le chef Ibn Saoud, est emphatiquement nommé, propage sa doctrine par l'épée : quand il a le projet d'attaquer un pays d'hérétiques, il les avertit trois fois, et les invite à adopter sa croyance; après la troisième sommation, il déclare que le temps de la miséricorde est passé, et il permet à ses soldats de piller et de tuer à leur gré. Quand la ville de Meschel Aly fut prise, ses Arabes en égorgèrent tous les habitans. Une contrée conquise par le Wahhabite jouit sous sa domination de la tranquillité la plus parfaite : dans le Nedjd et dans le Hedjaz, les routes sont sûres, et le peuple est exempt de toute espèce d'oppression; les musulmans sont forcés d'adopter sa doctrine; mais les juifs ni les chrétiens ne sont pas inquiétés dans l'exercice de la religion de leurs pères respectifs, à condition de payer le tribut. Un prêtre ou molla wahhabite, interrogé pourquoi, dans le sac d'une ville prise d'assaut, la vie des Turcs, des chrétiens et des juifs honnêtes n'était pas épargnée, répondit : « Quand vous voulez moudre un tas de froment dans lequel vous savez que sont mêlés quelques pois, ne jetez-vous pas le tout ensemble sous la meule, plutôt que de prendre la peine d'ôter les pois un à un ? »

Un des principaux préceptes de la croyance des Wahhabites, est l'obligation de payer le tribut (*zekaouah* ou *zeka*) dû au chef par tous ses sectateurs. En hiver, les collecteurs de cet impôt (*mezekka*) partent de Deraïeh, se dispersent dans tous les cantons wahhabites, et exigent le paiement avec une grande rigidité; puis ils retournent vers leurs chefs, avec des charges d'or et d'argent. Les A'nezé paient annuellement pour cinq chameaux une piastre forte; pour quarante brebis ou chèvres, la valeur d'un de ces animaux; et pour chaque cheval ou jument un *douab* (à peu près sept shillings). J'ai des raisons de croire que le montant du tribut varie un peu dans les divers cantons de l'Arabie; il est acquitté en espèces. Pendant quelque temps, le chef ne voulait accepter que des piastres d'Espagne, ou de l'empire d'Allemagne, maintenant il se contente de la monnaie turque. Ibn el Saoud a des champs et des vergers de palmiers qui lui appartiennent en propre; il dispose de ces domaines aux mêmes conditions qui jadis donnèrent naissance au système féodal en Europe. Ceux qui les tiennent ne lui paient pas une rente annuelle; ils leur sont conférés à titre de bénéfices, et leur imposent l'obligation d'entretenir toujours prêts à marcher un certain nombre d'hommes armés et montés sur des chameaux. Quand il projette une expédition, il leur ordonne de se joindre à lui ou à ses troupes, dans un lieu près du canton qu'il a le dessein d'attaquer; ils marchent en conséquence, soit par petits détachemens, ou isolément, vers l'endroit indiqué. Cette obligation du service personnel règne, suivant ce que j'ai appris, dans tout le Nedjd, le chef exigeant que, sur dix hommes, il en vienne un, soit à cheval, soit sur un chameau. Mais ce n'est pas le cas avec les A'nezé, qui n'ont jamais été subjugués : ils ont volontairement consenti à acquitter le tribut.

Il est à peine possible de tenir une nation fière dans une sujétion complète : elle est toujours prête à secouer le joug; les A'nezé du nord n'ont point payé de tribut depuis plusieurs années. Tous ceux que j'ai rencontrés en voyageant dans le désert étaient rebelles; cependant, ils conservaient une apparence de bonne intelligence avec le Wahhabite; leurs chefs s'abstenaient de tabac, et professaient la croyance du réformateur; mais les gens du commun se soucient très peu de la nouvelle doctrine : ils chantent et ils fument, cependant, ils ne prononcent le nom d'Ibn Saoud qu'avec respect.

## *Mariage et divorce.*

La polygamie, conformément à la loi turque, est un privilége des Bédouins; mais la plupart des Arabes se contentent d'une seule femme; très peu en ont deux, et je n'ai jamais trouvé personne qui se souvînt d'avoir vu un Bédouin ayant quatre femmes à la fois dans sa tente. Chez les A'nezé, la cérémonie du mariage est très simple : un homme qui désire épouser une fille dépêche au père un ami de la famille, et la négociation commence; alors on consulte les intentions de la fille, si elles sont d'accord avec celles du père, parce qu'on ne suppose jamais qu'elle puisse être contrainte de se marier contre son inclination; et si le mariage doit avoir lieu, l'ami prend la main du père en disant : « Tu déclares que tu » donnes ta fille pour femme à..... » Le père répond affirmativement. Le jour du mariage étant fixé, ordinairement cinq à six jours après les fiançailles (*talab* et non pas *khéteb*), le futur arrive avec un agneau dans ses bras à la tente du père de la fille, et coupe la gorge à l'animal devant des témoins; dès que le sang tombe à terre, la cérémonie du mariage est regardée comme accomplie : les hommes et les filles s'amusent à se régaler et à chanter. Peu de temps après le coucher du soleil, le futur se retire dans une tente dressée pour lui à une certaine distance du camp; il s'y enferme et attend l'arrivée de son amante. La jeune fille modeste court de la tente d'un ami à une autre, jusqu'à ce qu'enfin elle soit saisie par quelques femmes, qui la conduisent en triomphe à la tente du futur. Il se tient à l'ouverture pour la recevoir, et la force d'entrer; les femmes qui l'ont accompagnée s'en vont. La nouveauté de sa position porte naturellement une jeune vierge à crier, ce qui est considéré par ses parens et ses amis comme un témoignage suffisant de la pureté de la fille. Ils n'exigent aucune de ces preuves contraires à la délicatesse, qui, dans ces sortes d'occasions, sont montrées chez d'autres nations de l'Orient. Si une veuve a'nezé se remarie, on trouverait qu'elle blesserait la bienséance en faisant entendre des exclamations semblables.

Dans la tribu des Arabes El Rier, voisins de Nazareth, les deux peres négocient le mariage de leurs enfans respectifs. Quand ils sont d'accord sur les termes, le père du futur présente à celui de la fille une feuille verte d'un végétal quelconque qui se trouve là, et appelle toutes les personnes présentes à être témoins du don.

Ce serait un scandale chez les A'nezé, si le père de la future demandait de l'argent, ou ce qu'on appelle le prix de la fille (*hakk el bint*), quoique ce soit un usage universel en Syrie, où chacun : Turc, Chrétien et Juif, paie pour sa femme une somme proportionnée au rang du père de la fille. Chez les Ahl el Schémal un pére reçoit pour sa fille le *khomsé* ou les cinq choses, qui néanmoins deviennent la propriété de celle-ci, et restent avec elle, même dans le cas de divorce; le khomsé comprend un tapis, un grand anneau pour le nez, une chaine de cou en argent, des bracelets du même métal, et un sac à chameau, de la manufacture de tapis de Bagdhad. Un A'nezé a la faculté de faire des cadeaux à l'objet de son affection ; et la jeune fille ne contrevient pas à la bienséance en les acceptant. Quelquefois l'amant fait des présens au père ou au frère de sa belle, espérant, par là, se les rendre favorables; mais cela n'arrive pas souvent, parce qu'il passe pour honteux de recevoir de tels cadeaux.

J'ai déjà dit que les A'nezé ne contractent jamais d'alliance avec les ssona ou artisans; ils ne donnent pas non plus leurs filles en mariage aux fellahs ou habitans des villes ; mais les Ahl el Schémal ne sont pas si scrupuleux sous ce rapport.

Si un Arabe, en consommant son mariage, a des raisons de douter que sa future fût réellement vierge, il ne révèle pas immédiatement la honte de celle-ci, de crainte d'offenser sa famille ; mais un ou deux jours après, il répudie sa femme, alléguant, comme motif suffisant, qu'elle ne lui plait pas. Si un Arabe a des preuves manifestes de l'infidélité de sa femme, il l'accuse devant son père ou son frère, et si l'adultère est démontré d'une manière non équivoque, le père lui-même ou le frère de la coupable lui coupe la gorge.

Presque tous les Arabes se contentent d'une seule femme; néanmoins ils se dédommagent de cette monogamie en se permettant la variété. Ils changent fréquemment de femmes, d'après un usage fondé sur la loi turque du divorce; mais les Arabes en ont singulièrement abusé; si l'un d'eux, pour une cause insignifiante, devient mécontent de sa femme, il s'en sépare en lui disant simplement : *ent ta'lek* (tu es répudiée). Ensuite il lui donne une chamelle et la renvoie à sa famille; il n'est pas obligé de déduire aucun motif, et cette circonstance n'a rien de déshonorant pour la femme divorcée, ni pour sa famille; chacun excuse l'homme en disant : il ne l'aimait pas; peut-être ce même jour il fiance une autre fille. Quant à la femme répudiée, elle est obligée d'attendre quarante jours avant de pouvoir se remarier; c'est pour que l'on sache si elle est devenue enceinte avec son précédent mari. Le divorce est si commun chez les A'nezé, qu'il s'effectue même pendant la grossesse de la femme, et quelquefois un mari répudie une épouse qui lui a donné plusieurs enfans. Dans le premier cas, la femme prend soin de son enfant jusqu'à ce qu'il soit en état de courir; alors le père le prend dans sa tente. Quand un homme renvoie une vieille mère de famille, il lui permet parfois de vivre dans sa tente parmi ses enfans; mais elle peut se retirer chez ses parens. Une femme qui a été répudiée trois ou quatre fois peut néanmoins avoir une réputation exempte de toute tache et de tout blâme. J'ai vu des Arabes, âgés d'environ quarante-cinq ans, qui avaient eu plus de cinquante femmes différentes. Quiconque a le moyen de subvenir à la dépense de l'achat d'une chamelle peut divorcer et changer de femmes aussi souvent qu'il le juge à propos.

La loi accorde aussi à la femme une sorte de divorce : si elle n'est pas heureuse dans la tente de son mari, elle se réfugie chez son père ou chez un de ses parens; l'homme peut l'engager à revenir en lui promettant de beaux habits, des anneaux pour le nez ou des tapis; mais, si elle refuse, il ne lui est pas loisible de l'y contraindre par la force, parce que la famille de celle-ci ressentirait cette violence; tout ce qu'il peut faire est de ne pas prononcer la sentence de divorce (*ent ta'lek*); sans cette formalité, la femme n'est pas autorisée à se remarier; quelquefois un présent de plusieurs chameaux engage l'homme à articuler la phrase du divorce; s'il persévère à s'y refuser, la femme est condamnée au célibat. Une femme ainsi séparée de son mari, mais non régulièrement répudiée, est désignée par le nom de *ta'mehhé;* cette classe est nombreuse; d'un autre côté, on ne rencontre pas beaucoup de vieilles filles chez les Arabes.

Si un jeune homme laisse une veuve, le frère du défunt offre ordinairement d'épouser celle-ci; la coutume ne les oblige ni l'un ni l'autre de contracter ce mariage, et ce beau-frère ne peut l'empêcher de prendre un autre homme pour époux; il arrive rarement qu'elle refuse, parce que cette union conserve le bien de la famille dans son intégrité.

Un homme a un droit exclusif à la main de sa cousine : il n'est pas forcé de l'épouser, mais elle ne peut se marier sans son consentement. Si un homme permet à sa cousine de devenir la femme de celui qu'elle aime, ou si un époux répudie sa femme, qui l'a quitté, il dit communément : « Elle était ma babouche, je l'ai jetée là (1) ».

Chez les Ahl el Schémal, si un Arabe s'enfuit avec la femme d'un autre, et se réfugie dans la tente d'un troisième, celui-ci tue une brebis, et marie ainsi le couple. Dans ce cas, chez les A'nezé, la femme retourne en toute sûreté chez ses parens, et attend que le *ta'ak* ou la formule du divorce soit prononcé par son époux ; son amant est de même à l'abri de tout danger personnel, étant le *dakheïl* de la famille où il a cherché un asile.

Cette facilité de divorcer relâche tous les liens qui devraient unir les familles; par ce fréquent changement de femmes, tous les secrets des parens et des enfans sont divulgués dans la tribu entière ; des jalousies sont excitées entre les parens, et on conçoit aisément l'effet qui en résulte pour la morale.

On doit cependant reconnaître qu'un Arabe a un grand respect pour ses parens, que surtout il aime sa mère avec la plus vive affection ; quelquefois il se querelle, à son sujet, avec son père, et souvent il est chassé de la tente paternelle pour avoir embrassé la cause de sa mère.

Lorsque le fils arrive à la maturité, son père lui donne généralement une jument ou un chameau pour qu'il puisse tenter fortune dans des excursions de pillage. Le butin qui lui tombe en partage est regardé comme sa propriété, et son père ne peut le lui enlever. Un fils, pour qui le père a de la prédilection, reçoit souvent de lui, à l'occasion de

(1) *Livre de Ruth*, ch. IV, v. 7, 8.

son mariage, un présent d'argent ou de chameaux; mais ce n'est pas une règle générale, et beaucoup de jeunes Arabes commencent leur établissement matrimonial n'ayant qu'un chameau pour subvenir à la subsistance de leur famille; quelquefois le fils obtient la permission de vivre avec sa jeune femme dans la tente paternelle. Quant à la fille, elle ne reçoit jamais rien de son père à l'époque de son mariage; le khomsé que, chez les Ahl el Schémal, l'époux donne au père de sa femme, est souvent abandonné par ce dernier à sa fille.

### *Gouvernement et manière de rendre la justice.*

Les Arabes sont une nation libre: chez eux la liberté et l'indépendance des particuliers se rapprochent beaucoup de l'anarchie; toutefois l'expérience des siècles durant lesquels leur état politique n'a pas subi le moindre changement fait présumer que leurs institutions civiles sont bien adaptées à leurs habitudes et à leur manière de vivre, quoiqu'au premier coup-d'œil elles puissent ne pas sembler bien calculées pour assurer le grand objet de la législation, qui est de protéger le faible contre le fort.

Chaque tribu arabe a son scheikh principal, et chaque camp, parce qu'une tribu en comprend souvent plusieurs, a à sa tête un scheikh ou au moins un homme de quelque considération; néanmoins, le scheikh n'exerce aucune autorité réelle sur les individus de sa tribu: quoiqu'il puisse, par ses qualités personnelles, obtenir une influence considérable, ses ordres seraient méprisés; mais on a de la déférence pour ses avis, si on le regarde comme un homme habile dans les affaires publiques et particulières.

On peut dire que le gouvernement réel des Bédouins consiste dans la force de leurs différentes familles, qui forment autant de corps armés toujours prêts à punir les agressions ou à les venger; c'est le seul contre-poids de ces corps qui maintient la paix dans la tribu. Si une dispute survient entre deux individus, le scheikh essaie d'arranger la chose; mais si l'une des deux parties n'est pas satisfaite de son avis, il ne peut insister sur l'obéissance. L'Arabe ne peut être persuadé que par ses propres parens, et si ceux-ci échouent, la guerre commence entre les deux familles et leur parenté respective; ainsi, le Bédouin dit avec vérité qu'il ne reconnaît d'autre maître que le Seigneur de l'univers. En effet, le chef A'nezé, le plus puissant, n'ose pas infliger le châtiment le plus léger à l'homme le plus pauvre de sa tribu, sans encourir la vengeance mortelle de celui-ci et de ses parens; c'est pourquoi les scheikhs ou les émirs, ainsi que quelques uns se qualifient, ne doivent pas être regardés comme des princes du désert, titres dont les ont gratifiés quelques voyageurs; leur prérogative consiste à guider leur tribu contre l'ennemi, à conduire les négociations pour la paix ou la guerre, à fixer le lieu où l'on doit camper, à régaler les étrangers de distinction, et même ces prérogatives sont très limitées; le Scheikh ne peut déclarer la guerre, ni conclure la paix sans consulter les hommes principaux de la tribu. S'il veut lever le camp, il doit préalablement s'enquérir de l'avis de son monde sur la sûreté des chemins, et sur la quantité des pâturages et de l'eau dans les cantons où il a le dessein d'aller; ses ordres ne sont jamais obéis, mais son exemple est généralement suivi. Ainsi il abat sa tente et charge son chameau sans demander que personne en fasse autant; toutefois, quand les Arabes apprennent que le scheikh va partir, ils se dépêchent d'en faire autant. Il arrive également que s'il campe dans un lieu qu'ils n'aiment pas, ils placent leurs tentes à une demi-journée de distance de la sienne, et le laissent avec un petit nombre de ses plus proches parens; souvent un Arabe abandonne le camp de ses amis par pur caprice, ou par une aversion pour ses compagnons, et va joindre un autre camp de sa tribu.

Le scheikh ne tire aucun revenu annuel de sa tribu ou de son camp; au contraire, il est obligé de soutenir sa dignité par des dépenses considérables, et d'étendre son crédit par de grandes libéralités. Pour satisfaire l'attente générale, il doit régaler les étrangers d'une manière plus splendide que ne le ferait tout autre membre de la tribu; soulager les pauvres et partager entre ses amis les présens qu'il peut recevoir : ses moyens de subvenir à ces dépenses sont le tribut qu'il exige des villages de Syrie, et les émolumens qu'il reçoit de la caravane des pélerins de la Mecque. A la mort d'un scheikh, un de ses fils, ou son frère, ou quelqu'un de ses parens distingué par sa bravoure et sa libéralité succède à sa dignité; ce n'est pourtant pas une règle générale. Si un autre Arabe de la tribu possède ces qualités à un degré plus éminent, il peut être choisi;

la tribu est souvent divisée sur cette matière; un parti se prononce pour la famille du dernier scheikh; un autre en choisit un nouveau. Un scheikh vivant est souvent déposé, et un homme plus généreux élu à sa place.

La seule formalité ou cérémonie qui accompagne l'élection d'un chef est de lui annoncer que dorénavant il sera regardé comme chef de la tribu. Chez les A'nezé, les hommes qui font les affaires des pachas de Damas et de Bagdhad sont invariablement nommés scheikhs. Les profits que leur procure cette liaison sont bien plus considérables que ceux qu'ils pourraient tirer du pillage pendant la guerre; et si l'agent du pacha permet à ses amis de prendre part à ses bénéfices, il est sûr d'être élu chef.

Dans le cas de litige, le scheikh n'a pas le pouvoir d'exécuter une sentence; quelquefois les parties conviennent de s'en rapporter à sa décision ou de choisir des arbitres; mais ils ne peuvent, dans aucune occasion, être contraints à céder, et un adversaire peut être cité devant le kadhi. Il existe encore, chez les Bédouins, quelques uns de ces *kadhi el Arab* dont les historiens arabes font si souvent mention. Les Aoulad Aly en ont trois, les Raoualla et les Besscher chacun un. Ces kadhis ou juges sont des hommes distingués par la perspicacité de leur jugement, leur amour de la justice, leur expérience et leur connaissance des coutumes et des lois de leur nation. Ne sachant ni lire ni écrire ils consultent leur mémoire, comme un guide dans les cas qu'on leur soumet. Les Arabes appellent un juge de cette espèce *kadhi el fera'a* (*kadhi des lois cou-*

*tumières*) par opposition à *kadhi el scheria'a* (*kadhi de la loi écrite*), comme on en trouve dans les villes turques. Ils ne se distinguent des autres nomades ni par leur costume, ni par une manière particulière de vivre. L'emploi de kadhi reste généralement dans une famille : l'élection d'un nouveau dépend de la bonne opinion qu'il a inspirée sur son compte aux autres kadhis des tribus amies, ainsi qu'aux membres de sa propre tribu ; les scheikhs n'exercent aucune influence dans cette élection. Les dépens payés à un kadhi dans un procès sont très considérables ; si un cheval ou une jument fait l'objet de la dispute, les frais s'élèvent à un *bekra*, c'est à dire à un jeune chameau femelle ; si la contestation roule sur un chameau, le kadhi reçoit un *dahab* (à peu près sept shillings). S'il s'agit d'une somme d'argent, les droits du kadhi sont de vingt-cinq pour cent ; ils sont toujours payés par la personne qui gagne sa cause, jamais par celui qui la perd.

Si le cas présente des difficultés que la sagacité humaine ne peut résoudre, par exemple, si des témoins également dignes de foi se contredisent entre eux, le kadhi renvoie les deux parties adverses devant le *melesscha*, qui leur fait subir une ordalie, sorte d'épreuve semblable à celles qui étaient usitées en Europe dans les périodes de ténèbres du moyen âge. Dans chacune des principales tribus des A'nezé, il y a un melesscha ou juge principal, devant lequel se décident toutes les causes embrouillées. Si ses efforts pour concilier les deux adversaires sont inutiles, il ordonne qu'on allume du feu devant lui ; ensuite il prend une longue cuiller de fer usitée par les Arabes pour griller le café, et l'ayant fait rougir au feu, il en lèche avec sa langue l'extrémité supérieure des deux côtés; alors il la replace dans le brasier, commande à l'accusé de se rincer la bouche avec de l'eau, et de lécher la cuiller, comme il l'a fait: s'il ne résulte pas de brûlure de cette épreuve pour la langue de l'accusé, il est supposé innocent; si, au contraire, elle a souffert, il perd sa cause. Les Arabes attribuent ce résultat miraculeux, non à Dieu tout puissant, protecteur de l'innocence, mais au diable. On a connu des gens qui léchaient plus d'une vingtaine de fois le *beschaa* ou la cuiller rougie au feu, sans en éprouver le plus léger dommage; le mebesscha reçoit pour sa peine quarante piastres, ou une chamelle de deux ans.

Lorsque quelqu'un est accusé d'homicide ou de meurtre, et nie le fait, enfin dans tous les cas qui, suivant l'expression arabe, ont le sang pour objet, on a toujours recours au mebesscha. Dans un tel cas, la déposition des témoins, quelque nombreux qu'ils soient, n'est pas admise, et le kadhi ne peut prendre une décision; mais quand l'accusé nie, le seul tribunal du plaignant est le mebesscha. Un Arabe, mécontent de la sentence de son kadhi, peut en appeler à un autre ou à plusieurs: ceux-ci confirment généralement le premier jugement. Si l'Arabe se croit lésé, il peut, malgré la décision du kadhi et de l'épreuve contre lui, refuser d'obéir à la sentence, parce qu'il n'existe réellement aucune autorité qui puisse l'y contraindre: dans ces cas-là, ses parens lui persuadent généralement de céder; mais s'il persiste dans son obstination, il faut qu'ils l'abandonnent, de crainte qu'il n'y ait effusion de sang, et que la vengeance n'en retombe sur eux, bien qu'ils n'aient pris aucune part à la rixe.

Les punitions corporelles sont inconnues chez les Arabes : les sentences du scheikh, de l'arbitre, du kadhi et du mebesscha, fondées sur un usage immémorial, prononcent toujours des amendes, quel que puisse être le crime dont un homme est accusé. Chaque offense a son amende déterminée dans le tribunal du kadhi ; la nature et le taux de ces amendes sont bien connus des Arabes, et la crainte de les encourir maintient l'ordre et la tranquillité dans la tribu.

Toutes les expressions injurieuses (1) ; tous les actes de violence, un coup quelque léger qu'il soit, or, un coup peut différer de gravité comme insulte suivant la partie frappée ; une blessure de laquelle coule une seule goutte de sang ; tous ces cas sont passibles d'une amende déterminée.

Voici un exemple de la sentence d'un kadhi :

Bokhit a traité Djolan de chien. Djolan a répondu à cette injure en frappant Bokhit au bras, alors Bokhit a donné à Djolan un coup de couteau à l'épaule. Bokhit doit en conséquence à Djolan :

Pour l'expression injurieuse . . . 1 brebis.

Pour l'avoir blessé à l'épaule . . . 3 chameaux.

Djolan doit à Bokhit, pour le coup au bras . . . . . . . . . . . . . . . 1 chameau.

Reste dû à Djolan : deux chameaux et une brebis.

(1) En voici des exemples : Tu n'as pas soin de tes hôtes : tu es un esclave, tu es un chien de garde, tu es un Hétéimé ; je te connais bie[illegible] tu es un lépreux.

Parmi les amendes payées pour certains crimes et certaines agressions, celle qui est due pour avoir tué un chien de garde mérite d'être remarquée : le chien mort est tenu par la queue, de sorte que son museau touche justement le sol; alors on mesure toute sa longueur, et un bâton d'étendue égale est fixé en terre; puis le meurtrier du chien est obligé de verser sur le bâton une quantité de froment suffisante pour le couvrir entièrement; ce tas de blé compose l'amende due au maître de l'animal. J'ai entendu dire que le kadhi de Constantinople exige la même amende pour un délit pareil, si le chien n'a pas été tué par son meurtrier pour se défendre.

Si un Arabe a besoin de témoins pour une affaire entre lui et d'autres personnes, il interpelle tous les assistans, en s'écriant : *Ascheded ya falasi* (rends témoignage, ô!...); ou bien il suffit qu'il leur touche le bras avec sa main : ce geste étant considéré comme une sommation de rendre témoignage. Quand il n'a observé aucune de ces formalités, si l'affaire donne naissance à un procès, le kadhi commence par demander si les témoins sont *hadhereïn* (personnes présentes), ou *schahedeïn* (témoins réels); s'il n'y en a que de la première sorte, la partie adverse peut rejeter leur déposition. Les hadhereïns peuvent insister pour que les deux adversaires viennent, avec le kadhi, recevoir leur déposition dans leurs propres tentes, tandis que, d'un autre côté, la coutume oblige les témoins réels, envers lesquels les formalités décrites plus haut ont été observées, à se présenter en personne devant le kadhi, quand même il serait campé à quelques journées de distance. Si un témoin est empêché par la maladie d'entreprendre un tel voyage, son scheikh prend sa déposition, et la communique soit verbalement, soit par écrit au kadhi, en observant que lui-même rend témoignage de la déclaration du malade; les assistans (*hadhereïn*) sont également nommés *aoulad alal* ou *aoulad èl kheir* ou *el kheir mahhadar;* ce sont des qualifications honorables. S'il y a des témoins, le kadhi prononce aussitôt sa sentence; s'il n'y en a pas, il ordonne que l'accusé prête un serment solennel attestant son innocence; si l'accusé se conforme à cette injonction, il est regardé comme acquitté. Le serment n'est jamais exigé du plaignant ou demandeur, mais il l'est toujours du défendeur, suivant une régle exprimée dans ce dicton : « Il ne convient » pas que quelqu'un prête serment et mange. » Conformément à la même régle, le mebesscha n'ordonne jamais que le plaignant qui réclame le prix du sang d'un parent soit soumis à l'épreuve de la cuiller de fer rougie au feu; il en laisse l'avantage à l'accusé. Plusieurs sermens judiciaires sont en usage chez les Arabes, et se distinguent par différens degrés de sainteté et de solennité. Un des plus ordinaires dans la vie domestique est d'empoigner d'une main l'ouaset ou la perche centrale de la tente, et de jurer « par l'existence de cette tente et de son » maître. »

Un serment plus sérieux, souvent prêté devant le kadhi, est nommé « le serment du bois... » Pour éprouver la véracité de quelqu'un, on ramasse à terre un petit morceau de bois ou un brin de paille, et on le lui présente en disant : « Prends ce bois, et jure

» par le nom de Dieu, et par la vie de celui qui l'a » fait verdir et l'a desséché. »

Un serment encore plus solennel est l'*icmīn el khat* (serment des lignes); il n'est employé que dans des occasions très importantes. Par exemple, si un Bédouin accuse son voisin d'un vol considérable, et ne peut prouver le fait par témoins, le plaignant amène le défendeur devant le scheikh ou le kadhi, et lui dit de prêter, pour se défendre, tel serment qu'il lui plaira d'exiger de lui. Si le défendeur y consent, son accusateur le conduit à une certaine distance du camp, parce que la nature magique du serment pourrait être pernicieuse à la généralité du corps des Arabes, s'il avait lieu dans leur voisinage. Alors avec son *sekin* ou coutelas recourbé, il trace sur le sable un grand cercle, qui a dans son intérieur plusieurs lignes s'entrecroisant (1). Il oblige le défendeur à poser son pied dans le cercle, il en fait autant, et adresse à l'accusé les mots suivans que ce dernier doit répéter : « Par Dieu, par » Dieu, et par Dieu ! certes je ne l'ai pas prise, et la » chose n'est pas en ma possession. »

Quelques Arabes posent les deux pieds dans le cercle; on dit qu'un jour Mahomet fit usage de ce serment; se parjurer, en s'en servant, déshonorerait à jamais un Arabe. Pour le rendre encore plus solennel, on place dans le cercle un *schemlé* ou une poche à mamelle pour les chamelles, et une fourmi (*el nemlé*), ce qui indique que l'accusé jure par l'es-

(1) Ce cercle est représenté sur la planche du *plan de l'Ouadi Muna*.

poir de n'être jamais privé des mamelles de sa chamelle, et de n'être jamais réduit à la nécessité d'avoir besoin même de la provision d'hiver d'une fourmi. Tel est l'*iemeïn el schemlé oué nemlé* ou serment du schemlé et du nemlé.

Une autre institution civile des Arabes doit être mentionnée ici, puisqu'elle contribue beaucoup à maintenir la paix parmi une multitude de soldats farouches et turbulens, qui ne reconnaissent d'autre loi que celle du plus fort. Cette institution est celle de l'*ouassi* ou tuteur. Lorsqu'un Arabe veut pourvoir à la sécurité de sa famille, même après son décès, il s'adresse, bien qu'à la fleur de l'âge, à un de ses amis, et le prie de devenir tuteur de ses enfans. A cet effet, il se présente devant son ami, en conduisant une chamelle; il fait un nœud avec un des bouts pendans du *keffié* ou mouchoir de cet ami, et lui menant l'animal il dit : « Je te nomme » *ouassi* de mes enfans, et je nomme tes enfans » ouassi de mes enfans, et tes petits enfans de mes » petits-enfans. » Si l'ami accepte la chamelle, et rarement il la refuse, lui et sa famille deviennent protecteurs héréditaires des descendans de l'autre : le devoir d'ouassi, et les droits des protégés passent à leurs héritiers, dans l'ordre de leur institution; ainsi : A a rendu B ouassi de ses enfans; les fils de B sont ouassi des petits-enfans d'A; les petits-enfans de B, des arrière-petits-enfans d'A; mais les arrière-petits-enfans d'A n'ont aucun droit à la protection directe des enfans de B. Presque tous les Arabes ont leur ouassi dans une autre famille, et sont en même temps ouassi d'une troisième famille; le grand scheikh lui-même à son tuteur; le pupille s'adresse à son tuteur quand il se croit lésé, et toute la famille du tuteur coopère avec lui à la défense de son pupille. Ce système de tutelle est avantageux aux mineurs, aux femmes et aux vieillards, qui trouvent nécessaire de résister aux demandes de leurs fils. Ainsi il paraît que les Arabes composent, avec leurs familles et celles des ouassi, autant de corps armés qui, par la crainte mutuelle qu'ils ont les uns des autres, conservent la paix dans la tribu; peut-être c'est cette institution seule qui a pu préserver une nation si farouche et si rapace d'être détruite par des dissentions domestiques.

La cérémonie de faire un nœud à une des extrémités du keffié de l'ouassi a pour but de l'engager à chercher des témoins pour prouver cet acte; le même usage s'observe quand il est nécessaire qu'une transaction quelconque soit affirmée par des témoignages; la chamelle (*hedjé*) donnée à l'ouassi doit être âgée de quatre ans : un ouassi accepte d'un homme pauvre un abba au lieu de chamelle.

Les lois relatives à l'hérédité sont les mêmes chez les Arabes que celles que prescrit le Koran : le bien est partagé également entre les enfans mâles; si un père, à son décès, laisse des mineurs, son plus proche parent en prend soin, et si la tente de leur père a été abattue, il les loge dans la sienne propre et devient le tuteur de leur bien. Toute la tribu connaît, par le nombre des brebis et des chameaux, le montant de ce que le défunt possédait; par conséquent, les mineurs ne peuvent pas être aisément victimes de la mauvaise foi. Le profit provenant de l'administration du bien sert à fournir des vêtemens et autres objets aux enfans ; le garçon en prend la gestion aussitôt qu'il est en état d'en connaître la valeur, c'est à dire vers l'âge de douze ans : avant ce temps, le plus proche parent exerce une certaine influence sur lui ; mais si elle était employée au détriment du mineur, on s'adresserait à l'ouassi. Si les créanciers du défunt élèvent des demandes contre l'héritier, et si la dette consiste en bétail, la quantité qui se trouve due est payée ; si la dette a pour cause des marchandises fournies, le créancier ne reçoit que la valeur réelle de ces objets au prix courant du jour, sans aucune addition pour le bénéfice.

### *Guerres et expéditions de pillage des Bédouins.*

Les tribus arabes sont dans un état presque continuel de guerre les unes contre les autres ; il est rare qu'une tribu jouisse d'un moment de paix générale avec tous ses voisins ; mais aussi la guerre entre deux tribus est rarement de longue durée : la paix se fait aisément ; elle est de même rompue de nouveau pour le plus léger prétexte. Les Arabes font la guerre en partisans ; des batailles générales sont rarement livrées ; surprendre l'ennemi par une attaque soudaine et piller un camp sont les principaux objets des deux partis. Voilà pourquoi leurs guerres ne sont pas sanglantes : l'ennemi est généralement attaqué par des forces supérieures, et il se retire sans combattre, dans l'espoir de prendre sa revanche sur un camp faible de l'autre parti. Les effets terribles de la vengeance du sang, dont je parlerai plus tard, empêchent beaucoup de collisions sanglantes : ainsi deux tribus peuvent être en guerre pendant une année entière, sans que de chaque côté la perte puisse être de plus d'une quarantaine d'hommes.

Toutefois les Arabes ont montré, dans quelques occasions, beaucoup de fermeté et de courage; mais quand ils ne combattent que pour piller, ils se comportent comme des poltrons : je pourrais citer de nombreux exemples de caravanes et de paysans, qui, attaqués par des Arabes, les mettent en fuite, quoique ceux-ci soient trois fois plus nombreux ; voilà pourquoi, dans toute la Syrie, on les regarde comme de misérables lâches, et leurs contestations avec les paysans prouvent qu'ils le sont; mais lorsque l'Arabe combat dans une bataille rangée un ennemi national, quand il s'agit de défendre la réputation et l'honneur de sa tribu, il déploie fréquemment une valeur héroïque ; nous trouvons encore parmi eux de ces guerriers dont les noms sont célèbres dans tout le désert; les prouesses qu'on leur attribue pourraient sembler fabuleuses, si l'on ne savait pas que les armes des Arabes permettent à la bravoure personnelle de se montrer tout entière, et que, dans les escarmouches irrégulières, les qualités supérieures de leurs chevaux donnent au cavalier un avantage incalculable sur ses ennemis. C'est ainsi que nous lisons, dans l'histoire d'Antar, que ce vaillant esclave, monté sur sa jument *Ghabara*, perça de sa lance, dans une seule bataille, huit cents ennemis.

Malgré mon incrédulité relativement au nombre exact que je viens d'énoncer, j'espère qu'on me permettra de citer le nom d'un héros moderne dont les louanges sont chantées dans une centaine de poëmes, et dont les faits d'armes m'ont été racontés par plusieurs témoins oculaires. Gedoua ibn Gheïan el Schamsi faisait mordre la poussière à trente de ses ennemis dans un combat : c'est un fait notoire; il se vantait de n'avoir jamais été mis en fuite, et le butin qu'il avait pris était immense; mais ses amis seuls en profitaient, car il resta toujours pauvre; enfin, sa valeur lui coûta la vie. En 1790, une guerre éclata entre les Ibn Faddhal et les Ibn Esmeïr; les A'nezé, pour la plupart, prirent parti soit pour l'un, soit pour l'autre de ces adversaires. Après plusieurs combats partiels, les deux scheikhs, chacun avec à peu près cinq cents cavaliers, se rencontrèrent près de Mezerib, petite ville sur la route des pélerins dans les plaines du Hauran, à une cinquantaine de milles de Damas : tous deux étaient déterminés à livrer une bataille générale qui terminerait la guerre. Les deux armées se rangèrent en vue l'une de l'autre; quelques escarmouches avaient déjà eu lieu, quand Gedoua, ou Djedoua, ainsi que les Bédouins le nommaient dans leur dialecte, conçut la généreuse résolution de sacrifier sa vie pour la gloire de sa tribu. Il piqua droit à Ibn Esmeïr sous les bannières duquel les Schamsi combattaient alors, ôta sa cotte de mailles et tous ses habits, ne gardant que sa chemise : puis il s'approcha de ce chef et lui baisa la barbe, ce qui annonçait qu'il lui dévouait son existence. Alors, quittant les rangs de ses amis, et sans autre arme que son sabre, il poussa furieusement sa jument contre l'ennemi; sa valeur était bien connue des troupes des deux partis, de sorte que chacun attendait avec une impatience inquiète le résultat de son entreprise. La force de son bras lui eut bientôt ouvert un passage au milieu des rangs ennemis; il pénétra jusqu'à leur étendard ou *merkeb*, qui était dans leur centre, abattit à terre d'un coup qu'il lui donna à la cuisse le chameau qui le portait; puis il fit volte-face, et il avait déjà regagné l'espace qui séparait les deux armées, quand il fut tué d'un coup de fusil tiré par un *métras* ou fantassin (1). Ses amis, qui avaient vu tomber le merkeb, se précipitèrent sur leurs ennemis, en poussant des acclamations, et les mirent dans une déroute complète; près de cinq cents fantassins périrent dans cette journée. Quand le merkeb tombe, la bataille est regardée comme perdue par le parti auquel il appartenait.

J'ai déjà dit que la manière ordinaire de faire la guerre est de surprendre l'ennemi par des attaques soudaines. A cet effet, les Arabes préparent quelquefois une expédition contre une tribu dont les tentes sont éloignées de dix à vingt jours de marche. Souvent les A'nezé campés dans le Hauran font des incursions dans le territoire de la Mecque, ou bien une troupe d'Arabes Dhofir, vivant dans le voisi-

(1) Les métras ou fantassins sont armés de mousquets; ils s'accroupissent sur le premier rang entre les lignes des cavaliers, et placent devant eux des tas de pierres sur lesquels ils appuient leur arme afin de viser plus juste.

nage de Bagdhad, vient piller les camps des A'nezé près de Damas; ou enfin des Beni Ssakher, demeurant dans le Djebel Belka'a, vont chercher du butin dans l'Irak Arabi.

Quand les Arabes ont décidé une expédition lointaine, chaque cavalier qui doit en faire partie engage un de ses amis à l'accompagner; ce zammal ou compagnon (1) est monté sur un chameau jeune et vigoureux; le cavalier se munit de sacs à chameau, d'une provision de vivres et d'eau; il se place derrière le zamma, afin que sa jument ne soit pas fatiguée avant le moment décisif. Lorsque le *ghazou* ou les détachemens volans approchent de l'ennemi, le chef fixe ordinairement trois rendez-vous, où les zammal doivent attendre les cavaliers qui vont en avant pour attaquer : le premier endroit désigné est rarement à plus d'une demi-heure de distance du camp ennemi, dans une vallée ou derrière une colline. Si, au temps déterminé, la troupe n'est pas revenue, les zammal se hâtent de gagner le second rendez-vous, et s'y arrêtent un jour entier pour attendre leurs amis; ensuite ils vont à la troisième station, où ils font halte pendant trois ou quatre jours; ce lieu étant toujours à une longue journée de distance du point à attaquer. Si, après ce temps expiré, nul de leurs gens ne revient, les zammal retournent dans leurs foyers aussi promptement qu'ils peuvent.

(1) *Zammal.* Deux hommes montés sur un chameau sont nommés *merdouf*, cela se voit fréquemment chez les Bédouins. Ils appellent *rukub* une troupe montée sur des chameaux; *kheïalek* une troupe de cavaliers.

Si l'expédition a réussi, et si l'on a pris du butin, le zammal reçoit pour récompense une chamelle quand même la part de son ami ne serait que d'un seul chameau; mais si le cavalier a été défait, le zammal n'obtient rien. Quelquefois, dans les expéditions lointaines, tous les cavaliers périssent; s'ils sont repoussés et séparés de leurs zammal qui ont les vivres et l'eau, il faut qu'ils meurent dans les plaines stériles, ou qu'ils se résignent à être dépouillés et pillés.

Quand un ennemi arrive de loin pour piller un camp, il ne s'inquiète pas du butin qui peut se trouver dans les tentes, mais il emmène les chevaux et les chameaux; si, au contraire, le camp auquel on en veut est voisin, le vainqueur emporte les tentes et tout ce qu'elles contiennent. Dans ce cas, une femme courageuse peut recouvrer un des chameaux de son mari, si elle court après les ennemis qui se retirent, et s'adressant à leur chef, lui crie : « O noble chef, je sollicite ma nourriture de Dieu et de toi ! nous mourrons de faim ! » Si elle peut suivre la troupe pendant quelque temps, le chef se regarde comme obligé par l'honneur à lui donner un chameau de sa part du butin.

Tout ce que ces Arabes prennent dans une expédition heureuse est partagé conformément à un arrangement préalable : tantôt chaque cavalier pille pour lui-même; tantôt tout est divisé également. Dans le premier cas, tout ce qu'un Arabe touche le premier avec sa lance est regardé comme appartenant à lui seul; par exemple, si on rencontre un troupeau de chameaux, chacun se dépêche d'en atteindre avant tout autre du bout de sa lance, autant qu'il peut, et s'écrie au même temps : « O N..., je te » prends à témoin! O Z... regarde, tu es à moi! » Le chef du ghazou, qui n'est pas toujours le scheikh du camp, mais un homme responsable de la tribu, stipule généralement pour lui-même une plus grosse part du butin ; par exemple, il est convenu d'avance que tous les chameaux mâles qu'on prendra lui appartiendront, ou qu'il aura un dixième du pillage outre sa part ordinaire. Si une troupe considérable ne fait qu'une prise comparativement chétive, le chef, à son retour, assemble devant sa tente son monde et tous les animaux que l'on a pris; il dit succe··vement à ses compagnons : « Va et prends » un ***; et toi, va et prends un **. » Lorsque tous ont pris une portion égale, s'il reste quelques objets, qu'il serait difficile de diviser entre un si grand nombre, le chef prononce le mot *maléha*, que je suis hors d'état d'interpréter, car ici il ne peut signifier *salé;* à ce signal, tous se précipitent sur le bétail qui reste, et chacun garde pour soi tout animal qu'il peut saisir le premier.

Les A'nezé n'attaquent jamais de nuit; ils regardent cette action comme une trahison (*bôg*), parce que, dans la confusion d'un assaut nocturne, il serait possible qu'on entrât dans les appartemens des femmes et qu'on ne leur fît quelque violence, ce qui occasionerait infailliblement une vive résistance de la part des hommes du camp assailli, et se terminerait probablement par un massacre général, événement que les Arabes s'efforcent constamment d'éviter. Toutefois, il faut faire ici une exception, puisque les Arabes Schammar ont la coutume d'attaquer de nuit le camp ennemi, quand il n'est pas éloigné du leur. S'ils peuvent s'en approcher sans avoir été aperçus, ils abattent brusquement les principales perches des tentes, et pendant que les gens surpris cherchent à se débarrasser des couvertures de la tente tombées sur eux, le bétail est emmené par les assaillans : ce genre d'attaque est appelé *beïat*.

Les femmes sont toujours respectées même par les ennemis les plus invétérés, quand un camp est livré au pillage : ni les hommes, ni les femmes, ni les esclaves, ne sont jamais faits prisonniers. Si les Arabes, après que leur camp a été pillé, reçoivent un renfort ou peuvent se rallier, ils poursuivent l'ennemi ; tout ce qu'ils peuvent recouvrer des choses enlevées est rendu à son premier maitre.

Peu d'hommes perdent la vie dans le pillage d'un camp ; comme il est ordinairement pris par surprise, la défense serait inutile contre un nombre supérieur, et un Arabe ne tue jamais un ennemi qui ne résiste pas, à moins qu'il n'ait à venger le sang d'un parent.

Souvent la surprise d'un camp ne peut s'effectuer, parce qu'on y aura été averti d'avance soit par des gens vivant parmi les ennemis, soit par quelqu'un de la tribu ennemie qui désire empêcher la ruine d'un ami demeurant dans le camp qui est l'objet de l'attaque ; ceux qui donnent ces avis sont nommés *nezeïr*.

Si un Arabe poursuivi par un ennemi trouve que la force de sa jument est presque épuisée, il peut sauver sa vie en se jetant à terre (*houel*), et demandant protection. Mais cette action passe pour honteuse, et comme ne pouvant être excusée que par une nécessité extrême : ensuite l'ennemi se vantera à jamais de ce qu'un tel qu'il poursuivait s'est jeté à bas de sa jument. Un homme conserve la vie dans cette occasion, mais il perd sa jument et tous ses habits. Si le fuyard ne se rend pas quand il est serré de près par l'homme qui le poursuit, et qui ne cesse de lui crier : *Houel! houel!* (descends! descends!) celui-ci le blesse ou le tue d'un coup de sa lance.

Il arrive quelquefois que, lorsque deux tribus sont en guerre, un Arabe de l'une ait avec un homme de l'autre quelque affaire particulière qui exige une entrevue personnelle. Dans une telle conjoncture, il convoque chez son scheikh tous les principaux personnages de sa propre tribu, et tous les hommes de celle de l'ennemi qui se trouvent dans le camp, puis prenant une lance ou un épervier, il appelle toute l'assemblée en témoignage qu'il destine l'un ou l'autre de ces objets à être offerts en présent au scheikh de la tribu hostile où il se propose d'aller. Arrivé au camp ennemi, il remet son cadeau, et obtient la permission d'y demeurer aussi long-temps que son affaire peut y rendre sa présence nécessaire. Si en s'en retournant il était arrêté et dépouillé par quelqu'un des ennemis, son scheikh adresserait des représentations à celui des adversaires, et les choses enlevées seraient infailliblement restituées.

En temps de guerre, quelques uns des chefs des A'nezé se servent de ce qu'on pourrait appeler une bannière de guerre; car on ne déploie cet objet que dans les actions décisives et importantes, où soit sa chute, soit sa perte sont regardées comme un signe de défaite. Cet étendard est de deux sortes : le premier est le *merkeb* (navire) consistant en deux échafaudages en bois hauts de six à sept pieds : on les place sur le dos d'un chameau l'un vis à vis de l'autre, de manière qu'ils ne soient séparés que par un intervalle d'un empan; mais par le bas il est assez large pour que quelqu'un puisse s'asseoir entre chacun sur une selle pour guider l'animal.

L'autre bannière est l'*otfé* : elle consiste en deux châssis en planches, de forme carrée oblongue, hauts de cinq pieds et ornés de plumes d'autruche. Tel est celui dont fait usage aujourd'hui le Taïar, chef des Aoulad Aly (1).

Les Ibn Esmeïr et les Ibn Faddhal ont chacun un merkeb. Le guide du chameau qui porte l'un ou l'autre étendard n'est jamais un Arabe adulte et libre; c'est ou un petit garçon, ou une vieille femme ou un esclave, parce qu'on regarde comme au dessous de la dignité d'un homme de chanter ou hurler le cri appelé *daghraïat*, par lequel le guide anime ceux qui accompagnent l'étendard au combat. Tous les cavaliers se rassemblent autour de cette bannière; et les principaux efforts des deux partis sont dirigés respectivement contre celle de l'ennemi. Une bannière prise est portée en triomphe à la tente du scheikh victorieux.

(1) Les figures de ces deux étendards sont représentées sur la planche du plan de l'*Ouadi Muna*.

La paix est conclue entre deux scheikhs, sous les tentes d'une troisième tribu amie des deux parties belligérantes. La cause la plus fréquente des guerres est la jalousie relativement aux puits et aux pâturages, mais la dispute est bientôt apaisée si un parti désire la paix. Lorsque des dissensions domestiques ou internes existent parmi les familles de la même tribu et leurs oasis, les chefs des familles effectuent bientôt une réconciliation. Quand un scheikh s'aperçoit que ses Arabes ne sont pas satisfaits des conditions de la paix, il envoie à l'autre parti une notification écrite ou verbale, portant que les hostilités doivent recommencer. Voici la formule : *Merioud el nika* (reprise des hostilités). Les Bédouins emploient le mot *nika* au lieu de *harb* (guerre).

Afin de prévenir les effets funestes de la vengeance du sang, qui est réclamée par les parens de tous ceux qui ont été tués même en guerre ouverte, les scheikhs, du consentement de la majorité de leur tribu, peuvent conclure la paix à la condition de remettre tout prix du sang ou toute dette particulière, n'importe sa cause, excepté la perfidie (*bôg*), qui pourrait être dû réciproquement, et dans cette occasion, ils disent : « Les scheikhs ont creusé et en- » terré. » Mais les Arabes ne consentent pas volontiers à ces conditions de paix.

Les Arabes ne regardent plus comme sacrés les mois durant lesquels, dans les anciens temps, la paix devenait un devoir pour tous leurs ancêtres ; maintenant ils attaquent leurs ennemis, même dans le saint mois du ramadhan. Cependant il y a, dans chaque mois lunaire, trois jours pendant lesquels les A'nezé ne combattent jamais : ce sont le sixième, le seizième et la nuit du vingt et unième (1).

### *Vengeance du sang ou th'ar.*

Je suis enclin à penser que cette institution salutaire a plus puissamment contribué que toute autre circonstance à empêcher les tribus belliqueuses des Arabes de s'exterminer entre elles. Sans cette institution, leurs guerres dans le désert seraient aussi sanguinaires que celles des mamelouks en Egypte, et comme la cause principale des hostilités existera tant que la nation continuera à mener la vie errante, on ne peut guère douter qu'un état perpétuel de guerre ne réduirait bientôt les tribus les plus puissantes à ne plus exister que de nom. Mais la terrible vengeance du sang rend la guerre la plus invétérée presque exempte d'effusion de sang.

C'est une loi reçue parmi les Arabes que quiconque répand le sang d'un homme doit compte de ce sang à la famille de l'homme tué. Cette loi est sanctionnée par le Koran, qui dit : (ch. II, v. 173) : O » croyans ! la peine du talion est écrite pour le

(1) C'est ce qu'ils expriment en disant : « Dieu a suspendu les maux » de la guerre durant le sixième, le seizième et le vingt et unième ; que » le surplus de malheur te suffise. » Les A'nezé s'abstiennent également de combattre le mercredi, d'après une idée superstitieuse qui leur fait croire qu'ils auraient du dessous ce jour-là.

» meurtre ; un homme libre sera mis à mort pour » l'homme libre ; l'esclave pour l'esclave ; la femme » pour la femme. Celui qui pardonnera au meur- » trier de son frère aura droit d'exiger un dé- » dommagement raisonnable, qui lui sera payé » avec reconnaissance. » Mais le même livre dit (ch. XVII, v. 35) : « Ne versez point le sang » humain, si ce n'est en justice, Dieu vous le défend. » Le meurtrier sera en la puissance des héritiers » du défunt, mais ils ne doivent point excéder » les bornes qui leur sont prescrites. » Ainsi, ils ne doivent pas livrer le meurtrier à une mort cruelle, ou venger le sang d'un ami sur un autre homme que celui qui l'a tué. Mais les Arabes ne se conforment pas strictement à cette injonction de leur livre saint ; ils exigent le sang non seulement de l'homicide actuel, mais aussi de tous ses parens ; et ce sont ces répétitions qui constituent le droit du *thar* ou la vengeance du sang.

Ce droit s'arrête au *khomsé* ou à la cinquième génération ; les Arabes disent : « Le *thar* (s'arrête) au » khomsé ; » ceux-là seuls ont le droit de venger un parent mis à mort, dont le quatrième ascendant direct est en même temps le quatrième ascendant direct du défunt ; et d'un autre côté la seule parenté mâle de l'homicide dont l'ascendant direct au quatrième degré est le même que celui de ce dernier est sujette à payer de son sang celui qui a été répandu. La génération actuelle est ainsi comprise dans le khomsé. La descendance digecte de tous ceux qui avaient le droit de vengeance au moment du meurtre hérite de ce droit. Il ne se perd jamais ; il descend des deux côtés jusqu'aux dernières générations (1).

Si la famille de l'homme tué fait périr, pour se venger de deux personnes de la famille du *dammaoui* ou de l'homme avec lequel il y a du sang, celle-ci use de représailles par un meurtre. Si un homme seul est tué, l'affaire en reste là, et tout est tranquille ; mais la haine et la vengeance rallument bientôt la querelle.

Il dépend des proches parens de la personne tuée d'accepter le prix du sang, qui chez les A'nezé est fixé par leurs anciennes lois. S'ils refusent le prix qui leur est offert, l'homicide et tous ceux de sa parenté qui sont compris dans le khomsé se réfugient chez quelque tribu où le bras de la vengeance ne peut pas les atteindre. Un usage sacré accorde aux fugitifs trois jours et quatre heures pendant lesquels on ne peut les poursuivre. Ces exilés sont nommés *djélaoui;* on en rencontre dans presque tous les camps (2).

Un seul meurtre oblige quelquefois de changer de place plusieurs centaines de tentes. Les djélaoui

(1) La planche du *plan de l'Ouadi Muna* offre le tableau des personnes ayant droit au thar; en voici l'explication : Si A a tué *a*, B et C et leurs ascendans peuvent être tués, mais D n'est pas compris dans le khamsé et le tha'r ne doit pas l'atteindre; *b* et *c* ont droit au tha'r, mais *d* ne l'a pas.

(2) Quelques djélaoui se trouvent si bien dans la société des Arabes qui les ont protégés durant leur exil, que même après que le prix du sang est convenu, ils ne retournent pas dans leurs foyers; ils restent avec leurs nouveaux amis. Toutefois ils ne se joignent pas à ceux-ci pour faire la guerre à leur propre tribe; mais s'il y a eu du butin pris et s'il s'y trouve quelque chose qui appartienne au djélaoui, et qu'il avait laissé dans sa tribu, on le lui rend.

restent en exil jusqu'à ce que leurs amis aient effectué une réconciliation, et déterminé le plus proche parent à accepter le prix du sang. On a vu des familles de djélaoui qui ont fui, pendant plus de cinquante ans, d'une tribu à une autre, suivant que celles-ci sont devenues amies ou ennemies de leur tribu originaire, et il arrive souvent que durant la vie du fils et du petit-fils de l'homme assassiné, aucun compromis n'a lieu. Tous les moyens sont regardés comme légitimes pour venger le sang d'un parent, pourvu que l'homicide ne soit pas tué pendant qu'il est l'hôte d'un troisième Arabe, ou s'il a cherché un refuge dans la tente de son ennemi mortel. Néanmoins, dans la plupart des cas, le prix du sang est accepté, et les A'nezé ne blâment pas les parens d'avoir consenti à cet arrangement; mais ce serait un déshonneur pour les amis de la personne tuée de faire la première ouverture.

Quand enfin on est convenu d'arranger l'affaire, voici comme on estime le sang d'un homme : si un A'nezé en a tué un autre, le prix est de cinquante chamelles, un *deloul* ou un chameau de monture, une jument, un esclave noir, une cotte de mailles et un fusil. Ces cinq derniers objets composent ce qu'on appelle le *sola*. Les cinquante chamelles avec le sola forment le *dicï*. Si un A'nezé tue un Arabe d'une tribu différente, ou si un étranger tue un A'nézé, le dicï est réglé conformément à l'usage prévalant dans la tribu de l'étranger. Ainsi chez les Maouali, les Serdié, les Feleïli et les autres Arab el Schémal, le sang vaut mille piastres ou plus de cinquante livres sterling. Chez les A'mmour, son prix est de cinq cents piastres. La qualité des objets compris dans le dieï n'est pas examinée, pourvu que le deloul soit vigoureux; la jument peut être de race très inférieure, et le fusil ne valoir que quelques piastres. Cependant il est nécessaire que le sola soit payé, mais la quantité totale des chamelles est rarement exigée. Si le parent le plus proche de l'homme tué, auquel seul appartient le dieï, déclare qu'il est prêt à l'accepter, les amis du dammaoui avec leurs femmes et leurs filles passent dans la tente de leur ennemi, et chacun le prie de remettre une partie du dieï en faveur du demandeur. S'il est généreux il fait grâce d'une chamelle, en considération d'un tel et d'un tel; il en abandonne deux ou trois autres en considération d'une jolie petite fille et ainsi du reste jusqu'à ce qu'il ne reste plus qu'un certain nombre d'objets au dessous duquel il ne veut pas descendre. Jamais il ne renonce à la jument, à l'esclave, au fusil. Le dammaoui lui-même et son principal parent arrivent avec une chamelle à la tente de l'adversaire devant lequel l'animal est égorgé, et son sang est supposé laver celui de la personne assassinée. Sa chair est mangée immédiatement par les amis des deux parties, et compté comme étant une portion du dieï. Quand on se sépare, le dammaoui ou son représentant noue un mouchoir blanc à l'extrémité de sa lance, comme une annonce publique qu'il est maintenant *quitte du prix du sang*. Une partie du dieï est payée aussitôt, le reste, deux ou trois jours après. Toute la famille du dammaoui se cotise généralement pour compléter le dieï.

Si un Arabe tue son propre parent, ceux qui sont les plus proches de ce dernier demandent le prix du sang aux personnes de leur propre famille : dans ce cas, le prix du dieï est ordinairement recueilli et payé sans délai. On dit que si un esclave est tué, son maître venge sa mort comme celle d'un homme libre, et a par conséquent droit à recevoir lui-même le dieï ; mais je ne suis pas sûr de ce fait. Un esclave émancipé jouit de même qu'un Arabe libre de tous les droits du tha'r, ou de la vengeance du sang.

Quant aux Arabes tués dans les guerres entre deux tribus, le prix du sang est demandé à ceux qui sont connus pour les avoir tués. Si la paix est conclue sans la condition « de creuser et d'enterrer » mentionnée précédemment, le sang doit être vengé, quand même les parens ne sauraient que d'une manière vague quels sont les meurtriers de leurs proches. Comme il est très difficile de constater par qui un cavalier a été mis à mort, un appel est fait au mébesscha, si l'homme accusé nie l'homicide. Pour le sang répandu dans les combats, il n'est pas d'usage d'admettre la déposition de témoins devant le kadhi ; la cuiller de fer décide seule.

En temps de guerre, il arrive nécessairement qu'il y a toujours du sang entre les tribus, ou comme disent les Arabes : « Il existe entre nous du sang ; » mais alors aussi, il faut qu'une distinction ait lieu. Si cette dette du sang dérive d'hommes tués dans la chaleur de l'action, et si la vie de tous ceux qui se sont rendus au vainqueur a été épargnée, l'Arabe dit, par exemple : « Il y a du sang entre les

» Fedha'an et les Maouali. » Si au contraire des individus de l'une des tribus belligérantes ont commencé à tuer leurs ennemis d'une manière contraire à l'usage, c'est à dire en leur coupant la gorge avec des coutelas pendant qu'ils gisaient étendus à terre, ou en les massacrant après qu'ils ont été démontés, les Arabes disent dans ce cas : « Entre nous, il y a meurtre; » et le parti offensé use de représailles en ôtant la vie à un certain nombre d'ennemis et accompagnant ces assassinats des mêmes actes de cruauté. Tout cela produit une grande animosité entre les tribus. Néanmoins j'ai entendu dire que le nombre des cavaliers tués ainsi de chaque côté s'élève rarement à plus de quinze ou vingt, quoique la guerre ait duré plusieurs années. Les Arabes Maouali sont généralement accusés de déloyauté, en égorgeant leurs ennemis ; et les parens de ceux-ci ne manquent jamais de réclamer le droit de vengeance du sang.

## *Vol et larcin.*

Ayant parlé des expéditions entreprises par les Arabes contre leurs ennemis, je dois maintenant donner quelques détails sur leurs hostilités clandestines, et sur les déprédations auxquelles amis et ennemis sont exposés également. On peut qualifier les Arabes une nation de voleurs dont l'occupation principale est le pillage, sujet constant de leurs pensées. Mais on ne doit pas attacher à cet acte les mêmes idées de crime dont nous flétrissons en Europe le vol sur le grand chemin, le vol avec effraction et le larcin. Le voleur arabe regarde sa profession comme honorable, et le mot de *harami* (voleur) est un des titres les plus flatteurs que l'on puisse donner à un jeune héros.

L'Arabe vole ses ennemis, ses amis, ses parens, pourvu qu'ils ne soient pas dans sa propre tente : là leur propriété est sacrée. Il n'est pas honorable pour un homme de voler dans le camp ou chez les tribus de ses amis; cependant il ne reste pas de tache d'une telle action, qui effectivement se commet tous les jours. Mais l'Arabe s'enorgueillit principalement de voler ses ennemis, et d'emporter furtivement ce qu'il n'a pas pu prendre à force ouverte. Les Bédouins ont réduit le vol dans toutes ses branches en un système complet et régulier qui offre beaucoup de détails intéressans.

Un Arabe qui a le dessein de faire une excursion de pillage, prend avec lui une douzaine d'amis. Tous se revètent de haillons; chacun emporte une provision médiocre de farine et de sel et une petite outre pleine d'eau : avec ce chétif approvisionnement la troupe commence à pied un voyage qui est quelquefois de huit jours. Les harami ou voleurs ne vont jamais qu'à pied. Parvenus dans la soirée près du camp objet de leur entreprise, trois des plus hardis sont dépêchés en avant vers les tentes; ils doivent y arriver à minuit, heure à laquelle la plupart des Arabes sont endormis; les autres attendent à une petite distance du camp le retour de leurs compagnons. Chacun des trois principaux acteurs a sa besogne distincte. Le *mostambéh* se place derrière la tente qui doit être volée, et cherche à attirer l'attention des chiens de garde les plus proches : ceux-ci l'attaquent aussitôt, il prend la fuite ; ils le poursuivent à une grande distance du camp, qui est ainsi débarrassé de ces gardiens vigilans. Un second des trois principaux acteurs, nommé emphatiquement *el harami* (*le voleur par excellence*), s'avance alors vers les chameaux qui sont accroupis devant la tente ; il coupe la corde qui leur lie les jambes, et en fait lever autant qu'il souhaite ; et il est bon de remarquer qu'un chameau non chargé se lève et marche sans faire le moindre bruit : le harami conduit une des chamelles hors du camp, les autres la suivent comme à l'ordinaire. Sur ces entrefaites, le troisième aventurier, appelé le *kaïdé*, se place près de la perche de la tente désignée par le nom de *main*, et tient à la main un long et lourd gourdin au dessus de l'entrée de la tente, prêt à assommer quiconque essaierait de sortir, et donne ainsi au harami le temps de s'échapper. Si le vol réussit, le harami et le kaïdé emmènent les chameaux à une petite distance ; chacun empoigne la queue de l'un des chameaux les plus forts, et la tire de toute sa force ; cela fait galoper l'animal, et les hommes traînés de cette manière et suivis des autres chameaux, arrivent au lieu du rendez-vous d'où ils se hâtent de rejoindre le mostambéh qui dans l'intervalle a été occupé à se défendre des chiens. Souvent on a vu jusqu'à cinquante chameaux enlevés de cette façon. Les voleurs ne voyageant que la nuit, retournent chez eux à marches forcées. Une part extraordinaire est accordée aux trois principaux acteurs du vol.

Mais le résultat est bien différent dans le cas où le projet vient à manquer. Si un voisin de la tente attaquée aperçoit le harami et le kaïdé, il éveille ses amis; ils entourent les voleurs, et le premier qui saisit l'un d'eux le fait son prisonnier ou *rabiét*. Les lois des Bédouins concernant les rabiét sont très remarquables, et montrent l'influence que l'usage, transmis de générations en générations, peut, quoique n'ayant nul rapport avec la religion, exercer sur les caractères les plus indomptables parmi les enfans les plus farouches de la liberté. Le *rabât* ou celui qui saisit le rabiét lui demande ce qu'il est venu faire, question qui est ordinairement accompagnée de coups sur la tête. « Je suis venu pour voler, Dieu m'a renversé; » telle est ordinairement la réponse faite par le captif, qui est alors conduit dans la tente où la capture d'un harami occasione de grandes réjouissances. Ensuite le rabât a soin d'éloigner tous les témoins et continuant à tenir son coutelas, il lie les mains et les pieds du captif, puis il appelle tous les hommes de sa tribu. L'un d'entre eux ou le rabât lui-même s'adressant au harami, lui dit : *neffa* (renonce)! Le harami craignant une répétition de coups est obligé de répondre : *béneffa* ou *reneffa* (je renonce). Cette formalité est fondée sur l'usage du *dakheïl* que je vais expliquer.

C'est une loi reçue chez les Arabes que dès qu'un homme redoute un danger actuel de la part d'un autre et peut en toucher un troisième, n'importe ce ce qu'est celui-ci, fût-il même le frère de l'agresseur, ou s'il touche même une chose inanimée que celui-ci a dans sa main ou avec laquelle une partie quelconque de son corps est en contact, ou s'il peut l'atteindre en crachant sur lui ou en lui jetant une pierre et s'écrie en même temps : « *Anah dakheïlak* (je suis ton protégé), ou *terrani bàllah oua bek ana dakheïlak*, » cesse d'être exposé à tout danger, et le troisième est obligé de le défendre; toutefois ceci est rarement nécessaire, puisque l'agresseur se désiste dès ce moment. Le harami jouirait également du même privilége, s'il pouvait trouver une occasion de le demander. C'est pour cela que les Arabes qui entrent dans la tente lui crient de renoncer; c'est à dire au privilége du dakheïl, et sa réponse, « je renonce », le met dans l'impossibilité de réclamer toute protection ultérieure due à un dakheïl. Mais cette renonciation n'est valide que pour la durée du jour présent; car si le lendemain la même personne rentre dans la tente, la même forme de renonciation serait nécessaire; elle est en général répétée chaque fois que quelqu'un entre dans la tente. Afin que les harami ne puissent pas s'échapper aisément ou devenir le dakheïl de quelqu'un, on creuse dans le sol de la tente un trou profond de deux pieds et de la longueur de l'homme; on l'y couche, les pieds enchaînés à la terre, les mains liées, et les tresses de ses cheveux attachés à deux pieux placés de chaque côté de sa tête. Des perches de la tente sont posées sur cette fosse; on entasse par dessus des sacs de blé et d'autres choses pesantes, et on ne laisse qu'une petite ouverture au dessus du visage du prisonnier pour qu'il puisse respirer.

Si le camp est transporté ailleurs, on jette un morceau de cuir sur la tête du prisonnier, puis on le place sur un chameau les mains et les pieds liés; quand on assied le camp, on prépare une fosse pour la prison du harami. Enterré ainsi vivant, le prisonnier ne renonce cependant pas à tout espoir de s'échapper: cette pensée occupe sans cesse son esprit, pendant que le rabât cherche de son côté à tirer de lui la plus forte rançon possible. Si le harami appartient à une famille riche, il ne révèle jamais son véritable nom : il dit qu'il n'est qu'un pauvre mendiant : s'il est reconnu, ce qui arrive généralement, il doit payer pour sa rançon tout ce qu'il possède en chevaux, chameaux, brebis, tentes, provisions et bagage. Sa persévérance à se prétendre pauvre, et à cacher son véritable nom, prolonge quelquefois son emprisonnement jusqu'à six mois; alors il lui est permis d'acheter sa liberté à des conditions modérées, ou bien le hasard peut lui faire trouver les moyens de s'échapper.

Des usages établis depuis long-temps parmi les Bédouins contribuent beaucoup à ce résultat. Si de son trou qui peut être appelé son tombeau, le rabiét n'ayant pas prononcé la formule de renonciation mentionnée précédemment, parvient à cracher à la figure d'un homme ou d'un enfant, il est supposé avoir touché un protecteur et un libérateur; ou bien si un enfant lui donne un morceau de pain (1), le harami réclame le privilége d'avoir mangé avec son libérateur; quoique ce sauveur soit peut-être le proche parent du rabât,

(1) Cependant l'enfant du rabât est excepté de cette régle.

le droit du harami à la liberté est reconnu : les courroies qui attachaient ses cheveux sont coupées avec un couteau, les liens qui le garrottaient sont défaits; il est complétement libre. Parfois il trouve le moyen de se dégager de ses liens pendant l'absence du rabât; dans ce cas, il s'échappe la nuit, se déclarant le dakheïl de la première personne qu'il rencontre, et recouvre ainsi sa liberté; néanmoins ce cas est rare, parce que le prisonnier reçoit toujours une quantité de nourriture si mince que sa faiblesse l'empêche ordinairement de faire un effort extraordinaire; mais ordinairement ses parens le délivrent, soit à force ouverte, soit en usant d'un stratagème que je vais décrire.

Une parente du prisonnier, et le plus souvent sa mère ou sa sœur déguisée en mendiante, reçoit l'hospitalité, comme personne pauvre, chez quelque Arabe du camp où il est confiné. Après avoir reconnu la tente du rabât, la parente tenant à la main un peloton de fil s'y introduit la nuit, s'approche du trou, et, jetant un bout du fil au visage du harami, cherche à le diriger dans sa bouche, ou l'attache à ses pieds; il s'aperçoit ainsi que le secours est tout près de lui; la femme se retire en déroulant le fil jusqu'à ce qu'elle parvienne à une tente voisine; elle en réveille le maître, et lui appliquant le fil sur la poitrine, elle lui adresse ces mots : « Regarde-moi, par l'amour que tu as pour » Dieu et pour toi-même, ceci est sous ta protection. » Aussitôt que l'Arabe comprend l'objet de cette visite nocturne, il se lève, et roulant le fil dans ses mains, il est ainsi guidé jusqu'à la tente qui renferme le harami ; il éveille le rabât, lui montre le fil que tient encore le prisonnier, et déclare celui-ci son dakheïl ; le rabiét est délivré de ses liens, le rabât le régale comme un hôte nouvellement arrivé, et le laisse partir sans obstacle. Ce que je raconte ici, n'est pas un conte romanesque, ni inventé à plaisir ; les faits sont littéralement vrais, et la plupart des voleurs les plus audacieux parmi les Arabes pourraient, d'après leur propre expérience, en attester la vérité.

Le rabiét est quelquefois délivré d'une autre manière ; sa parente reste dans le camp jusqu'à ce que les Arabes abattent leurs tentes, et que le prisonnier soit placé, les mains et les pieds liés, sur un chameau avec le bagage de la famille ; en chemin elle fait naitre quelque occasion de séparer ce chameau du reste de sa bande, et le conduit vers un autre Arabe, qui devient le protecteur et le libérateur du rabiét.

Si aucun moyen ne peut être inventé pour effectuer la délivrance du prisonnier, il faut qu'il finisse par conclure un arrangement pour sa rançon. La somme une fois fixée, il arrive généralement que, dans la tribu du rabât, des hommes de celle du rabiét se trouvent établis ; ils deviennent responsables du montant du rachat ; le rabiét est alors consigné à ces amis, dont un l'accompagne à sa propre tente, reçoit de lui la rançon stipulée, et revient remettre ponctuellement au rabât les chameaux ou les autres objets qui la composent ; si le voleur délivré ne peut recueillir parmi ses amis le montant complet de sa rançon, il est engagé par l'honneur à se remettre entre les mains de son rabât, et redevient ainsi captif.

Il existe peu d'exemples de rabiét qui refuse de payer ou de revenir chez son rabât; si sa caution n'a pu le forcer à s'acquitter, elle doit satisfaire le rabât de son propre bien : mais elle peut infliger un châtiment sévère à son faux ami, châtiment si redouté, que les Arabes l'encourent très rarement : le garant n'a simplement qu'à dénoncer parmi toutes les tribus de sa nation, le rabiét délivré comme un perfide (*iebogah*); si par la suite celui-ci vient, soit en temps de paix ou de guerre, à une tente de cette nation, il ne peut réclamer le privilége d'hôte ni de dakheïl, mais l'Arabe même chez lequel il arrive a le droit de le dépouiller de tout ce qu'il possède. Ce droit du *bog* cesse lorsque le traitre restitue les biens volés : sa conscience ou son propre intérêt finit par l'amener à céder; mais il ne peut être forcé par le scheikh, ni même par les membres de sa propre famille, à rendre les choses enlevées. Dans sa tribu, le bog n'a pas d'effet, quoiqu'il soit voué au mépris pour l'avoir encouru.

Si un père ou un fils de famille a projeté une expédition de pillage, quelque dangereuse qu'elle puisse être, il n'en parle jamais à ses plus proches parens; il se contente d'ordonner à sa femme ou à sa sœur de mettre une provision de farine ou de sel dans un petit sac. Questionné sur l'objet de son voyage, il répond soit : « Ce n'est pas tôn affaire, » soit : « Je vais où » Dieu me conduit. » Cette dernière réponse est celle que font de préférence les Bédouins.

Un père dont le fils a été fait prisonnier comme rabiét sacrifie souvent tout son bien pour sa rançon, parce qu'il considère comme étant de son honneur que son fils soit un harami, et il espère qu'il ne tardera pas à le dédommager par le résultat d'une expédition plus heureuse.

Le rabiét est quelquefois mis en liberté sans aucune rançon, ou du moins pour une très modérée : cela arrive généralement si son emprisonnement met sa vie en danger; s'il meurt dans cet état, son sang retombe sur la tête du rabât. Un Arabe magnanime et généreux dédaigne de faire son ennemi prisonnier de la manière décrite précédemment; mais les exemples de cette générosité ne sont pas très nombreux.

Les Arabes ne s'approchent jamais d'un camp ennemi à pied ou en petit nombre, si ce n'est afin de voler. Pour faire une attaque ouverte, ils arrivent montés sur des chameaux; et quoique leur tentative manque, ils seront traités comme des ennemis loyaux, et non comme des voleurs; ils seront dépouillés et pillés, mais ne seront pas détenus : au contraire, lorsqu'un Arabe rencontre un ennemi désarmé à pied, il sait que c'est un harami venant avec l'intention de voler, il est donc autorisé à le faire son rabiét, pourvu qu'il puisse le saisir dans un endroit d'où il lui soit possible de retourner à son camp, ou d'atteindre les tentes d'une tribu amie, avant le coucher du soleil (1). Dans ce cas, il est présumable que l'ennemi avait le projet de piller le camp cette nuit même; mais si le lieu où il le trouve est

(1) Cependant des Arabes m'ont appris que, même parmi les A'nezé, il y a certaines tribus, telles que les Fedha'an, qui traitent indistinctement en rabiét tous les ennemis qu'ils peuvent prendre, n'importe que ce soient des voleurs ou des combattans à la guerre.

éloigné de plus d'une journée, ou à une distance où l'on ne peut parvenir qu'en marchant à pied le reste du jour, en comptant depuis le moment de la rencontre jusqu'au coucher du soleil, il n'est pas autorisé à le faire son rabiét; il doit le traiter en ennemi ordinaire : les femmes ne sont jamais emprisonnées comme rabiét.

Si un homme est arrêté au moment où il essaie de relâcher son ami ou son parent captif, lui-même devient rabiét, pourvu qu'il soit arrivé en droiture du désert; mais s'il a été reçu comme hôte dans une tente du camp, ou même s'il a bu de l'eau, ou s'est assis dans une tente et a prononcé la salutation, *Salam aleïk* (la paix soit avec toi), il doit être protégé par le maître de la tente, et ne doit pas être inquiété, quoique son généreux dessein ait échoué.

Si les harami, après avoir réussi, sont rattrapés en retournant chez eux avec leur butin par des Arabes de la tribu volée ou par des amis de celle-ci, les chameaux enlevés sont repris, mais ils deviennent la propriété de celui qui les a recouvrés, et ne sont pas rendus à leur maître primitif; et quiconque peut saisir le harami le réclame comme rabiét.

Quelquefois les harami, occupés à voler, s'aperçoivent qu'ils sont découverts ou que le jour approche, ce qui les exposerait au danger, ou bien qu'un homme de leur bande est blessé et ne peut les suivre; dans ces cas, ils abandonnent entièrement l'entreprise; ils entrent dans une tente quelconque, réveillent les habitans, et leur disent : « Nous sommes des voleurs et nous désirons faire halte. » La réponse est : « Vous êtes en sûreté. » Un brasier est aussitôt allumé, du café préparé, et un déjeûner placé devant les étrangers, qui sont régalés aussi long-temps qu'ils veulent rester. A leur départ, on leur donne des provisions suffisantes pour retourner chez eux; si en revenant ils rencontrent une troupe ennemie appartenant à la tribu qu'ils avaient l'intention de voler, leur déclaration conçue en ces termes, « Nous avons mangé le sel dans telle et telle » tente, » est un sauf-conduit qui leur assure un voyage exempt d'inquiétude; ou, à tout événement, le témoignage de leur hôte les délivrerait des mains de tout Arabe, soit de sa tribu, soit d'une tribu amie; mais si les harami, après avoir été traités d'une manière hospitalière par leur protecteur, étaient assez vils, en s'en retournant chez eux, pour voler d'autres Arabes de la tribu ennemie, ils perdraient le privilége du dakheïl; les personnes volées s'adressent au Bédouin qui a exercé l'hospitalité; celui-ci dépêche aussitôt un messager au scheikh de la tribu des voleurs, pour réclamer les choses enlevées, comme l'ayant été en opposition aux lois de l'honneur et de la justice. Si les harami restituent le butin, tout est arrangé; s'ils s'y refusent, l'Arabe qui leur a accordé l'hospitalité va lui-même les trouver, emportant le vaisseau de cuivre dans lequel ils ont mangé lorsqu'il les a accueillis. Quand il arrive à la tente du scheikh des voleurs, toute la tribu s'assemble : il dit aux harami : « Voici le plat dans lequel vous avez mangé, et qui est le signe de la » protection que je vous ai accordée lorsque vous » étiez en danger; rendez-moi donc le bétail enlevé. » S'ils y consentent, l'affaire se termine amiablement; s'ils persistent à refuser, l'Arabe prend le plat (*makrarah*) et leur crie à haute voix : « Vous » êtes des traitres, et partout je vous dénoncerai » comme tels. » Les effets de cette déclaration sont semblables à ceux dont j'ai parlé plus haut, dans l'exemple du bog ou de la conduite déloyale.

A la conclusion de la paix entre deux tribus, quand leurs scheikhs ont creusé et enterré, toutes les dettes de la déloyauté qui peuvent être exigibles par des individus de chaque côté le sont encore, même après l'arrangement conclu, les effets du bog ne cessant que lorsque le compte est complétement réglé.

La réception d'un dakheïl est volontaire, il peut être refusé; mais cela arrive rarement. Les Arabes disent que le *dakhal*, ou l'homme sollicitant la protection, arrive par surprise; et qu'il n'y a par conséquent nul mérite à lui accorder sa requête; dans quelques occasions, le droit de dakheïl n'est consacré que partiellement. Si dans un combat où il y a massacre, un ennemi poursuivi peut trouver une occasion de gagner la bienveillance d'un Arabe qui soit l'ami de celui qui est à ses trousses, l'Arabe lui dira peut-être : « Je protége ta vie, mais non pas ton » cheval, ni ton bien. » Ces choses sont par conséquent prises par l'homme qui est à la poursuite du solliciteur.

Les femmes, les esclaves, les étrangers même peuvent recevoir un dakheïl; ils le transmettent immédiatement : une femme à son pére, à son mari ou à un parent; un esclave à son maitre; un étranger à son hôte. J'ai observé que, dans certaines circonstances, le rabiét, en touchant quelqu'un, peut se déclarer son dakheïl : mais il doit être sous-entendu que personne, en touchant volontairement le rabiét, ne peut le libérer. Cette précaution de la loi est nécessaire, parce que l'Arabe, à qui le prisonnier appartient, a toujours, dans sa propre tribu, quelque ennemi secret qui essaierait de le frustrer de la rançon; en conséquence, il doit se tenir constamment sur ses gardes, et soit forcer son prisonnier à renoncer au privilége du dakheïl, soit empêcher qu'on ne vienne lui rendre visite. Si le rabât est très occupé, il peut confier son prisonnier aux soins d'un ami sûr, qui le garde dans la tente où il est détenu, et reçoit en avance de sa peine une chamelle.

Si un homme faisait du mal au dakheïl d'un autre ou le molestait, circonstance très rare, tout son bien ne serait pas regardé par le kadhi, comme suffisant pour expier une telle offense; elle est plus grave que s'il avait maltraité le protecteur lui-même. Pour exprimer que son dakheïl a souffert du tort de la part de quelqu'un, l'Arabe dit : « Ma terre a été creusée ou foulée au pied; » ou « mon honneur a été » offensé. »

Je viens de décrire seulement les vols que les Arabes commettent dans les camps ennemis, mais ils ne bornent pas leurs déprédations aux tentes des tribus hostiles : ils volent souvent des gens de leur propre tribu ou d'une tribu amie. Un tel voleur pris en flagrant délit est condamné, par la loi ancienne, à perdre la main droite; cependant l'usage lui permet de la racheter au prix de cinq chamelles payable à la personne qu'il se proposait de voler. Ceux qui se permettent de semblables voleries envers leurs amis ne sont jamais faits rabiét; on les appelle *neta'l* et non *nescha'l*, terme employé ordinairement en Syrie, pour voleur.

## *Hospitalité.*

D'après tout ce que je viens de raconter, il est presque inutile de dire que chez les A'nezé un hôte est regardé comme sacré; sa personne est protégée, et une violation de l'hospitalité, en trahissant un hôte, n'est pas arrivée de mémoire d'homme. Quiconque a un seul protecteur dans une tribu devient l'ami de toutes les tribus liées d'amitié avec celle-là. On peut confier en toute sûreté sa vie et son bien à un A'nezé : on peut le suivre partout où il va; mais ses ennemis deviennent ceux de l'homme qu'il protége. Les messagers entre Alep, Bagdhad et Basra sont toujours des A'nezé. Ils accompagnaient autrefois tous les voyageurs anglais qui revenaient de l'Inde ou qui y allaient, à travers le désert; à la vérité, on a connu quelques exemples de ces voyageurs pillés, en route, par des tribus étrangères. Toutefois, il est avéré que les guides a'nezé, malgré leurs importunités pour demander de l'argent, ont fidèlement rempli l'engagement qu'ils avaient conclu.

Voici ce qui m'est arrivé au mois de juin 1810 : je partis d'Alep avec un chef des Fedha'an; il avait été pillé près de Hamah par des Maouali avec lesquels les A'nezé étaient alors en guerre. Presque tout son bien et les chameaux de ses Arabes lui ayant été restitués par l'influence du mutsellim de Hamah, il continua son voyage; mais, effrayé de l'approche des Wahhabites qui se portaient sur Damas, ville près de laquelle sa famille était campée, il refusa de m'accompagner jusqu'à Tadmor, me donna un seul guide pour me conduire parmi les ruines, et poursuivit sa route vers le sud. Je craignis alors que ce scheikh ne m'eût trahi; je reconnus bientôt que le guide seul était un protecteur suffisant sous tous les rapports. Tous les Arabes que nous rencontrâmes me donnèrent l'hospitalité, et je retournai avec cet homme, à travers le désert, à Jéroud, à douze heures de distance de Damas.

Dans une tente arabe, l'étranger est, ainsi que son hôte, sujet aux pilleries de nuit, non de la part des gens de la famille au milieu de laquelle il est, mais de celle des harami ou des néta'l. L'hôte qui le sait, et qui appréhende qu'une circonstance insignifiante et imprévue n'excite des soupçons dans l'esprit de l'étranger sur sa propre intégrité, prend un soin particulier de la jument ou du chameau de celui-ci : dans le cas où un vol serait commis, s'il est riche et généreux, il indemnise l'étranger de tout ce qu'il peut avoir perdu pendant qu'il était sous la protection de son hospitalité.

Les étrangers qui n'ont ni ami, ni connaissance dans un camp s'arrêtent à la première tente qui se présente, n'importe que le maître se trouve chez lui ou soit absent; la femme ou la fille de celui-ci étend aussitôt un tapis et prépare le déjeûner ou le diner. Si les affaires de l'étranger exigent un séjour prolongé, par exemple, s'il désire traverser le désert sous la protection de la tribu, l'hôte, après un laps de trois jours et quatre heures (1), depuis le temps de son arrivée, lui demande s'il a l'intention de l'honorer plus long-temps de sa compagnie; si l'étranger déclare qu'il a le projet de prolonger sa visite, il doit aider à l'hôte dans la besogne du ménage, par exemple, à aller chercher de l'eau, à traire les chamelles, à donner à manger au cheval; s'il s'y refuse, il peut rester, mais il encourt le blâme de tous les Arabes du camp; cependant il peut aller à quelqu'autre tente du Nezel, et y demander l'hospitalité; il peut ainsi changer d'hôte tous les trois ou quatre jours, jusqu'à ce que ses affaires soient terminées, ou qu'il soit arrivé au lieu de sa destination.

Les Arabes d'une tribu du Nedjd accueillent un étranger en lui versant sur la tête une tasse de beurre fondu, et chez les Merekedé, tribu sur les frontières de l'Yémen, l'usage exige que l'étranger passe la nuit avec la femme de son hôte, quel que puisse être l'âge ou la condition de celle-ci; s'il se rend agréable à la dame, il est traité avec tous les égards de l'hospitalité la plus honorable; dans le cas contraire, on lui coupe le bas de son abba, et on le chasse avec ignominie. Quand les Merekedé devinrent Wahhabites, ils furent obligés de discontinuer

(1) Il est remarquable que le même délai soit accordé au djelaoui pour s'échapper.

cette coutume; mais une sécheresse étant survenue peu de temps après, ils regardèrent cette calamité comme un châtiment pour avoir abandonné l'ancienne pratique de leurs aïeux, et s'adressèrent à Abd el Azis, chef des Wahhabites, pour lui demander la permission d'honorer leurs hôtes comme auparavant; elle leur fut accordée (1). Dire à un Arabe qu'il néglige son étranger, ou ne le traite pas bien, est une des injures les plus graves qu'on puisse lui adresser.

## *Esclaves et domestiques.*

Les esclaves sont très communs chez les Arabes; il n'est point parmi eux de chef puissant qui, chaque année, ne se procure une demi-douzaine d'esclaves mâles et quelques femmes: ils viennent ou de la Mecque, ou du Caire, ou de Bagdhâd, où ils sont amenés de Mascat et de l'Yémen. Les A'nezé s'abstiennent constamment de toute cohabitation avec les femmes esclaves; mais après un service de

(1) Burckhardt, dans ses *Voyages en Arabie* (supplément n° 11), parle de cette coutume extraordinaire des Merekedé et dit: « une » femme de la famille, et ordinairement la femme de l'hôte, est don» née à l'étranger pour compagne pendant la nuit; et il ajoute que les » jeunes vierges ne sont jamais sacrifiées à ce système barbare d'hos» pitalité. » Les doutes qui avaient pu s'élever sur la véracité d'un tel récit ont été dissipés par le témoignage de plusieurs personnes qui avaient eu connaissance du fait, quelque incompatible qu'il soit avec nos idées sur le respect que les Arabes ont pour l'honneur des femmes.

quelques années, ils leur rendent la liberté et les marient à leurs esclaves mâles ou aux descendans d'esclaves établis dans la tribu. Les esclaves mâles sont émancipés en présence de témoins, et en signe de leur affranchissement ont la permission de se raser la tête. Ibn Esseïr a plus de cinquante tentes appartenant à des gens qui doivent leur bonne fortune à la libéralité de ce scheikh; il ne peut plus exiger d'eux un tribut annuel, parce qu'ils sont regardés comme Arabes libres, mais il leur demande leurs filles en mariage pour ses esclaves nouvellement achetés et pour ceux qui ont été affranchis; lorsqu'en temps de guerre ces nègres obtiennent un butin considérable, le scheikh a le droit de leur demander une belle chamelle; ils ne la lui refusent jamais; ils conservent toujours l'empreinte de leur origine servile, car ils ne peuvent épouser une fille blanche, et jamais un Arabe libre ne se marie à une fille négresse. Les descendans des esclaves forment des unions entre eux et avec les ssoua ou artisans établis dans la tribu. Ils perdent généralement quelque chose du caractère extérieur du nègre, notamment dans la chevelure, mais leur physionomie offre toujours des preuves manifestes de leur origine. On peut dire à la lettre que le désert de Syrie contient des camps entiers de nègres qui, occasionellement, changent de position.

Les Arabes riches sont quelquefois servis par des domestiques de leur nation. Les esclaves sont traités avec bonté, et rarement battus, parce que la sévérité pourrait les exciter à s'enfuir; un esclave ressentirait un coup ou une insulte, comme si c'était d'un égal. A chaque tente, ou bien de deux ou trois tentes, est attaché quelqu'un pour garder le bétail; c'est ou un fils cadet ou un domestique; il reçoit des gages pour dix mois; durant les deux premiers mois du printemps, le bétail pait autour des tentes sans que personne le veille; les gages du gardien consistent en un *haouar* ou jeune chameau, qui reste avec sa mère jusqu'à l'âge d'un an; et un *khomsé* ou assortiment composé de cinq objets, qui sont: une paire de souliers, une chemise, un keffié ou mouchoir, un abba et une peau de brebis; la valeur du khomsé est à peu près de vingt-cinq shillings.

## *Caractère moral des Bédouins.*

Après avoir lu tout ce que je viens d'écrire sur les Bédouins, on doit naturellement en inférer que leur caractère moral offre des traits contradictoires qu'il est extrêmement difficile de faire accorder ensemble. Quand on parle des Arabes en général, il faut faire une distinction bien tranchée entre les Bédouins, ou les Fellahs, habitans indigènes du pays, et les Turcs ou Osmanlis qui l'ont subjugué et se sont établis dans toutes les villes des gouvernemens. Nous ne nous occupons ici que des Bédouins, mais nous devons remarquer, pour être équitables envers les Fellahs, que les distinctions que nous avons mentionnées plus haut doivent être soigneusement prises en considération lorsqu'on décrit le caractère des Syriens.

Un amour désordonné du gain et de l'argent forme le trait principal du caractère levantin ; il règne dans toutes les classes, depuis le pacha jusqu'à l'Arabe errant ; et le nombre des hommes qui, pour acquérir des richesses, ne commettraient pas les actions les plus basses ou les plus illégales est bien petit. Ainsi le Bédouin a constamment un objet en vue, c'est le gain ; l'intérêt est le mobile de toute sa conduite. Les détails que j'ai donnés sur les institutions judiciaires de ce peuple ont montré que cet esprit est encouragé par leurs lois. Le mensonge, la fourberie, l'intrigue, et les autres vices provenant de cette avidité prévalent autant dans le désert que dans les villes commerçantes de la Syrie; et dans les ventes ou les achats ordinaires où le dakheïl n'est pas requis, la parole d'un Arabe n'a pas droit à plus de confiance que le serment d'un courtier dans le bazar d'Alep.

L'Arabe déploie son caractère mâle quand il défend son hôte, au péril de sa propre vie, et se soumet avec la résignation la plus patiente aux revers de fortune, aux accidens, à la détresse. Il se distingue d'ailleurs, du Turc, par la pitié et la reconnaissance, vertus que celui-ci possède rarement. Le Turc est cruel, l'Arabe a plus de bonté ; il a de la compassion pour les malheureux, il les secourt et n'oublie jamais la générosité que quelqu'un, même un ennemi, lui a montrée. Peu accoutumé aux scènes sanguinaires qui endurcissent et corrompent le cœur de l'Osmanli, le Bédouin apprend de bonne heure à s'abstenir et à souffrir, enfin, à connaître par expérience la puissance salutaire de la pitié et de la consolation.

L'Arabe est libre, vif, enjoué et décent dans sa conversation familière; le Turc est insinuant, grave, circonspect dans ses discours, il rit rarement et aime passionnément les allusions graveleuses et même obscènes. L'Arabe n'est nullement cet être silencieux que quelques voyageurs nous ont représenté. Toutefois, il faut avouer que, dans un voyage, les Arabes parlent peu, parce qu'ils ont observé que, dans les marches durant les chaleurs de l'été, parler beaucoup excite la soif et dessèche le palais; mais quand ils sont réunis sous leurs tentes, la conversation est très animée, et se continue sans interruption.

J'ai eu néanmoins de fréquentes occasions de reconnaitre la vérité de cette observation, que le Bédouin, dans une ville, parait un homme tout différent de ce qu'il est dans le désert; il sait que les citadins, qu'il méprise, ont des idées absurdes sur sa nation, c'est pourquoi il essaie de leur imposer en affectant un air de pénétration silencieuse et de résolution déterminée. La manière de parler, qu'il adopte, est calculée pour faire connaitre l'immutabilité de ses opinions; mais ce caractère qu'il a pris pour faire réussir ses affaires, il le met de côté à son retour dans le désert.

Il faut convenir aussi que la conversation d'un Bédouin offre plus d'originalité qu'on n'en trouve dans l'arabe usité parmi les citadins, qui, à l'exemple des Turcs, emploient beaucoup de circonlocutions pour énoncer une idée qu'un Bédouin exprime énergiquement en deux ou trois mots: parfois néanmoins, quand il est dans une ville, il fait un étalage de phrases qu'il n'emploie jamais dans le désert, du moins je ne les y ai jamais entendues. Les Arabes errans ont certainement plus d'esprit et de sagacité que les habitans des villes ; leurs idées sont toujours nettes, leur esprit n'a pas été abâtardi par la débauche, ni leur ame corrompue par l'esclavage ; et j'ai le droit de dire qu'il y a peu de nations chez lesquelles les talens naturels soient aussi universellement répandus que chez les Bédouins. Ils sont très sobres et très modérés dans les jouissances sensuelles ; si un Arabe a sa suffisance de nourriture, il s'inquiète peu de sa qualité ou de ces choses recherchées que nous appelons les plaisirs de la table. Quant aux femmes, il se contente généralement de son épouse ; les exemples d'infidélité conjugale sont très rares, et la prostitution publique est inconnue dans les camps arabes. Les Bédouins sont jaloux de leurs femmes, mais ne les empêchent pas de jaser et de rire avec les étrangers ; rarement un Bédouin bat sa femme ; s'il en vient à cette extrémité, elle appelle à grands cris son ouassi, ou protecteur, qui pacifie le mari et lui fait entendre raison.

Dans sa tente, l'Arabe est très indolent et paresseux ; sa seule occupation est de donner à manger au cheval, ou de traire, le soir, les chamelles ; de temps en temps il va à la chasse avec son faucon ; un homme, gagé à cet effet, prend soin des troupeaux ; l'épouse et les filles font tous les travaux domestiques, tels que moudre le froment avec le moulin à bras ou le piler dans un mortier, préparer le déjeûner et le diner, pétrir et cuire le pain, faire le beurre, aller chercher de l'eau, travailler au métier, raccommoder la couverture de la tente; elles sont réellement infatigables. Quant au mari ou au frère, il est assis devant sa tente et fume sa pipe, ou bien, s'il s'aperçoit au volume extraordinaire de la fumée qui sort de l'appartement des femmes d'une tente, qu'un étranger est arrivé au camp, car c'est toujours là qu'ils sont reçus, il court à cette tente, salue l'étranger, et attend une invitation de dîner et de boire du café avec lui.

Les Arabes saluent un étranger par les mots: « *salam aleïk* (la paix soit avec toi)! » Ils les adressent même à un chrétien; si l'étranger est une vieille connaissance, ils l'embrassent; si c'est un grand personnage, ils lui baisent la barbe. Quand l'étranger s'est assis sur un tapis que l'hôte étend toujours pour lui à son arrivée, il doit, pour se conformer aux règles de la politesse, demander à chaque homme de la compagnie comment il se porte; la phrase usitée dans cette occasion est: « peut-être vous êtes bien, ou j'espère que vous êtes » bien (*la'lek taïib*); » ensuite la conversation s'anime; on s'enquiert des nouvelles de sa tribu, de ses voisins; on discute sur la politique du désert. Les mouvemens continuels des Arabes font circuler les nouvelles avec promptitude dans ces solitudes; et il est réellement surprenant de trouver que les A'nezé, dans un pays où il existe à peine un commerce par lettres, aient des renseignemens si exacts sur les affaires du Nedjd, du Hedjaz, de Deraïeh et de l'Irak. Pendant mon séjour dans le Hauran, j'appris d'un chef druse que des A'nezé, quelques mois auparavant, avaient apporté l'avis que les

Francs nommés *Indjeleis*, c'est ainsi que les Bédouins nomment les Anglais, avaient fait une descente sur la côte arabe du golfe Persique, pris le fort de Ras el Keïmé, et tué un grand nombre d'Arabes, parmi lesquels il y avait un cousin d'Ibn Saoud. Les Hauranis refusèrent d'abord de croire à la nouvelle. « Nous savons, disaient-ils, que les An-» glais sont venus à Acre par l'ouest, comment est-il » possible que, tout d'un coup, ils apparaissent à » l'est de nous? » Quand je leur expliquai la circonstance, ils ne cessaient de répéter : « Nous sa-» vons qu'il doit y avoir quelque vérité dans ce » rapport, car les A'nezé ne répandent des nou-» velles dans le désert que sur de bons fonde-» mens. »

Quoique l'ouvrage de d'Arvieux, sur les mœurs des Arabes, soit en général précieux par son exactitude parfaite, je puis cependant me hasarder à dire que les Arabes ne sont nullement aussi modestes qu'il les représente, et qu'ils crachent fréquemment. Il a certainement raison quand il parle de l'horreur qu'excite parmi eux une certaine infraction grossière à l'honnêteté en société; et l'on m'a assuré qu'un Arabe connu pour se permettre souvent une telle offense dans une compagnie n'est plus jugé digne d'être admis comme témoin devant le kadhi.

Dans leurs relations particulières, les Arabes se trompent les uns les autres autant qu'ils le peuvent; ils pratiquent secrètement l'usure entre eux.

Au printemps, quand les Arabes se rapprochent des confins de la Syrie, une vingtaine de colporteurs partent de Damas et vont chez les différentes tribus porter toutes sortes de marchandises, telles que vêtemens, poudre et balles, clous, fer, fers à cheval, sabres, café, tabac, confitures, épiceries, harnais pour les chevaux des scheikhs, et autres objets; chacun de ces petits marchands paie un tribut annuel au scheikh de la tribu qu'il fréquente; ce qui lui assure protection de la horde et la jouissance de tous les priviléges d'un Arabe libre. La totalité du capital employé à ce trafic n'excède pas cinq à six mille livres sterling. Chaque marchand a sa tente et ses chameaux; quand plusieurs visitent une même tribu, ils dressent leurs tentes tout près les unes des autres, et établissent de cette manière une sorte de marché. Ils suivent le camp partout où il va, et sont exposés aux mêmes chances que les Arabes; mais comme leur bien consiste principalement en marchandises, si leurs chameaux sont enlevés, la nuit, par l'ennemi, ils conservent tout ce qui est dans leurs tentes. J'ai connu un de ces colporteurs qui avait perdu quatre fois tout ce qu'il possédait; il recouvra une fois ce qu'on lui avait pris, parce qu'il connaissait l'homme qui s'en était emparé dans le tumulte causé par l'attaque nocturne; or, cet homme appartenait à la tribu dont le scheikh recevait le tribut du colporteur, et avec qui celui-ci était naturellement sur un pied amical; le voleur fut donc contraint, par le protecteur du colporteur, de rendre les choses soustraites. Ces marchands accordent un an de crédit pour tout ce qu'ils vendent; et, le terme échu, prennent en paiement du beurre et des brebis dont ils se défont à leur arrivée à Damas en hiver (1). Un voyageur européen qui voudrait visiter l'intérieur du désert, entre Damas et le golfe Persique, n'aurait rien de mieux à faire, pour effectuer son projet, que de s'adresser à un de ces colporteurs; ce sont des gens de probité et très estimés parmi les Bédouins. La moitié d'entre eux est composée de chrétiens à qui les scheikhs arabes accordent la même protection qu'aux Turcs, ces Arabes n'étant pas des musulmans fanatiques et ne faisant que peu de distinction entre les sectes.

Les principales tribus des A'nezé exigent un tribut des villages de la Syrie orientale près desquels ils campent en été. Quand on a un homme dans une tribu à laquelle on paie cette contribution, on obtient une garantie contre toutes les déprédations des Arabes de cette tribu, excepté contre celles des voleurs de nuit qui ne se croient pas tenus de s'en abstenir. Le tribut est généralement payé au scheikh ou à quelque homme respectable de la tribu, qui devient le *frère* des villageois : il appelle le village *sa sœur*. Cette appellation vaut à la tribu celle de *khoué* (fraternité); cette stipulation une fois arrêtée entre un village et un Arabe, ce dernier exige qu'une partie de la somme convenue soit payée immédiatement; il s'en sert pour acheter des vivres qu'il distribue à ses amis, afin qu'ils soient témoins du contrat, comme ayant mangé une partie du khoué. Tout

(1) Les Arabes qui campent sur les limites sud-est du Hauran apportent à Damas des charges de sel qu'ils recueillent dans l'Ezrak, petit lac salé à six journées au sud-sud-est de Damas. Il y a dans le voisinage un château ruiné; plusieurs sources d'eau douce, et de nombreux bocages de palmiers.

ce qu'un Arabe demande à son tributaire, de plus que le khoué, dans le courant de l'année, comme un présent insignifiant, il le requiert l'année suivante comme une chose due; et le petit cadeau qu'il sollicite, la seconde année, devient de la même manière, une chose due la troisième. Il en est de même du *surra* ou tribut payé aux A'nezé et à d'autres tribus arabes par la caravane des pèlerins; il se monta, la dernière année que le hadj eut lieu, à près de soixante mille livres sterling.

### *Bétail des Bédouins. — Animaux du désert.*

Le chameau du désert de Syrie est plus petit que celui d'Anatolie, des Turcomans ou des Kurdes; il supporte mieux que lui la chaleur et la soif, mais il est très sensible au froid, qui en tue beaucoup dans le désert. Le chameau d'Anatolie a le cou gros et laineux; il est plus grand et plus fort que celui du désert, porte une charge plus pesante et est très utile dans les montagnes de l'Asie-Mineure, mais il ne prospère jamais dans le désert. La race d'Anatolie est produite par une chamelle arabe, et un dromadaire mâle à double bosse, amené de Crimée. Le chameau provenant d'une femelle arabe et d'un mâle turkoman est nommé *kufurd*; c'est un animal faible qui n'est pas propre à la fatigue. Le mâle et la femelle turcomans engendrent le *déli* (fou), ainsi nommé à cause de son caractère intraitable. Un dromadaire et une chamelle turkomane donnent le *taous*, chameau très joli, mais petit, à deux petites bosses; les Turcomans en coupent une au moment de la naissance de l'animal, afin de le rendre plus propre à porter un fardeau. Ce chameau a sous le cou une abondance de poils longs et touffus qui tombent presque jusqu'à terre. Le dromadaire et une chamelle procréent le m'aïa, et le *beschrak* ou le chameau commun des Turcomans ou d'Anatolie; jamais on n'amène, en Anatolie, des dromadaires femelles, et on ne se sert jamais des mâles comme des bêtes de somme; on ne les emploie qu'à la propagation. Les Arabes n'ont pas de dromadaires à deux bosses; je n'en ai pas vu non plus, ni n'en ai entendu parler en Syrie.

Les jeunes chameaux sont sevrés au commencement de la seconde année; un morceau de bois long de quatre pouces, et se terminant en pointe, qu'on leur enfonce dans le palais et qui sort en avant des narines, les empêche de téter, mais non pas de brouter l'herbe du désert. Les Turcomans se servent, pour le même objet, d'un morceau de bois pointu à ses deux extrémités qu'ils attachent en travers des narines du jeune chameau; la mère, qui se sent piquée par les pointes, rue et s'en va; on renferme un des pis de la mère, ou même tous ensemble, dans un *schamlé* qui est une poche de poil de chameau; le cordon qui la ferme fait tout le tour du corps de l'animal et y reste généralement après que le schamlé a été ôté; je l'ai vu à la plupart des chamelles du désert; quelques Arabes, au lieu de schamlé, couvrent les mamelles avec un morceau de bois mince et rond.

Les chamelles sont toujours stériles dans les années de disette. Un chameau d'un an est appelé *houar*; celui de deux ans, *mefraoud* ou *makhloul* ou *mikhlul*; celui de trois ans, *hhudi*; une chamelle de quatre ans, *rebâa*; un chameau mâle du même âge, *djédâ*. C'est à cet âge qu'il commence à engendrer; après sa première portée, la femelle est nommée *bekr*; après la seconde, *thanie*: on a vu des chameaux vivre jusqu'à quarante ans. Les Arabes montent les mâles de préférence aux femelles, quoique celles-ci passent pour marcher plus vite. Quand un chameau mâle devient intraitable, ce qui arrive quelquefois dans la saison du rut, on perce un de ses naseaux, on passe au travers du trou un *hul*, qui est un fil fait du poil de la queue de cet animal, et on y attache une corde, ce qui donne au cavalier le moyen de dompter le chameau; on le nomme dans cet état *a'oud' makhzoum*.

On n'estime pas la couleur brune chez les chameaux, on préfère le rougeâtre ou le gris clair. Lorsque les Arabes doivent tuer un chameau, ils préfèrent une femelle stérile; si un chameau se casse la jambe, on l'égorge à l'instant, parce que cette fracture est regardée comme incurable. Les chameaux paissent l'herbe du désert. Les paysans syriens, de même que les Turcomans, donnent, chaque soir, à leurs chameaux un *me'aloud*, c'est une boulette de pâte d'orge humectée. Les A'nezé et les Ahl el Shémal ne font pas de beurre avec le lait de leurs chamelles; ils le boivent et en donnent à leurs chevaux. La laine du chameau est aisément arrachée avec la main, à la fin du printemps; un chameau en a rarement plus de deux livres. J'ai déjà décrit les usages auxquels on l'emploie : les Turcomans en fabriquent des tapis grossiers ; celle de leurs chameaux est plus forte et de meilleure qualité que celle des chameaux arabes.

Tous les chameaux des Bédouins sont marqués avec un fer rouge, afin de pouvoir être reconnus quand ils s'égarent, ou sont volés. Chaque tribu et chaque *taïfé* ou famille d'une tribu a sa marque particulière ; on l'applique généralement sur l'épaule gauche du chameau (1).

Si un chameau s'échappe, son maître le suit à la trace pendant plusieurs heures. Les Arabes connaissent aussi, à la fiente du chameau qu'ils aperçoivent sur la route, depuis combien de temps elle y est ; cela va jusqu'à cinq ou six jours ; on appelle *mabarek* l'endroit où le chameau s'est couché.

Les chameaux du désert sont sujets à beaucoup de maladies, mais aucune n'est épidémique ; les plus dangereuses sont au nombre de trois : la première est une raideur et une dureté du cou qui va d'un côté à l'autre ; l'animal ainsi affecté est nommé *metaouer* ; il refuse la nourriture et meurt en peu de jours. Le *mehaouous*, la seconde maladie, est une diarrhée violente qui attaque les chameaux de deux ans ; elle est toujours mortelle. La troisième est le *medjeloum* ; elle vient de ce que le chameau a avalé, avec l'herbe, des particules de fiente de brebis et de

(1) [illegible]

chèvre de l'année précédente ; il en résulte une colique qui, généralement, se termine par la mort; elle n'attaque que les chameaux adultes. Les Arabes ne connaissent aucun remède contre ces trois maladies ; ils croient que les Juifs en possèdent qui sont mentionnés dans leurs livres sacrés, mais qu'ils cachent par haine et par malice. Parmi les maladies moins dangereuses, je puis nommer le *djédri* ou la petite-vérole, qui se manifeste par des pustules autour de la bouche du chameau, particulièrement lorsqu'il est âgé de deux ans ; mais il n'en résulte pas beaucoup d'inconvéniens. L'*adhbet* est un gonflement violent des jambes ; l'*akaoua*, une raideur dans ses fanons. On nomme un chameau *akherd*, lorsqu'en marchant il jette ses jambes de devant très loin de chaque côté et leur fait décrire un cercle avant de les rabaisser.

*Moutons et chèvres*. Les Ahl el Schémal sont les Arabes les plus riches en chèvres, les A'nezé en brebis. Les brebis d'Arabie n'ont pas de grosses queues comme on leur en voit dans d'autres pays; elles ont les oreilles plus longues que celles de la race anglaise ordinaire. Les chèvres sont généralement noires et ont de longues oreilles. Un mouton, dans sa première année, est nommée *kherouf* ; dans la seconde, *carvoui*; dans la troisième, *kepsch*. La chèvre, dans sa première année, *sa'alé*; dans la seconde, *ma'azé* ou *sanié*. Les agneaux et les chevreaux à la mamelle sont nommés *baham* ; une brebis ou une chèvre, à l'époque où elle perd son lait, est nommée *gharzeh*.

On trait les brebis et les chèvres le matin et le

soir, pendant les trois mois de printemps; on les envoie au pâturage avant le lever du soleil; les agneaux et les chevreaux restent près du camp. Vers dix heures, le troupeau revient, on laisse les petits téter tant qu'ils veulent; ensuite les brebis, appartenant à une tente, sont attachées à une longue corde, et on les trait l'une après l'autre; la même chose a lieu au coucher du soleil. Lorsqu'une brebis ne se porte pas bien, son lait ne sert uniquement qu'à nourrir l'agneau, qui est alors nommé *mehedjel*. Le lait des brebis et celui des chèvres sont toujours mêlés ensemble; les Arabes calculent que la quantité fournie par cent de ces animaux doit donner, année commune, huit livres de beurre par jour, ou à peu près sept quintaux dans les trois mois de printemps. Une famille arabe consomme, dans l'année, deux quintaux de beurre; le reste est vendu aux paysans et aux habitans des villes. Les agneaux et les chevreaux mâles sont vendus ou tués, excepté deux ou trois qu'on garde pour la propagation. Dans les années de disette, les brebis et les chèvres sont absolument stériles. *Leben*, et quelquefois *haleïb*, est le nom qu'on donne, dans le désert, au lait des chamelles, des brebis et des chèvres; en Syrie, on appelle *leben* le lait aigre qui ne se trouve que rarement chez les A'nezé; ils le nomment *hakié*. Ces Bédouins tondent leurs brebis une fois l'an, vers la fin du printemps; la toison est ordinairement vendue avant la tonte; le prix en est évalué à tant pour la dépouille de cent bêtes.

Les maladies épidémiques sont peu communes et rarement violentes parmi les troupeaux des A'nezé;

au contraire, la brebis kurde, qui vient de la Mésopotamie et approvisionne les marchés d'Alep, en partie ceux de Damas et ceux des montagnes des Druses, est très sujette aux maladies épidémiques; au printemps de 1810, il en mourut plus de trente mille dans les pâturages du Mont-Liban. Quand les A'nezé étaient en paix avec les Wahhabites, beaucoup d'entre eux allaient tous les ans dans le Nedjd, avec des piastres fortes et des marchandises, acheter des chameaux et des brebis; celles-ci, nommées *rakheïmi*, sont généralement noires, ont la tête, le cou, et quelquefois seulement le front blancs, la queue longue, mais non pas grosse. Les A'nezé partaient du Nedjd en hiver, avec les bêtes, afin de pouvoir arriver au commencement du printemps en Syrie; ils les vendaient immédiatement aux bouchers de Damas et des montagnes des Druses, qui les tuaient sans délai, sachant, par expérience, que presque tous les moutons qu'on gardait en Syrie, pour les y engraisser, mouraient subitement à peu près un mois après leur arrivée.

*Chevaux*. Je ne m'occupe ici que des chevaux du désert. Les chevaux turcs sont traités très différemment, et les Osmanlis sont, en général, beaucoup plus experts, dans cette matière, que les Bédouins. On connait en Syrie trois races de chevaux, savoir : la véritable race arabe, la turcomane et la kurde, qui est un mélange des deux premières. Les chevaux arabes sont, pour la plupart, petits; leur hauteur excède rarement quatorze *mains* (1), mais

(1) La main est de quatre pouces.

il y en a très peu de mal faits, et tous ont certaines beautés caractéristiques qui distinguent leur race de toutes les autres. Les Bédouins comptent cinq races nobles de chevaux, descendues, suivant eux, des cinq jumens de prédilection de leur prophète; c'étaient: *taneïssé*, *ma'nekeié*, *koheïl*, *saklaouié* et *djulfé*. Ces cinq races principales se subdivisent en une infinité de ramifications. Toute jument remarquable par sa vitesse et sa beauté, et appartenant à une de ces cinq races primitives, peut devenir la souche d'une nouvelle race dont tous les descendans portent son nom; de sorte que les noms des différentes races arabes du désert sont innombrables. A la naissance d'un poulain de race noble, il est d'usage de réunir des témoins et de rédiger, par écrit, une notice des marques distinctives du jeune animal, en y ajoutant le nom de son père et celui de sa mère. Ces *hhudjé*, ou tables généalogiques, ne remontent jamais à la grand'mère, parce qu'il est sous-entendu que chaque Arabe de la tribu connait, par tradition, la pureté de toute la race; il n'est pas non plus toujours nécessaire d'avoir de ces certificats de généalogie, beaucoup de chevaux et de jumens étant d'une descendance si illustre, que des milliers d'hommes attesteraient au besoin la pureté de leur sang.

La généalogie est quelquefois placée dans un petit morceau de cuir recouvert de toile cirée, et suspendu au coup du cheval; en voici un échantillon.

# DIEU.

## ENOCH.

« Au nom du Dieu très miséricordieux, seigneur de toutes les créatures, que la paix et les prières soient avec notre seigneur Mahomet et sa famille, et ses disciples jusqu'au jour du jugement; et que la paix soit avec tous ceux qui liront cet écrit, et en comprendront l'objet. Le présent acte est relatif au poulain nommé *Obeïan*, de la vraie race de Saklaoui, brun grisâtre, avec les quatre pieds blancs et une marque blanche sur le front, dont la peau est aussi brillante et aussi pure que le miel, et ressemblant à ces chevaux dont le prophète a dit : « De vraies » richesses sont une noble et courageuse race de » chevaux; » et dont Dieu a dit : « Les chevaux de » guerre, ceux qui se précipitent sur l'ennemi avec » des naseaux soufflant fortement; ceux qui de » grand matin se plongent dans les combats : » et Dieu a dit la vérité dans son livre incomparable. Ce poulain saklaoui a été acheté par Khosreïn, fils d'Emeït, de la tribu de Zeba'a, Arabe a'nezé. Le père de ce poulain est l'excellent cheval bai, nommé *Merdjan*, de la race de Koheïlan; sa mère, la fameuse jument saklaoui, connue sous le nom de *Djéroua*. D'après ce que nous avons vu, nous attestons ici, sur notre espérance de la félicité et sur nos ceintures, ô scheikhs de sagesse et possesseurs de chevaux! que ce poulain gris, désigné précédemment, est plus noble même que son père et sa mère. Et c'est ce que nous attestons, d'après notre connaissance la plus exacte, par cet acte valide et complet. Que des actions de graces soient rendues à Dieu, seigneur de toutes les créatures!

« Écrit le 16 de Safar, de l'an 1223.

« Témoins, etc., etc. »

Cette pièce est fidèlement traduite de l'original arabe, écrit de la main des Bédouins. L'année musulmane 1223, époque de cet acte, correspond à l'an 1808 de notre ère.

Les Arabes montent presque exclusivement leurs jumens, et vendent les chevaux aux citadins ou aux fellahs. Le prix d'un cheval arabe, en Syrie, va de dix à cent vingt livres sterling : ce dernier prix est le plus élevé que j'aie connu. Depuis que les Anglais de Bagdhad et de Basra achètent des chevaux arabes qu'ils envoient dans l'Inde, le prix de ces animaux a beaucoup augmenté. M. Masseïk, précédemment consul hollandais à Alep, acheta en 1808 pour Bonaparte plus de vingt chevaux arabes des plus beaux, et les paya chacun de quatre-vingts à quatre-vingt-dix livres sterling. Il est rare que l'on puisse obtenir une jument au dessous de soixante livres, et même à ce prix il est difficile pour les habitans des villes d'en acheter une. Les Arabes eux-mêmes paient souvent jusqu'à deux cents livres pour une jument célèbre, et le prix s'en est élevé même jusqu'à plus de cinq cents livres. Le scheikh ou émir actuel des Maoualis a une jument du Nedjd, *pour la moitié du ventre de laquelle*, suivant l'expression arabe, il a donné quatre cents livres. Si un A'nezé a une jument d'une race remarquable, il ne consent jamais ou du moins que très rarement à la vendre, sans s'en réserver la moitié ou les deux tiers; s'il en vend la moitié, l'acheteur prend la jument, mais il est obligé de donner au vendeur la prochaine portée de la bête, ou bien de rendre celle-ci et de garder le poulain. Si le tiers seulement de la jument a été vendu, l'acheteur l'emmène; mais il doit donner au vendeur les portées de deux ans, ou bien une seule et la jument. La portée de la troisième année, et celles des années suivantes appartiennent à l'acheteur, ainsi que les poulains mâles, n'importe qu'ils soient nés dans la première année ou dans la suivante. C'est ce contrat que les Arabes désignent par l'expression de « *vendre une moi-* » *tié ou un tiers du ventre de la jument;* » il en résulte que les jumens arabes appartiennent, pour la plupart en commun, à deux ou trois personnes, ou même à une demi-douzaine, si le prix de la bête est très considérable. Les Ahl el Schémal vendent ordinairement une moitié de leurs jumens, et prennent la moitié de toutes les portées, soit en poulains, soit en pouliches; une jument est également vendue avec la condition que tout le butin obtenu par l'homme qui la monte sera partagé entre lui et le vendeur.

Jusqu'à la fin de la première année, la portée est appelée *tariah;* pendant la seconde année, *haoulié;* la troisième, *djeda;* la quatrième, *reba* ou *rebié:* alors son nom est *fours*, ou bien les Arabes comptent cinq, six, etc.; le poulain est appelé *muhur* ou *félou.*

Aussitôt que le poulain est né, les Arabes lui attachent les oreilles ensemble avec un fil, au dessus de la tête, afin qu'elles prennent une belle position droite; en même temps, ils lui pressent et relèvent la queue, et prennent d'autres moyens pour qu'il la porte haute. L'unique soin qu'ils prennent de la jument, après qu'elle a mis bas, est de lui envelopper le corps d'une pièce de drap ou de toile, qui est ôtée le lendemain. Un Arabe qui ne possède qu'une partie de la jument est obligé, le neuvième jour après qu'elle a mis bas, de réunir quelques témoins, et de déclarer devant eux son intention de donner le poulain au vendeur de la jument, ou de le garder et de rendre la jument à son maitre précédent. Quand il a fait cette déclaration, il est tenu de s'y conformer : les poulains restent trente jours avec la mère; ce terme passé, les Arabes les sèvrent, et alors, ou ils les remettent au vendeur de la jument, ou bien les élèvent et leur font boire du lait de chamelle; ce n'est qu'au bout de cent jours, depuis leur sevrage, qu'il est permis de leur donner une autre nourriture; l'eau même est interdite. Ensuite, le poulain reçoit une ration journalière de froment délayé dans l'eau; d'abord une poignée seulement; cette quantité est augmentée graduellement; mais le lait continue toujours à être sa nourriture principale; ce régime dure également cent jours, vers la fin on lui laisse brouter l'herbe près de la tente, et boire de l'eau. Cette seconde période de cent jours écoulée, on donne de l'orge au poulain, et si le lait est abondant dans la tente de son maitre, on lui en donne tous les matins un seau avec sa ration d'orge.

Voici la méthode suivie ordinairement par les A'nezé pour élever les poulains. L'Arabe qui amène à un marché de la Syrie un poulain de deux ou trois ans jure qu'il n'a jamais goûté d'autre nourriture que le lait de chamelle. C'est un mensonge évident, puisque, dans le désert de Syrie, les poulains des Arabes ne sont nourris exclusivement de lait que pendant les quatre premiers mois. Les Arabes du Nedjd, au contraire, ne donnent ni orge, ni froment à leurs chevaux, qui broutent l'herbe du désert et boivent abondamment du lait de chamelle; on les nourrit de plus avec une pâte de dattes et d'eau. L'Arabe du Nedjd et quelquefois l'A'nezé donnent à un cheval de prédilection des fragmens ou les restes de son propre repas.

On sait que les Arabes ne sont pas si scrupuleux que les Européens sur le choix d'un étalon, parce qu'ils attribuent les bonnes qualités d'un poulain plutôt à la mère qu'au père. Cependant j'ai entendu dire que des Arabes font faire à leurs jumens un voyage de plusieurs jours, afin qu'elles soient couvertes par quelque cheval célèbre; le prix payé dans ces occasions est ordinairement d'une piastre forte ou une brebis.

Les Arabes tiennent leurs chevaux en plein air pendant toute l'année; je n'en ai pas vu un seul, même dans la saison pluvieuse, attaché sous la tente de son possesseur, comme on l'observe fréquemment chez les Turcomans. Le cheval arabe, de même que son maître, est accoutumé à l'inclémence de toutes les saisons, et bien qu'on ait très peu d'attention pour sa santé, rarement malade. Les Arabes n'étrillent, ni ne frottent jamais leurs chevaux; mais ils ont soin de les faire marcher doucement toutes les fois qu'ils les ramènent après les avoir montés. Depuis le moment où la selle a été posée pour la première fois sur le dos d'un poulain, ce qui a lieu après sa seconde année, elle n'en est ôtée que rarement. En hiver, une toile à sac est jetée sur la selle; en été, le cheval reste exposé aux rayons du soleil en plein midi. Les Arabes qui n'ont pas de selle se servent d'un *medea'a*, qui est une peau de mouton rembourrée; ils n'ont pas d'étriers; aucun ne fait usage de bride; tous dirigent le cheval avec un licou. Le lecteur européen n'en sera pas surpris, quand il saura que le cheval bédouin est d'un très bon naturel, sans aucun vice, et plutôt l'ami que l'esclave de son cavalier. L'Arabe ne s'adonne pas au jeu du djérid qui souvent ruine les chevaux turcs avant qu'ils aient acquis toute leur force. En effet, l'Arabe ignore la manière de monter à cheval en usage chez les Turcs, et toutes ces évolutions dont les Osmanlis sont si vains; mais l'habitude des Bédouins de monter sans étriers ni bride, de darder leur lourde lance pendant qu'ils galopent, et de se balancer depuis leur plus tendre enfance sur le dos nu d'un chameau qui trotte, leur donne une assiette plus ferme sur leur cheval que celle dont l'Osmanli peut se vanter, quoique le dernier monte peut-être avec plus de graces.

Les Arabes ignorent les fraudes employées par un maquignon européen pour duper un acheteur; on peut prendre un cheval, sur leur parole, à la première vue, ou au premier essai, sans courir aucun risque d'être trompé; mais peu d'entre eux se connaissent à l'âge d'un cheval par l'inspection des dents. M'étant un jour avisé de regarder dans la bouche d'une jument dont le maître et plusieurs autres Arabes étaient présens, on craignit d'abord que je n'eusse pratiqué quelque sortilége secret; quand le possesseur apprit que par cet examen on pouvait constater l'âge d'une jument, il eut l'air étonné, et ouvrant la bouche, me pria de lui dire son âge en jetant un coup-d'œil sur ses dents.

Les Arabes croient qu'il y a des chevaux prédestinés à des accidens fâcheux; de même que les Osmanlis, ils pensent que les maîtres d'autres chevaux doivent tôt ou tard éprouver certains malheurs qui sont indiqués par des marques particulières sur le corps du cheval. Ainsi quand une jument a une étoile au côté droit du cou, ils conjecturent qu'elle est destinée à être tuée par un coup de lance; si l'étoile est sur une des cuisses, ils supposent que la femme du maître sera infidèle à son mari, et que l'orthodoxie de celui-ci, comme musulman, est sujette à caution. Il y a une vingtaine de mauvaises marques de cette sorte; elles ont, à tout hasard, le mauvais effet de déprécier la valeur du cheval des deux tiers ou plus.

Les Arabes ne marquent pas leurs chevaux, ainsi que se l'imaginent quelques personnes; mais le fer rouge qu'ils appliquent fréquemment pour guérir les maladies de ces animaux laisse sur la peau une empreinte qui semble être une marque faite à dessein.

Les Arabes nomment un cheval gris blanc *abied*,

ou bien *khador*, ou *aschehab*; un gris, *azrak*; un gris foncé, *ssafer*; un noir, *edhan*; un bai, *ahmar*; un bai sans aucune marque blanche, *ahmar ssaha*; un gris souris, *aschkar*; un alezan foncé, *ahmar mahrouk*, littéralement rouge brûlé; un cheval pie, *habekh*; un cheval bai avec les quatre pieds blancs, *ahmar mahdjal*; un cheval avec trois pieds blancs et la jambe gauche de devant de la même couleur que le reste de la robe, *mahjal el thelathné* ou *matlouk el iemin*.

## *Noms donnés par les Bédouins à diverses maladies des chevaux.*

*Maghass*, colique.

*Saradjé*, farcin, regardé par les Arabes comme presque incurable;

*Harouk*, taupe; ils brûlent la chair tout autour de l'enflure.

*O'kr*, mal de rognons; ils n'ont aucun remède pour cette maladie.

*Okr el ssafha*, cors ou durillons; ils ouvrent les tumeurs, et y mettent de la charpie faite de cordes déroulées, et la changent plusieurs fois; ensuite ils lavent la plaie avec de l'eau de savon, la frottent bien avec du sel, jusqu'à ce que le sang qui en sort se sèche; ils la lavent de nouveau, et y appliquent un emplâtre sec fait d'écorce de grenades pilées, et de feuilles de henné.

*Mahmour*, courbature. Si elle provient de ce que

le cheval a bu trop d'eau froide, après un exercice violent, l'Arabe désespère de la cure; si elle est causée par la surabondance de nourriture, il saigne le cheval aux pieds, et lui enveloppe le corps d'une peau de brebis qui vient d'être égorgée; il prend aussi des œufs, s'il s'en trouve à sa portée, les casse sur la partie où le cheval paraît souffrir le plus, et la frotte avec le contenu des œufs.

*Maktou' el calb*; pousse.

*Massfour*, jaunisse.

*Sakaouet* (étranguillon), esquinancie; les Arabes brûlent du linge teint en bleu avec de l'indigo, et en font monter la fumée dans les naseaux du cheval; ce qui lui occasione une évacuation copieuse; ils frottent les tumeurs avec une pâte faite de paille d'orge et de beurre.

*Badjar*, la gale.

*Khanzir*, tétanos.

*Na'ouré*, le violent mal de tête.

*Hatout*, la gale autour de la queue.

*Bach*, œdèmes sous le ventre.

La brûlure est le remède le plus généralement employé pour les maladies des chevaux, qui, dans cette circonstance, comme sous beaucoup d'autres rapports, sont traités, par les Arabes, comme si c'étaient des créatures humaines. Jamais ils ne montent leurs chevaux s'ils ne sont pas ferrés. Ils appellent les fers à cheval *hadou*; les quatre ensemble, *tabaka hadou*; deux seulement, *ssadr*; un seul, *matich*; la bride, *sarough*; la bride avec le mors, *i'nan*; la courroie, ou la corde en cuir par laquelle le licou est attaché par dessus la tête du cheval, *a'dzar*;

la schabraque, *tanahé*. Mais tous ces noms sont des termes bédouins ; les Syriens désignent toutes ces choses par des dénominations différentes.

Quand une jument devient vieille et ne peut plus servir à la guerre, son maître la vend à un scheikh de village ou à quelque citadin, se réservant toujours une moitié ou les deux tiers de ses portées futures.

*Autruches*. Les autruches habitent le grand désert de Syrie, notamment le grand désert qui s'étend depuis le Hauran jusqu'au Djebel Schammar et au Nedjd. On en rencontre quelques unes dans le Hauran ; et l'on en prend un petit nombre tous les ans, même à deux jours de route de Damas.

Les Arabes désignent l'autruche mâle sous le nom de *adlīm*, et la femelle sous celui de *rebdé*.

L'autruche mâle a les plumes noires avec les extrémités blanches, excepté celles de la queue, qui sont entièrement de cette dernière couleur ; celles des femelles sont tachetées de gris.

Cet oiseau s'appareille au milieu de l'hiver ; la femelle pond de douze à vingt et un œufs, le nid est généralement placé au pied d'une colline isolée ; les œufs sont déposés tous près les uns des autres en cercle, à moitié enterrés dans le sable, afin de les préserver de la pluie ; tout autour est tracée une tranchée étroite par laquelle l'eau s'écoule. A dix ou douze pieds de ce cercle, la femelle place deux ou trois œufs qu'elle ne couvre pas ; elle les y laisse pour nourrir ses petits au moment ou ils viendront à éclore. Le mâle et la femelle couvent alternativement les œufs, et quand l'un des deux est occupé de ce soin, l'autre fait le guet sur le sommet d'une colline voisine, ce qui donne aux Arabes la facilité de tuer ces oiseaux. Quand ils aperçoivent une autruche dans cette position, ils en concluent qu'il y a des œufs dans le voisinage; le nid est bientôt découvert et les autruches s'enfuient. Alors l'Arabe creuse un trou près des œufs, y place son fusil chargé après avoir attaché au ressort une mèche allumée; le fusil est dirigé du côté des œufs, l'homme le couvre de pierres et se retire. Vers le soir, les autruches reviennent, et n'apercevant pas d'ennemis, reprennent leur place sur les œufs, ordinairement toutes deux à la fois; le fusil part en temps convenable, et le lendemain matin l'Arabe trouve l'un des oiseaux, ou tous les deux, abattus par le coup. Telle est la manière usuelle de tuer les autruches dans les déserts septentrionaux de l'Arabie, où l'on n'a pas l'habitude de les chasser.

On a supposé que la chaleur du soleil suffisait pour faire éclore les œufs des autruches; mais les faits que je viens d'exposer prouvent que cette opinion est erronée, car ils démontrent que, dans la saison pluvieuse, cet oiseau couve ses œufs : les petits en sortent au printemps avant que le soleil ait acquis un degré considérable de chaleur.

Les habitans du canton de Djof mangent la chair des autruches qu'ils achètent des Arabes Schérarat. Les œufs se vendent à peu près un shilling la pièce; Les Arabes les regardent comme un mets délicieux; les habitans des villes suspendent les œufs dans leurs appartemens pour les orner; les plumes sont vendues à Alep et à Damas, surtout dans la dernière de ces villes. Les habitans d'Alep y apportent quelquefois des autruches qu'ils ont tuées à deux ou trois journées de distance à l'est. Souvent les Arabes Schérarat vendent la peau avec les plumes dont elle est couverte. En 1810, une de ces peaux fut payée, à Damas, à peu près dix piastres fortes. La peau dépouillée est jetée comme inutile. A Alep, au printemps de 1811, le prix des plumes d'autruches était de 250 à 600 piastres le rotolo, environ 2 livres 10 shillings la livre; les très belles plumes se vendent séparément 1 à 2 shillings la pièce.

*Gazelles.* On en voit des troupes considérables dans tout le désert de Syrie. Sur les frontières orientales de ce pays, on rencontre des lieux nommés *massiadé*, qui sont disposés pour la chasse des gazelles. On choisit, dans la plaine, un espace de l'étendue d'un mille et demi carré et on l'entoure de trois côtés par un mur de pierres sèches assez haut pour que ces animaux ne puissent pas sauter par dessus; on y laisse, dans différentes parties, des ouvertures devant lesquelles on creuse, en dehors, un fossé profond; cet enclos est situé près d'une source ou d'un ruisseau que les gazelles fréquentent en été. Quand la chasse doit commencer, beaucoup de paysans se rassemblent et font le guet jusqu'à ce qu'ils aperçoivent un troupeau de gazelles s'avançant de loin vers l'enclos; alors ils les y poussent; les animaux, effrayés par les cris de ces gens et par les décharges d'armes à feu, essaient de sauter par dessus le mur, mais ne pouvant sortir que par les ouvertures, ils tombent dans les fossés, et on les prend aisément, quelquefois par centaines. Le chef du troupeau saute toujours le premier, les autres le suivent un à un. Les gazelles, prises de cette manière, sont tuées à l'instant, et leur chair est vendue aux Arabes et aux fellahs du voisinage. Plusieurs villages partagent le produit de chaque massiadé, dont les principaux sont près de Kariateïn, de Hassia et de Homs. On fait, avec la peau de la gazelle, une sorte de parchemin employé pour couvrir le petit tambour, ou *tabl*, dont les Syriens accompagnent le son des instrumens de musique ou la voix.

*Anes sauvages.* On trouve beaucoup d'ânes sauvages dans le pays voisin du canton de Djof, entre Tobeïk, Saoua'n et Hedrusch. Les Arabes Schérarat leur font la chasse et en mangent la chair, mais jamais devant les étrangers. Ils en vendent la peau et les sabots aux colporteurs de Damas et aux habitans du Hauran. Les sabots servent à faire des anneaux que les paysans portent aux pouces ou s'attachent sous les aisselles comme des amulettes contre les rhumatismes.

*Chiens sauvages.* D'aprés la description donnée par quelques Arabes, il y a une espéce de chien sauvage qu'ils appellent *derboun ;* il est de couleur noire; il se trouve dans les environs du Djof; les fellahs de ce canton le mangent.

*Lézards.* On voit dans ce même canton le dhab, espèce de lézard; il a dix-huit pouces de long, sa queue a six pouces. Je n'hésite pas à donner le nom de lézard à cet animal, d'aprés ce que j'en ai entendu dire à différentes personnes. Les Arabes mangent le dhab, et se servent, pour conserver leur beurre, de sa peau qui est écailleuse.

Indépendamment des animaux que je viens de décrire, l'hiène, l'once, le loup, le chacal et le chat sauvage habitent le désert; on y rencontre aussi quelques renards. Les sangliers y sont très nombreux; mais ce n'est pas dans le cœur du désert. Les Arabes Amour, qui demeurent près de Tadmor, sont fameux pour leur adresse à les tuer avec la lance.

L'aigle (*rakham*), la cicogne, l'oie sauvage, la perdrix, le kata et l'alouette sont les oiseaux les plus communs dans le désert. Les katas y sont si nombreux, que de loin on prendrait leurs volées pour des nuages; ils pondent dans les cantons pierreux du Djebel Hauran, d'El Ssafa, d'El Ledja et du Djebel Belka'a; leur ponte est de trois œufs de la grosseur de ceux de pigeon et d'un noir verdâtre; les Arabes en ramassent une immense quantité qu'ils mangent frits au beurre.

## *Végétation du désert.*

Le désert, jusqu'à la distance de quatre ou cinq jours de marche des bornes orientales de la Syrie, offre presque partout de la terre labourable, et montre encore des signes évidens d'une culture ancienne. A mesure qu'on s'avance vers l'intérieur, le sol devient sablonneux; mais, en hiver, l'Arabe y trouve une grande diversité de plantes qui fournissent des pâturages à ses troupeaux. Il est rare que, dans le désert, on trouve ensemble deux espèces différentes de végétaux; chaque canton semble en avoir une espèce qui lui est particulière, et qui croît là où il n'en pousse pas d'autre. Les Arabes nomment, en général, les plantes *o'schb*; les jeunes plantes sortant de terre, *rebia'*; celles qui sont flétries par la chaleur, et que les chameaux préfèrent, *houmri*; celles qui s'élèvent à une certaine hauteur sont appelées arbres (*aschojar*). Voici, selon les renseignemens que j'ai pu recueillir, les productions végétales du désert.

Le *routa* haut de trois pieds, c'est la meilleure nourriture pour les chameaux; le *fèrs*, le *schiéh*; les chameaux ne le mangent que lorsque la chaleur de l'été l'a desséché; ses graines sont employées avec succès comme vermifuge. Le *jous*, le *verk*, l'*akoul* croissent dans le désert près de Damas; l'akoul se trouve également dans l'irak Arabi et en Mésopotamie. Le *serr*; il ressemble beaucoup au schiéh et les Arabes en mangent la tige au printemps. Le *ghadha*, dans le territoire de Dhahi. Le *harbak*, le *kattaf*, qui pousse toujours dans les lieux bas. Le *schaumar* ressemble un peu au fenouil; les Arabes mangent sa tige; l'*etel* atteint à la hauteur de six pieds. Le *merar*, l'*ouasbé*; il a une tige jaune qui teint en noir la bouche du chameau. Le *nasi* abonde dans les terrains sablonneux. Le *schaourel* ressemble au basilic. Le *kemmaïé*, ou la truffe du désert, se trouve généralement, au printemps, dans les endroits où pousse le schaourel, si les pluies d'hiver ont été copieuses.

### *Vents.*

Dans le désert, le vent du nord soit chaud, soi froid, est toujours regardé comme pernicieux pour la santé des hommes et des bêtes, le vent d'ouest (*gharbi*) est le plus ordinaire en été. Le vent de sud passe pour le plus favorable pour la terre et les plantes qui viennent d'éclore; le vent d'est est le plus chaud de tous; les Arabes le nomment *kasi* : tout vent ardent est nommé *semoum*. Quand il souffle de l'est, il dessèche l'eau dans les outres; et c'est pourquoi l'Arabe errant meurt quelquefois de soif, mais ce n'est point par l'effet immédiat de ce vent. Les Arabes ne peuvent, par aucun signe particulier, prédire son approche. Pendant qu'il règne, le chameau est couché à terre et baisse la tête pour éviter ses effets funestes; le chameau qui marche continue sa course sans s'arrêter; les Arabes se couvrent d'un second manteau, ou d'une toile à sac, pour empêcher que le semoum ne brûle leur peau.

## OBSERVATIONS ADDITIONNELLES.

### *Manière de camper.*

Dans les cantons où la sécurité règne, les Bédouins campent souvent toute l'année, n'occupant que deux ou trois tentes réunies ensemble à plusieurs heures de distance de tout autre individu de leur tribu. J'ai vu de ces solitaires de la tribu des Hodeïl, qui habitaient les montagnes à l'est de la Mecque, et d'autres appartenant aux tribus de Saoualéha, et de Mezeïné dans les monts Sinaï.

On peut remarquer ici que tous les Bédouins riches ont deux sortes de couvertures de tentes, l'une neuve et forte pour l'hiver, l'autre vieille et légère pour l'été.

Dans les plaines de Syrie et d'Arabie, quand on ne peut pas trouver de l'eau de pluie dans des mares, les Bédouins campent en été près des puits, où ils restent souvent pendant un mois entier, et leurs troupeaux paissent à l'entour, à une distance de plusieurs heures, sous la garde d'esclaves ou de bergers qui, tous les deux ou trois jours, les conduisent aux puits pour qu'ils s'y abreuvent. C'est dans ces occasions qu'une tribu arabe en attaque une autre, parce qu'elle sait que telle ou telle horde est campée près de tel puits, et peut y être aisément surprise. Si on redoute une attaque de ce genre, les hommes du camp sont constamment prêts à se défendre, et à protéger leur bétail que l'ennemi essaie fréquemment d'emmener. Les Arabes Schérarat qui, vivant sur la route des pélerins de Syrie, sont très exposés aux invasions, ont toujours devant leur tente un chameau sellé, afin de pouvoir plus aisément courir au secours de leurs pasteurs.

La plupart des puits, dans l'intérieur du Nedjd, sont la propriété exclusive, soit d'une tribu tout entière, soit de particuliers dont les ancêtres les ont creusés. Durant le gouvernement des Wahhabites, beaucoup de nouveaux puits ont été faits par les ordres du chef. Si le puits appartient à une tribu, les tentes sont dressées à l'entour, quand les pluies deviennent rares dans le désert ; il n'est pas permis alors à d'autres Arabes d'y abreuver leur bétail. Si le puits est la propriété d'un particulier, celui-ci y va, en été, accompagné de sa tribu, et reçoit des présens de toutes les tribus étrangères qui passent auprès ou qui y campent, afin d'y faire rafraichir leurs chameaux ; ces dons sont particulièrement demandés, si la troupe s'en retourne dans ses foyers aprés qu'on l'a vue prendre du butin à un ennemi. La propriété d'un tel puits ne s'aliène jamais, les Arabes disent que le possesseur est sûr d'être fortuné, puisque tous ceux qui boivent de son eau lui donnent leur bénédiction. Au printemps et en été, il est plus difficile d'enlever le bétail, parce que, dans ces saisons, il trouve une pâture suffisante tout près des tentes, et par conséquent est protégé aisément. Il y a des tribus qui, au printemps, campent loin des ruisseaux ou des puits, dans des plaines fertiles, où elles restent plusieurs semaines sans goûter d'eau, vivant uniquement de lait ; leur bétail peut se passer de boire, aussi long-temps qu'il se nourrit d'herbes vertes et succulentes ; cependant il n'en est pas ainsi des chevaux. Un nombre considérable des Beni Schammar campent ainsi, chaque printemps, pendant près d'un mois, dans le désert, sans eau, entre le Djof et le Djebel Schammar.

En voyage, les bandes nombreuses peuvent seules s'aventurer à camper la nuit près des puits où elles doivent naturellement attendre du monde. Les troupes faibles abreuvent leur bétail, remplissent leurs outres et vont camper à une certaine distance de tout chemin conduisant au puits.

### *Habillement.*

Dans chaque province, et presque dans chaque tribu, on peut apercevoir de la différence dans le costume des Bédouins. Pour les hommes l'abba, nommé en Syrie *meschlab*, manteau de laine rayé, le keffié ou mouchoir à raies jaunes et vertes pour la tête, et la robe bleue pour les femmes, sont universellement usités chez toutes les tribus au nord de la Mecque. Les Wahhabites du Nedjd parfument le keffié avec de la civette ou avec l'*arés*, terre odorante qui est apportée d'Aden, et très employée dans le désert. Près de la Mecque et de Taïf, et au delà, plus au sud, du côté de l'Yemen, les hommes et les femmes ont généralement des vêtemens de cuir. Les hommes attachent autour de leurs reins un tablier de peau tannée; la nuit et en hiver, ils se couvrent d'un abba; mais dans la saison chaude, ils vont entièrement nus. Les femmes ont un tablier semblable, plus grand que celui des hommes, il leur descend jusqu'à la cheville; elles ont aussi un manteau à manches étroites, également en cuir, qui est bien tanné, artistement façonné et cousu, et orné de beaucoup de glands, ce qui lui donne un aspect gracieux. Elles le frottent fréquemment avec du beurre, afin de l'assouplir; par dessus le tablier, hommes et femmes ont une ceinture en cuir, consistant en lanières longues et minces; elle fait douze fois ou davantage le tour du corps. Les femmes en ont de semblables, qui s'appliquent sur la peau nue de l'estomac, sous le tablier; cette coutume est générale dans tout le désert. Les Bédouins affirment que Mahomet en portait une pareille. Ce serait une honte pour un Bédouin de porter des caleçons; nulle part, dans le désert, ils ne font partie du costume d'un homme, ils sont regardés comme convenant seulement aux femmes. Les Bédouins de la Mecque et de l'Yemen ont autour de la tête par dessus le keffié, au lieu de la corde de laine des Bédouins du nord, un cercle fait de cire, de poix et de beurre, fortement pétris ensemble; on le fait descendre en pressant autour du milieu de la tête, et il ressemble à l'auréole des saints. Il a à peu près l'épaisseur d'un doigt. Les Bédouins le prennent fréquemment pour le presser entre leurs mains, afin qu'il conserve sa forme. J'ai oublié le nom arabe de cet objet : les Bédouins du midi ont autour du coude droit un anneau de métal jaune, qui ne peut être ôté qu'avec difficulté. J'en ai vu qui étaient presque entièrement cachés par la chair du bras qui les recouvrait.

Toutes les femmes bédouines aiment également les anneaux pour le nez, les pendeloques pour les oreilles, les bagues et les anneaux pour les chevilles des pieds. Les pauvres ont ces ornemens en corne, quelques unes ont des colliers de verroteries communes; les riches les ont en argent, en succin, en corail, ou en nacre de perle. Les Bédouins se soucient très peu de leur parure, mais ils ont du plaisir à décorer leurs femmes, et les parent de beaux vêtemens, parce qu'ils pensent qu'ils réfléchissent de l'honneur par eux-mêmes. Bien différentes des femmes des villes qui réservent leurs belles robes et leurs ornemens pour les jours de fête ou de visite, les Bédouines s'ornent, chaque jour, de ce qu'elles possèdent de plus précieux, ayant souvent cinq ou six bracelets au même bras, et deux à trois pendeloques à la même oreille. Il est à propos de remarquer ici que, dans les environs de la Mecque, beaucoup de Bédouins ont des chemises bleues très écourtées, à manches étroites et courtes.

La coiffure des femmes varie presque dans chaque tribu. Dans le Hedjaz et l'Yemen, elles tressent leur chevelure à peu près à la manière des Nubiennes. Les femmes arabes du Sinaï la nouent en une grosse touffe qui s'avance au dessus du front; dans l'Arabie propre, elles parfument leurs cheveux, de même que les hommes parfument leur keffié. Parmi les Arabes du mont Sinaï, toutes les filles arrivées à l'âge de puberté ont la permission de porter le *schebeïka*, ornement composé de plusieurs morceaux de nacre de perle, long de trois à quatre pouces, et large d'un quart de pouce, et attaché à un cordon qui tient à la tête; elles le laissent pendre sur les joues et sur le front, qui de plus est décoré d'un morceau de la même substance, arrondi, de deux pouces de diamètre. Dans la nuit des noces, le mari prend de force le schebeïka : une femme mariée ne peut plus s'en parer. Ces mêmes Bédouines du Tor, dans le Sinaï, ornent leurs ceintures de cuir d'un grand nombre de petites coquilles marines. Dans l'intérieur du désert, même dans le Hedjaz et aussi dans l'Yemen, suivant ce qu'on m'a dit, les femmes vont ordinairement sans voile. Tous les Bédouins qui ont des rapports avec l'Égypte obligent leurs femmes de paraître voilées devant les étrangers.

J'ai déjà dit que beaucoup d'A'nezé laissent croître leurs cheveux qui tombent en boucles sur les joues; il en est de même de la plupart des Bédouins du Hedjaz. Les tribus des Sobh et des Aouf, appartenant aux Harb, portent ces boucles tressées et descendant jusqu'à la poitrine. Le chef des Wahhabites avait interdit à ses Arabes cette mode qu'il regardait comme dégradante pour un homme, et convenable seulement pour ceux qui voulaient affecter un air efféminé. Parmi les Arabes Manzi qui occupent les montagnes entre le Nil et le golfe Arabique, jusqu'à la latitude de Cosseïr, et qui sont venus d'Arabie dans le siècle dernier, il règne un usage très remarquable : il n'est permis qu'aux jeunes gens qui ont fait du butin sur l'ennemi de se raser la tête. C'est une fête dans la famille quand un de ces Bédouins se soumet pour la première fois à cette opération; tandis qu'on rencontre souvent parmi eux des jeunes gens qui ont encore la tête couverte de sa chevelure.

## *Armes.*

Les mousquets sont rares parmi les Bédouins de Syrie, et en général, chez tous ceux qui vivent au nord d'Akaba. Au contraire, chacun de ceux du Nedjd, du Hedjaz et de l'Yemen est armé d'un mousquet; la force principale des Wahhabites consiste dans cette infanterie; leurs armes sont de fabrique très grossière; ils se les procurent dans les villes du voisinage. Toutefois, j'ai vu dans le Hedjaz beaucoup de mousquets à beaux canons persans, qu'ils estiment à raison de leur dimension et de leur poids, les plus grands et les plus lourds étant les plus prisés. Les meilleurs fusils sont distingués par des noms particuliers, et passent de père en fils, comme une sorte de propriété substituée, le possesseur ne s'en défait que dans des cas d'extrême nécessité. Les Bédouins, notamment ceux du Nedjd et des montagnes du Hedjaz, sont d'excellens tireurs. Les mousquets sont, en général, en plus grand nombre dans les montagnes; tandis que dans les plaines on voit plus communément les hommes montés sur des chameaux et armés de lances. Un Européen croirait qu'il est presque impossible de viser sûrement avec un instrument aussi grossier qu'un mousquet arabe, qui souvent ne vaut pas plus d'une piastre forte. Cependant c'est avec cette arme chargée à balle que ces hommes ont tué devant moi des corneilles et même des perdrix. Dans les combats répétés entre les Turcs de Mohammed Aly et les Bédouins, ceux-ci défirent invariablement leur ennemi par le simple feu de leur mousqueterie, quand ils se battirent dans les cantons montagneux, tandis qu'ils eurent constamment le dessous toutes les fois que la cavalerie turque eut assez d'espace pour agir. Partout, les Bédouins font eux-mêmes leur poudre; dans beaucoup de cantons, on trouve du salpêtre et du charbon. Il paraît que le mousquet ou fusil à mèche est une arme beaucoup plus sûre, quoique moins maniable que notre fusil ; il ne peut jamais faire long feu ; les Bédouins le préfèrent, et quand ils se procurent un fusil ordinaire, ils le convertissent en mousquet.

Dans les déserts méridionaux de l'Arabie, et dans les montagnes du Hedjaz, les *mezrak*, ou lances courtes, sont d'un usage commun ; elles sont entourées de fil d'archal jaune, comme celles des Arabes de Nubie ; les Bédouins s'en servent quelquefois dans les combats corps à corps ou les lancent, comme les javelines, à une certaine distance.

On voit des cottes de mailles dans toutes les parties de l'Arabie ; nulle part elles ne sont nombreuses à cause de leur prix élevé. Ibn Saoud en portait constamment une sous sa chemise. Les Wahhabites estiment beaucoup la cotte de mailles ; Saoud en possédait une ancienne et célèbre qui avait autrefois appartenu au fameux Omar el Deïghemi, héros bien connu dans l'histoire d'Arabie, et propriétaire du cheval Maschour. Un *daoudi*, qui est une cotte de mailles de la meilleure qualité, coûte de cinq cents à mille piastres fortes ; ces daoudi sont de travail ancien, et ont probablement appartenu aux chevaliers européens des croisades.

## *Nourriture et cuisine.*

Dans tout le désert, les mets des Bédouins offrent une grande uniformité ; partout ils sont principalement composés de farine et de beurre. Néanmoins, le nom du même mets varie suivant la province; ainsi, ce que les A'nezé appellent *ftita* est nommé *medjelléh* par les Arabes de Sinaï, ou *merekéda* si on y mêle du lait. Le *djéreïscha* est un mets très commun dans l'intérieur du désert; c'est du froment grossièrement moulu, qu'on fait bouillir et sur lequel on verse du beurre; si on y ajoute du lait, c'est du *néka'a*. La coutume de dire au maître du logis d'emporter les alimens pour les femmes prévaut parmi les Arabes de Sinaï; elle est inconnue dans le Hedjaz. Dans les cantons du désert très éloignés des territoires cultivés, la consommation du blé est beaucoup moindre que dans les autres. Ainsi, les Arabes de la côte orientale du golfe Arabique, entre Yambo et Akaba, ne font que peu d'usage de pain de froment. C'est le besoin de blé qui oblige tous les Bédouins à entretenir des liaisons avec les Arabes cultivateurs; on se méprendrait si on s'imaginait que le Bédouin pût jamais se passer du laboureur. Les villages des frontières de la Syrie et de la Mésopotamie, les villes du Nedjd, Yambo, la Mecque et Djidda, et les vallées cultivées du Hedjaz et de l'Yemen, sont fréquentés par des Bédouins qui viennent d'une distance de dix et même quinze journées pour acheter des denrées; c'est là qu'ils vendent leur bétail et prennent en retour du froment, de l'orge et des vêtemens. Ce n'est que contraints par les circonstances, que les Arabes se contentent, pour toute nourriture, de lait et de viande.

On ne fait jamais ni beurre, ni fromage avec le lait de chamelle; il est très abondant chez les A'nezé. Tous les matins, avant le jour, les femmes s'occupent de traire les brebis et les chèvres; le lait est secoué, pendant environ deux heures, dans des outres, et devient ainsi du beurre; le lait de beurre fait la principale boisson des Arabes et est très employé dans leurs mets; on l'appelle généralement, mais non pas toujours, *lében;* le lait frais est désigné par le nom de *haleïb.*

On fait quelquefois cuire un agneau dans la terre; le trou creusé à cet effet est chauffé et couvert avec des cailloux. Beaucoup de Bédouins ont la coutume de faire bouillir certaines herbes dans leur beurre, qui est ensuite versé dans des outres contenant leurs vivres. Ce beurre, fortement imprégné de l'odeur de ces herbes, est très recherché par les Arabes. Le *schiéh* est souvent employé de cette manière; dans le Nedjd, c'est le *baïthéran*, espèce de thym.

Dans leurs voyages, les Bédouins vivent presque entièrement de pain sans levain, cuit dans les cendres et mêlé avec du beurre; ils nomment cet aliment *kurs*, *ayesch* et *kahkih.*

J'ai déjà remarqué ailleurs que les Arabes de Kérek regardent comme extrêmement honteux de vendre du beurre; j'ai dit aussi que vendre du lait passe de même, chez les Bédouins, près de la Mecque, pour avilissant; l'Arabe le plus pauvre ne voudrait pas s'exposer au surnom ignominieux de *lebba'n* ou vendeur de lait, quoique durant le pélerinage le lait soit extrêmement cher. Une exception singulière à cette règle est offerte par les Beni Koreïsch qui s'estiment la plus noble race des Arabes et qui cependant vendent leur lait; la Mecque en est approvisionnée par ces Arabes, qui dressent leurs tentes généralement autour du Djebel A'rafat et dans l'Ouadi-Muna.

Dans le Hedjaz, le mets ordinaire des Arabes est le riz mêlé avec les lentilles; ils le trouvent meilleur marché et aussi nourrissant que le blé; partout où le dattier pousse, son excellent fruit forme leur principal aliment; dans le Nedjd, le Hedjaz et l'Yemen, les Bédouins mangent du beurre avec excès. Quiconque a le moyen de se procurer ce délice avale, chaque matin, avant le déjeûner, une grande tasse de beurre fondu et en respire autant par les narines, ce qui est aussi un usage de prédilection des Mekkaouis; tous les mets nagent dans le beurre. Le mouvement et l'exercice continuels des Bédouins fortifient leur faculté digestive; par la même raison, un Arabe vivra, pendant des mois entiers, de la plus mince ration; puis, si l'occasion s'en présente, il mangera un agneau entier sans que sa santé en souffre aucunement.

Dans l'intérieur de leurs déserts, les Bédouins ne fabriquent jamais de fromage: ils font leur beurre avec le lait de brebis ou de chèvre. Je n'ai jamais vu de beurre obtenu du lait de chamelle, cependant on m'a dit qu'on en faisait quelquefois dans des cas de nécessité; beaucoup d'Arabes, avec qui j'ai conversé, n'en avaient jamais goûté.

Dans tout le désert, quand on tue une brebis ou une chèvre, les personnes présentes mangent souvent le foie et les rognons tout crus en les assaisonnant d'un peu de sel. On dit que quelques Arabes de l'Yemen se régalent, non seulement de ces parties, mais aussi de tranches entières de chair crue; ressemblant ainsi aux Abissins et aux Druses du Liban, qui se permettent fréquemment la viande crue ; j'ai été témoin de cet usage chez ces derniers. Les Arabes Asir et ceux qui vivent plus au sud vers l'Yemen mangent du cheval, ce que ne font jamais les Bédouins du nord.

## *Industrie.*

Les principales branches de l'industrie des Bédouins sont de tanner le cuir, de préparer des outres, de tisser des tentes, des sacs, des manteaux et des abbas. Ils tannent les peaux avec le suc de la grenade, ou, plus généralement, dans le désert, avec le *gharad* ou fruit du *sunt*, ou avec l'écorce du *seïalé*, autre espèce de mimosa ; les femmes cousent les outres que les hommes ont tannées. Elles façonnent, dans le Hedjaz, de très jolis licous pour les chameaux que montent leurs maris ; c'est une sorte de réseau orné de coquillages et de glands de cuir ; on le nomme *daouiréh*. On voit fréquemment la quenouille dans les mains des hommes, dans tout le Hedjaz ; il peut paraître étrange qu'ils ne regardent pas cet usage comme dérogeant pour leur dignité masculine, tandis qu'ils rejettent avec dédain toute autre occupation domestique.

## *Richesse des Arabes.*

Les seuls Bédouins qu'on peut considérer comme opulens sont ceux dont les tribus font paître leur bétail dans les plaines qui ont été fécondées par les pluies d'hiver. Ce bétail comprend d'innombrables troupeaux de chameaux ; les Bédouins les plus riches sont ceux de la tribu de Kahtan sur les frontières de l'Yemen. Chez eux, un pére de famille qui ne posséde que quarante chameaux passe pour pauvre ; la quantité ordinaire, dans une famille, est de cent à deux cents. Les tribus pauvres sont celles des Bédouins qui vivent sur des territoires montagneux où les chameaux trouvent peu de nourriture et sont peu prolifiques. Ainsi, tous ceux qui habitent la chaîne des montagnes s'étendant depuis Damas dans toute l'Arabie Pétrée et le long de la côte du golfe Arabique jusque dans l'Yemen n'ont que peu de bétail, tandis que tous ceux des plaines de l'est ont des troupeaux considérables.

Le compte que j'ai donné de la dépense annuelle d'un Arabe doit s'entendre seulement de celui qui est au dessus de la classe commune; beaucoup de familles respectables ne dépensent que la moitié de cette somme. Voici comment les Arabes pauvres des monts Sinaï gagnent leur vie : ils conduisent au Caire leurs chameaux chargés de charbon ; un homme doit travailler dix à quinze jours pour ramasser une charge semblable ; elle est vendue, au Caire, à peu prés trois piastres fortes ; le voyage a duré déjà onze jours ; avec ces trois piastres, le Bédouin achète une demi-charge de froment, un peu de tabac pour lui, et une paire de souliers ou un mouchoir pour sa femme; puis il retourne à sa tente, ayant employé plus de cinq semaines et son chameau à se procurer ce mince approvisionnement pour sa famille. Dans une occasion semblable, un Bédouin renonce gaîment au seul plaisir sensuel qu'il peut goûter sur la route, qui est de manger du beurre et de fumer du tabac, plutôt que de ne pas rapporter un petit présent à sa famille, et pour acheter ce cadeau il sacrifie, si cela est nécessaire, même son outre à beurre et sa poche à tabac.

Des familles arabes se glorifient de n'avoir que des troupeaux de chameaux sans brebis, ni chèvres; mais je n'ai jamais entendu dire qu'il existât des tribus entières qui n'eussent aucun de ces derniers animaux. Les familles qui n'ont que des chameaux sont principalement celles des scheikhs; et s'il arrive des étrangers, pour lesquels il faut égorger un agneau, les Arabes en amènent ordinairement un à la tente du chef. Dans quelques camps, les Arabes ne veulent jamais permettre à leur scheikh de tuer un agneau dans aucune occasion; ils fournissent, chacun à leur tour, la viande pour sa tente. On nomme les familles qui n'ont que des chameaux *ahel bel*, par opposition à *ahel ghanem*.

Mais dans les circonstances les plus fâcheuses, lorsqu'il n'a ni chameaux, ni brebis, un Bédouin est trop fier pour montrer du mécontentement et encore moins pour se plaindre. Il ne demande jamais assistance; il s'efforce de tout son pouvoir, soit comme chamelier, berger ou voleur, de regagner ce qu'il a perdu. La ferme espérance dans la bonté de Dieu et une résignation complète à sa volonté sont profondément imprimées dans l'esprit de l'Arabe; mais cette résignation ne paralyse pas son activité autant que chez les Turcs. J'ai entendu des Arabes reprocher à ceux-ci leur apathie et leur stupidité d'attribuer à la volonté de Dieu ce qui n'était que le résultat de leur faute et de leur folie, et citer à ce sujet ce proverbe : « Il a exposé son dos » tout nu aux piqûres des moustiques, puis il » s'est écrié : Dieu a décrété que je serais piqué. » La force avec laquelle les Bédouins supportent les maux de tout genre est exemplaire; sous ce rapport ils l'emportent autant sur nous que nous leur sommes supérieurs par notre avidité à rechercher les sensations agréables et les plaisirs raffinés. Les sages ont toujours pensé que dans ce monde la somme des maux l'emportait sur celle des biens; il semble donc que celui qui, bien qu'il ne connaisse que peu de plaisirs recherchés, rit des maux, est plus véritablement philosophe que l'homme qui succombe sous l'adversité et passe ses plus heureux momens à poursuivre des jouissances imaginaires.

Les choses que le Bédouin espère et souhaite en secret sont bien plus restreintes que chez l'Arabe qui habite les villes. Son principal désir, quand il est pauvre, est de devenir assez opulent pour être en état d'égorger un agneau à l'arrivée d'un hôte respectable, et de rivaliser au moins dans cet acte d'hospitalité avec tous les autres Arabes de sa tribu, sinon de l'emporter sur eux. Si la fortune lui accorde l'accomplissement de ce vœu, il veut avoir un beau cheval ou un dromadaire et de bons vêtemens pour ses femmes ; ces objets obtenus, il ne songe plus qu'à maintenir et à conserver sa réputation de bravoure et d'hospitalité. C'est pour cette raison qu'on peut affirmer avec certitude que parmi les Bédouins il y a infiniment plus d'hommes heureux et contens de leur sort que parmi les autres Asiatiques, dont le bonheur est presque toujours flétri par l'avarice et l'ambition de s'élever au dessus de leurs égaux.

Le Bédouin est certainement malheureux quand il se sent si pauvre qu'il ne peut régaler un hôte comme il le désirerait : alors il regarde avec un œil d'envie ses voisins plus fortunés, il craint les moqueries de ses amis et de ses ennemis qui le regardent comme incapable de faire honneur à un étranger; mais quand il peut réussir à déployer son hospitalité, il se place sur le pied de l'égalité avec le scheikh le plus riche auquel il ne porte pas envie à cause de ses troupeaux plus nombreux dont la possession ne lui procure nulle augmentation, soit d'honneurs, soit de plaisirs.

## *Sciences, musique, poésie.*

Dans toute l'Arabie, les Bédouins ne savent ni lire, ni écrire; les chefs des Wahhabites ont pris la peine de les faire instruire, ils ont envoyé des imams aux différentes tribus pour donner des leçons aux enfans ; mais leurs efforts ont produit peu d'effet, et les Bédouins sont restés, comme on pouvait s'y attendre, un peuple très illétré. Dans les montagnes du Hedjaz et de l'Yemen, où beaucoup de tribus bédouines cultivent la terre, on trouve plus de gens sachant lire et connaissant quelque chose des lois et de la langue savante, que parmi celles qui sont campées dans les plaines. Il en est de même dans le Nedjd, où les Wahhabites ont établi des écoles dans chaque village, et obligent les pères de famille à surveiller l'instruction de leurs enfans. A Deraïeh beaucoup d'hommes doctes de la première classe parmi les gens de lettres de l'Orient ont réuni, de toutes les parties de l'Arabie, des bibliothèques précieuses, et quelques uns de leurs oulémas ont composé des traités sur des sujets de religion et de jurisprudence. Parmi leurs livres, il y a un grand nombre d'ouvrages historiques, qui paraissent être particulièrement recherchés à Deraïeh. Ils ont acheté et emporté tous ceux qu'ils ont pu trouver à la Mecque, à Médine, et dans les villes de l'Yemen. En ce moment, la bibliothèque de Saoud est incontestablement la plus riche en manuscrits arabes relatifs à l'histoire.

J'ai déjà remarqué combien l'éloquence est encore admirée chez les Bédouins. Un scheikh, quelque renom qu'il puisse avoir pour sa bravoure ou son habileté à la guerre, ne peut jamais espérer d'exercer une grande influence sur ses Arabes, s'il n'est pas doué de talens oratoires. Un Bédouin ne se soumet pas à un ordre, mais il cède volontairement à la persuasion.

La poésie est également estimée dans toutes les parties du désert d'Arabie. Beaucoup de gens qui ne savent ni lire, ni écrire, font cependant des vers qui ont la mesure; comme ils n'emploient dans ces compositions que des termes choisis, et comme la pureté de leur langage ordinaire est telle qu'elle exclut toute faute grammaticale, ces poèmes, après avoir passé de bouche en bouche, peuvent définitivement être confiés au papier et sont ordinairement trouvés réguliers et corrects. Je présume que la plus grande partie des anciennes poésies arabes qui sont venues jusqu'à nous dérive d'ouvrages de ce genre. Ibn Saoud avait rassemblé à Deraïeh les meilleurs poètes du désert; il faisait ses délices de la poésie, et récompensait libéralement ceux qui y excellaient. Conformément à la coutume arabe, si un poète renommé adresse des vers à un scheikh ou à un guerrier distingué, il reçoit en présent un chameau ou quelques brebis. Les largesses accordées jadis aux poètes par les chefs arabes sont encore fréquemment le sujet des conversations parmi les Bédouins. Mais personne n'est enclin à imiter l'antique générosité. Les habitans du Hassa, près du golfe Persique, sont plus célèbres pour leur génie poétique, que tous les autres Arabes du Nedjd ou du Hedjaz.

Le *rababa*, instrument à corde, est commun dans tout le désert, quoique sa forme varie. Dans le Nedjd et parmi les Arabes du Sinaï, jouer du rababa devant une compagnie nombreuse passe pour honteux. Dans ce cas, il n'y a que les esclaves qui s'en servent; et si un Arabe libre désire se perfectionner dans le jeu de cet instrument, il doit s'exercer chez lui et dans le sein de sa famille. Mais d'un autre côté, j'ai vu dans le Hedjaz des Bédouins jouer du rababa devant plusieurs personnes réunies.

Les chants nommés *asamer* méritent une description plus détaillée. Ils sont répétés dans toute l'étendue du désert; cependant leur exécution diffère chez chaque tribu. Durant mon séjour dans les monts Sinaï, j'ai eu de fréquentes occasions d'entendre ces chants dans le silence de la nuit.

Environ deux ou trois heures après le coucher du soleil, les filles ou les jeunes femmes, ou les jeunes gens, se réunissent sur un espace ouvert devant ou derrière la tente, et commencent à chanter en chœur, jusqu'à ce que l'autre bande les joigne. Alors les filles se placent soit dans un groupe entre les hommes qui se rangent en ligne des deux côtés, ou si les femmes sont peu nombreuses, elles occupent une ligne opposée à celle des hommes, à une distance d'environ trente pas. Dans ce moment, un de ceux-ci entonne un chant (*khazidé*), dont il chante seulement un vers et le répète plusieurs fois, toujours avec la même mélodie; et tous les hommes font chorus avec lui en accompagnant leurs voix de battemens de mains et de divers mouvemens du corps. Tous se tenant très près les uns des autres se penchent tantôt d'un côté, tantôt d'un autre, en avant et en arrière, quelquefois s'appuyant sur un genou et prenant soin de toujours exécuter les mouvemens en mesure avec le chant. Pendant qu'ils exécutent ces figures, deux à trois filles se détachent du groupe ou de la ligne de leurs compagnes et s'avancent lentement vers les hommes. Elles sont complétement voilées et tiennent un mellayé ou manteau bleu déployé mollement sur leurs bras étendus. Elles s'approchent à pas légers et avec de petits saluts en suivant la mesure des chants. Bientôt leurs mouvemens deviennent un peu plus vifs ; elles s'approchent jusqu'à deux pas des hommes, mais toujours en dansant, ainsi que cela s'appelle, et continuant à être extrêmement réservées, rigoureusement décentes et très modestes. Les hommes cherchent à les animer par des exclamations bruyantes qui de temps en temps interrompent leur chant. Ils emploient à cet effet les mots et les cris dont ils ont coutume de se servir pour que leurs chameaux s'arrêtent, marchent, trottent, boivent, mangent, s'agenouillent et s'accroupissent. Ils n'appellent pas les filles par leur nom, ce qui, dans les mœurs des Bédouins, serait un manque de politesse : ils la nomment *chameau*, feignant de supposer qu'elle s'avance vers eux pour chercher de la pâture et de l'eau. Cette fiction se prolonge pendant toute la danse : « Lève-toi, chameau ; marche vite. — Le pauvre chameau est altéré. — Viens, prends ta nourriture du soir. » Ces expressions et d'autres semblables sont mises en usage dans ces occasions, et ces Arabes y ajoutent tous les sons gutturaux usités par les chameliers pour parler à leurs animaux.

Afin d'exciter davantage les danseuses, quelques uns des joyeux jeunes gens étalent à terre devant elles leurs propres turbans ou leurs kelliés pour représenter la nourriture du chameau. Si la danseuse s'approche assez pour enlever quelqu'un de ces objets de vêtement, elle le jette derrière elle à ses compagnes, et, la danse finie, le possesseur doit le racheter par une petite amende payée à la fille. Une fois je retirai un keffié en donnant à la jeune fille un collier de jolis grains faits de nacre de perle, et en lui disant que ce devait être le licou du chameau ; ce qui lui fit très grand plaisir et aussitôt elle le passa autour de son cou.

Quand la danse a duré cinq ou dix minutes, la fille s'assied et une autre prend sa place, commençant comme la première, et accélérant ses mouvemens selon qu'elle se sent intéressée à la danse. Si elle paraît animée et vient tout près de la ligne des hommes, ceux-ci manifestent leur approbation en allongeant leurs bras comme pour la recevoir. Cette danse, qui continue fréquemment pendant cinq ou six heures et long-temps après minuit, ainsi que les chants pathétiques qui l'accompagnent, produisent une forte impression sur l'imagination et les sensations des Arabes, et ils ne parlent jamais du mesamer qu'avec ravissement. Les sentimens d'un amant doivent, dans cette occasion, être portés au plus haut degré. La forme voilée de sa maîtresse s'avance, comme un fantôme dans l'obscurité ou au clair de lune, vers ses bras qu'il lui tend. Sa marche gracieuse et décente, sa vivacité qui augmente, les applaudissemens universels qu'elle reçoit et les paroles du chant ou kazidé, qui sont toujours à la louange de la beauté, doivent créer les émotions les plus vives dans le sein de son amant, qui a au moins la satisfaction de pouvoir donner complétement l'essor à ses sentimens par sa voix et ses gestes sans s'exposer à aucun blâme (1).

(1) Le genre décent et romantique de cette danse offre un contraste parfait avec les contorsions vulgaires et licencieuses des danseuses égyptiennes et est même très préférable à la danse des dames d'Egypte et de Syrie.

Si les jeunes filles du camp ont quelque motif d'être fâchées contre les jeunes gens, ceux-ci se présentent pendant plusieurs nuits, mais aucune femme ne paraît pour chanter le mesamer. En revanche, j'ai entendu des jeunes filles chanter, quoique aucun des jeunes gens ne sortît des tentes pour se joindre à elles.

Les mesamer sont en usage dans tout le désert, mais presque chaque tribu les chante d'une manière différente. Le chant est souvent improvisé et relatif à la beauté et aux qualités de la fille qui danse; si les jeunes gens sont au camp, ils continuent le même mesamer, toutes les nuits, pendant des mois entiers. Les hommes et les femmes mariés se joignent quelquefois à eux; souvent les jeunes gens vont la nuit à pied, à une distance de quelques heures de marche, afin de prendre part au mesamer d'un campement voisin. Je dois ici remarquer que ce *mesamer* ne doit pas être confondu avec le *mezamer*, qui en arabe signifie le livre des psaumes (1).

## *Chanson des chameliers.*

Dans le Hedjaz et en Égypte, j'ai entendu les

(1) Les femmes de la tribu des Aleïgat dans les monts Sinaï chantent leurs propres louanges dans les vers suivans :

« O femmes d'Aleïgat! on ne trouve rien d'égal à nous,

» Excepté le ciel; (mais) les hommes sont la terre (sur laquelle nous » marchons). »

J'ai entendu les Bédouins Mogrebins chanter, dans le mesamer, un mots suivans qui semblent être le refrain favori de cette chanson :

» Il n'y a que le chameau vigoureux et parvenu
» à toute sa croissance qui puisse exécuter de longs
» voyages. »

### *Fêtes et réjouissances.*

Tous les Bédouins qui ont des familles dans un camp arrangent les choses de manière que tous les jeunes garçons soient circoncis le même jour. Alors chaque homme tue au moins un mouton et quelquefois trois ou quatre en l'honneur de son fils, et tous les membres de la tribu, ainsi que les étrangers qui sont venus exprès, se régalent ensemble pendant une journée entière. A la fête du Ramadhan, et du sacrifice sur l'A'rafat, les Arabes qui n'ont pas de chevaux, font des courses sur leurs chameaux, pendant que leurs femmes s'amusent à chanter très haut. Chez les Arabes du Sinaï, les filles ont la permission, dans ces occasions, de laisser voir leur visage aux jeunes gens de la tribu, qui passent rapidement montés sur leurs chameaux : dans ce moment, les jeunes filles soulèvent leur voile pour qu'ils puissent leur jeter un coup-d'œil à la hâte. On a remarqué qu'aussitôt après ces réjouissances, les filles

vers dont la singularité mérite d'être citée. L'amant, s'adressant à Ghalié sa bien-aimée, s'écrie :

« O Ghalié, si mon père était un âne, je le vendrais afin d'être en
» état d'acheter Ghalié. »

étaient demandées en mariage à leurs pères. Les plus modestes ou les plus timides des jeunes filles ne se joignent pas à leurs compagnes pour lever leurs voiles; elles restent dans l'intérieur de leurs tentes.

Il y a peu de tribus de Bédouins dans le territoire, ou du moins à peu de distance desquelles on ne trouve pas le tombeau d'un santon ou d'un scheikh révéré : c'est à lui que tous les Arabes du voisinage adressent leurs vœux. Ces tombeaux sont généralement visités une fois l'an par un grand nombre d'Arabes qui viennent y immoler les victimes promises durant l'année précédente. Elles l'ont été pour obtenir des enfans mâles, ou une nombreuse portée de chevaux ou de chameaux (1). Le jour de cette visite devient une fête pour toute la tribu et pour tous les voisins : les femmes sont vêtues de leurs plus beaux habits, et montées sur des chameaux dont leurs maris ont pris grand soin d'orner les selles. Dans toutes les occasions, le Bédouin s'efforce de faire briller sa femme, et il semble jaloux qu'elle l'emporte sur toutes celles de sa connaissance par son habillement et ses anneaux, tandis que lui-même n'a guère sur son corps que ce qui est absolument nécessaire pour le garantir de l'inclémence d'une saison ardente ou pluvieuse.

(1) La vénération que ces Bédouins ont pour un saint ressemble à l'idolâtrie, ils croient certainement qu'il peut exercer de l'influence dans le ciel, en leur faveur, tant dans ce monde que dans l'autre. Les Wahhabites se sont prononcés dans leurs sermons contre cette superstition et contre celle d'immoler des victimes en honneur des saints. Les tombeaux de ceux-ci sont généralement placés sur des montagnes.

### *Maladies.*

Parmi les Bédouins du Hedjaz, notamment chez ceux du voisinage de la Mecque et de Médine, il y en a beaucoup qui pâtissent de leur commerce avec les femmes publiques, dans la maison desquelles on en aperçoit toujours; ce qui n'est jamais le cas, soit à Alep, soit à Damas. Mais même dans le Hedjaz, les prostituées sont exclues des camps des Arabes; les Bédouins qui vont au Caire ont aussi de fréquens motifs de se repentir de leur connaissance avec les femmes de cette ville.

### *Vaccine.*

Après divers efforts pour introduire la vaccine en Égypte, un médecin syrien réussit enfin, dans l'hiver de 1816, à y rendre cette pratique générale parmi les chrétiens. Nulle part, dans le Levant, elle n'est plus nécessaire, particulièrement dans la Haute-Égypte, où la petite vérole est souvent presque aussi désastreuse, et beaucoup plus à craindre que la peste, parce qu'elle y est plus fréquente. Parmi les Bédouins du Hedjaz, l'inoculation est très peu usitée. On proposa à Mohammed Aly d'ordonner à ses sujets de la plaine de se faire vacciner; mais de même que les autres gouverneurs turcs, il n'écoute les projets utiles que lorsqu'ils peuvent servir à ses intérêts. Les remèdes les plus ridicules et les plus bizarres sont toujours ceux auxquels les Asiatiques recourent avec une confiance implicite dans leur efficacité. J'ai vu un Arabe boire le matin, aussitôt après son lever, de grands coups d'urine de chameau, parce qu'un médecin, c'est à dire un barbier de la Mecque, le lui avait conseillé comme un moyen certain de guérir l'oppression de poitrine. Un autre, parvenu au dernier degré de la phthisie, ne vivait uniquement, par l'avis du médecin, que de foie cru de chameau mâle. Comme on était en été, il n'était pas possible de se procurer tous les jours du foie frais ; mais l'Arabe n'en persistait pas moins à manger pendant plusieurs jours de suite du même foie en putréfaction, jusqu'au moment où la mort lui prouva la fausseté de la prescription.

## *Usages relatifs au mariage.*

Ce que je vais ajouter sur ce sujet concerne principalement les Bédouins du mont Sinaï, avec lesquels je vécus près de deux mois, au printemps de 1816, pendant que la peste désolait le Caire.

Les conditions étant arrangées entre le père de la fille et l'homme qui veut l'épouser, le premier donne au second un rameau d'arbre ou d'arbrisseau, ou quelque chose de vert que celui-ci fiche dans son turban et porte pendant trois jours, pour montrer qu'il a pris en mariage une vierge ; s'il doit s'unir à une veuve, il s'abstient de cette démonstration. La jeune fille est rarement instruite du changement qui va avoir lieu dans sa condition, parce que personne ne juge qu'il soit nécessaire de consulter son inclination; quand même elle aurait de l'aversion pour le futur, il faudrait qu'elle cédât, du moins pour la première nuit, à ses embrassemens; le lendemain, elle a la liberté de quitter sa tente. Cependant, parmi les riches Arabes de la plaine de l'est, tels que les A'nezé, les Meteïr du Nedjd, et les Ateïbé du Hedjaz, le père ne reçoit jamais le prix de la fille, et par conséquent on a quelques égards pour le penchant de celle-ci.

Chez les Arabes du Sinaï, la jeune fille, en revenant le soir avec le troupeau, est rencontrée à une petite distance du camp par le futur époux, et deux autres jeunes gens, qui l'emmènent de force à la tente de son propre père; si elle a quelque soupçon de leurs desseins, elle se défend en leur jetant des pierres, et souvent les blesse, quoiqu'elle n'ait pas de répugnance pour l'amant; car, selon la coutume, plus elle se débat, crie, mord, frappe des mains et des pieds, plus elle est applaudie ensuite par ses compagnes. Les jeunes gens qui l'ont entraînée de force la placent dans l'appartement des femmes, et l'un des parens du futur jette sur elle un abba qui l'enveloppe complétement; et il s'écrie en même temps : « Nul autre, et il nomme le futur, ne te » couvrira. » Jusqu'à ce moment, la fille ignore souvent le nom de l'homme à qui elle est fiancée. Après cette cérémonie, sa mère et ses parens la revêtent des habits neufs que le futur lui a donnés, et on amène devant la tente un chameau orné de glands et de bandes de toile, suivant la fortune du mari. On pose la fille sur l'animal, pendant qu'elle continue à se débattre avec la plus grande pétulance, et les amis du futur la tiennent des deux côtés. On lui fait faire ainsi trois fois le tour de sa tente, et ses compagnes font retentir l'air de leurs exclamations bruyantes; ensuite elle est conduite à un emplacement particulier que le futur lui a préparé dans sa propre tente et a entouré de rideaux, dans l'appartement des femmes.

Si le futur appartient à un camp éloigné, elle est assise sur un chameau, aussitôt après que l'abba a été jeté sur sa tête, et accompagnée par des femmes, elle est conduite au camp du mari; durant cette marche, la décence exige qu'elle pleure et sanglote amèrement. Laissée avec une seule femme dans la tente du futur, les autres, réunies en dehors, chantent les louanges du jeune couple : sur ces entrefaites, plusieurs moutons ont été égorgés (1), et les hôtes, accourus au régal, mangent du pain, circonstance absolument nécessaire aux noces, ainsi que de la viande.

Le soir, très tard, quand le futur peut s'échapper poliment de la foule de ses amis qui le félicitent, il court à l'appartement de sa belle, et le mariage est

(1) Les Beni Harb, dans le Hedjaz, regardent comme une condition nécessaire de l'accomplissement d'un mariage que le sang des brebis coule à terre; tous les Bédouins ne sont pas de cette opinion. En Egypte, les Coptes tuent une brebis aussitôt que la future entre dans la maison de son futur, et elle est obligée de manger par dessus le sang qui coule sur le seuil de la porte.

terminé; elle continue toujours à crier bien fort (1). Le mari a laissé ses souliers en dehors de l'entrée, afin de faire voir qu'il est là.

Le lendemain matin, chaque père de famille, dans le camp, apporte une chèvre en présent à la nouvelle mariée; deux ou trois de ces animaux sont égorgés, et après un dîner copieux, la cérémonie est finie.

Si la jeune fille a été mariée absolument contre son gré, il lui est permis, le lendemain matin, de se réfugier dans la tente de son père; ni lui, ni personne n'ont le droit de l'en empêcher. Les scheikhs riches refusent rarement leurs filles à un pauvre Arabe, pourvu qu'il puisse payer le prix demandé pour elle, et qu'il soit assez robuste et assez actif pour l'empêcher de mourir de faim.

Le mariage d'une veuve ou d'une femme divorcée n'est pas accompagné de tant de cérémonies ou de réjouissances. La future n'est pas enveloppée d'un abba, et elle ne fait aucune résistance quand on la conduit à la tente de son époux : si celui-ci a déjà été marié, aucune fête n'a lieu ; cependant, s'il était célibataire, la femme est menée en grande pompe à

(1) Il arrive quelquefois, suivant ce qu'on m'a assuré, que le mari est obligé de lier sa future et même de la battre avant qu'elle consente à céder à ses désirs. L'absence de civilisation est plus évidente dans les rapports entre les hommes et les femmes que dans toute autre circonstance. Une coutume particulière existe chez les Arabes de la Haute-Egypte. La nuit du mariage, le futur, quand il approche de la jeune fille, est accompagné de deux femmes qui portent témoignage de l'état de virginité dans lequel il l'a trouvée, et il ne peut revenir auprès d'elle avant la troisième nuit.

la tente qu'elle doit habiter désormais. Mais aucun hôte ne vient manger le pain nuptial, il n'est distribué qu'au mariage d'une vierge, parce que les Arabes regardent tout ce qui se rattache aux noces d'une veuve comme étant de mauvais augure, et indigne de la participation d'hommes généreux ou honorables. Pendant trente jours, le mari ne mange d'aucun aliment appartenant à sa femme, ni même ne se sert, dans ses repas, d'aucun vase qui lui appartienne. Durant tout ce temps, elle-même et tout ce qu'elle possède sont dénotés comme étant *géran* (impur), et les Arabes croient que la moindre infraction à cet usage conduirait à des malheurs inévitables. Si le mari régale ses hôtes de café, chacun apporte sa tasse afin de n'être pas obligé pour en boire d'en prendre une qui soit à la veuve nouvellement mariée.

On regarde comme décent qu'une vierge, après son mariage, reste au moins quinze jours dans l'intérieur de sa tente et n'en sorte qu'à la brune. Si son mari s'absente pour un voyage, avant l'expiration de ce terme, elle peut abréger la durée de sa réclusion. Chez les Bédouins, la cérémonie du mariage se fait ordinairement un vendredi soir.

Le prix d'une jeune fille varie suivant les circonstances; il n'est jamais stipulé expressément dans une tribu. Parmi les Arabes du Sinaï, il est de cinq à dix piastres fortes; quelquefois il monte jus'quà trente si la fille est jolie, et appartient à une famille considérable. Une partie de cette somme seulement est payée; le reste est gardé comme une sorte de dette. Le père reçoit l'argent; s'il est décédé, c'est son frère ou son plus proche parent. Quiconque a le droit de toucher la somme est qualifié maître de la fille. Le prix d'une *azéba*, ou veuve, n'est jamais que la moitié de celui qu'on donne pour une vierge, et généralement il ne va qu'au tiers ; il est de même compté dans les mains de son maître.

On observe, chez les Mezeïné, tribu de la presqu'île du Sinaï, un singulier usage qui est étranger aux autres Bédouins de ces cantons. Une fille, après avoir été enveloppée, le soir, dans l'abba, a la faculté de s'échapper de sa tente et de fuir dans les montagnes voisines. Le prétendu sort le lendemain pour la chercher; il se passe souvent plusieurs jours avant qu'il puisse la trouver ; tandis que les compagnes de la fugitive, instruites de sa cachette, lui fournissent des vivres. Quand enfin il l'a découverte, ce qui arrive plus tôt ou plus tard, selon l'impression qu'il a faite sur le cœur de la fille, il est obligé de consommer le mariage en plein air, et de passer la nuit avec sa belle dans les montagnes. Le lendemain, l'épouse regagne sa tente afin d'avoir de la nourriture ; mais le soir elle s'enfuit de nouveau et répète plusieurs fois ce manége, jusqu'à ce qu'enfin elle revienne à sa tente ; elle y reste et n'entre jamais dans celle de son mari que lorsqu'elle est très avancée dans sa grossesse ; alors, seulement, elle va vivre avec lui. J'ai entendu dire que le même usage existait chez les Mezeïné, parens de ceux qui habitent une autre partie du Hedjaz et dans le voisinage du Nedjd. Chez les Djébalié, petite tribu du Sinaï, d'origine moderne, l'épouse reste, après son mariage, trois jours entiers avec son mari, puis s'en va dans les montagnes et ne revient que lorsque son époux l'a retrouvée.

## *Divorce.*

J'ai déjà dit que les divorces étaient très fréquens chez tous les Bédouins, ainsi que chez ceux du Sinaï. Si un Bédouin, de ces dernières tribus, répudie sa femme sans pouvoir alléguer un motif valide ou prouver qu'elle est coupable de mauvaise conduite, il doit, quand elle le quitte, lui donner six ou huit piastres fortes, une chèvre, une bouilloire de cuivre, un moulin à bras, et plusieurs autres ustensiles de ménage ; en même temps il perd la somme qu'il a payée pour l'obtenir. Si c'est la femme qui s'en va de son plein gré, elle ne reçoit rien, et ses maitres n'ont aucun droit à la portion de son prix qui n'a pas été comptée en espèces, mais ils gardent ce qu'ils ont reçu, parce qu'il est juste, disent les Arabes, que les maitres obtiennent une indemnité pour avoir sous leur tente une veuve au lieu d'une vierge.

Chez les Arabes du Sinaï, un époux abandonné refuse rarement, à sa femme fugitive, la sentence de divorce, qui seule lui confère la faculté de se remarier ; mais il oblige quelquefois les parens de la transfuge de lui trouver une autre femme et de payer le prix de cette dernière, avant qu'il prononce les mots si désirés : *ent taléka* ( tu es répudiée ). Chez d'autres Arabes de la Haute-Égypte, l'usage veut que si une femme oblige son mari de lui accorder le divorce, il lui prenne son douaire et tous ses vêtemens, et lui rase complétement la tête avant de la renvoyer.

Tous les Arabes Bédouins reconnaissent la priorité du droit du premier cousin à la main d'une fille; le père ne peut refuser de la lui donner en mariage s'il paie un prix raisonnable, et ce prix est toujours un peu moindre que celui qui serait exigé d'un étranger. Toutefois, les Arabes du Sinaï marient quelquefois leurs filles à des étrangers dans l'absence des cousins. C'est ce qui advint à un guide que j'avais pris à Suez; il espérait qu'à son arrivée à son camp, éloigné d'une journée du couvent du Sinaï, il épouserait une de ses cousines; durant tout le voyage, il m'avait vanté les fêtes dont je serais témoin à cette occasion; il avait même apporté des habits neufs qu'il destinait à sa prétendue : quel contre-temps, quel chagrin lorsqu'il apprit que trois jours avant elle était devenue la femme d'un autre! Il paraît que la mère de la jeune fille le haïssait secrètement et qu'elle n'avait rien négligé pour le rendre ridicule aux yeux de ses compagnons; il supporta son malheur comme il convient à un homme, et au lieu de montrer le moindre signe de déplaisir il fit bientôt retomber le ridicule sur la mère et sur son gendre. Afin de prévenir de semblables événemens, un cousin, s'il est décidé à épouser sa parente, en paie le prix, en guise de dépôt, entre les mains d'un homme respectable du camp, et place la jeune fille sous la protection de quatre hommes de sa propre tribu. Dans ce cas, elle ne peut en prendre un autre pour époux, sans sa permission, n'importe qu'il soit absent ou présent, et il peut faire le mariage, à son loisir, quand cela lui plait. Si c'est lui qui rompt l'engagement, l'argent qu'il a déposé est payé entre les mains du maitre de la fille. Cette espèce de fiançaille a quelquefois lieu long-temps avant que celle-ci ait atteint l'âge de puberté.

Les Bédouins sont peut-être le seul peuple du Levant chez lequel on trouve des amans véritables. Les habitans des villes parlent beaucoup de la passion de l'amour, mais je doute que par là ils entendent autre chose que le désir charnel le plus grossier; du moins, je n'ai jamais observé parmi eux aucun exemple d'une affection persévérante au milieu des malheurs; tandis qu'au contraire beaucoup d'hommes montrent journellement la plus complète indifférence immédiatement après la possession obtenue. La réclusion des femmes s'oppose à la possibilité de connaître le caractère de celle qu'on aime, et la première entrevue que l'on a avec elle conduit invariablement à la posséder; quand les ames ne peuvent se comprendre mutuellement, il est presque impossible que le sentiment de l'amitié puisse atteindre au moindre degré de sublimité; ce qui, dans mon opinion, fait la différence entre l'amour animal et l'amour raisonnable. Dans les vers amoureux qu'un citadin adresse à sa maîtresse, ce sentiment d'amour vulgaire se distingue aisément. Au lieu de louer les qualités de son esprit et de son cœur, il se borne à décrire les beautés de sa personne, ou son ardent désir d'en être maitre; et parmi les vers d'amour arabes, de composition moderne, il y en a très peu qu'un Européen, d'un esprit élevé, ne rejetterait pas avec dédain.

Les Bédouins ont de plus fréquentes occasions de connaître les filles de leurs voisins; leur amour, conçu quelquefois aux jours de leur jeunesse, s'est nourri pendant une suite de plusieurs années, et telle est la réserve d'une fille bédouine, que, quels que puissent être ses sentimens pour un amant, elle condescend rarement à les lui faire connaître, et souffre encore moins la plus légère liberté, quelque convaincue qu'elle soit d'une affection réciproque. La ferme persuasion qu'un Bédouin a de l'honneur et de la chasteté de son amante doit exercer une influence puissante sur son cœur, et comme son esprit et son imagination sont toujours forts et sains, et ne dégénèrent pas en une sensibilité maladive ou en idées dépravées comme chez l'habitant des villes, on peut supposer que les impressions vertueuses, une fois produites, sont fortement enracinées. Je dois reconnaître que l'usage du divorce ne parle pas beaucoup en faveur d'un attachement durable; mais je l'attribuerai plutôt au naturel indomptable de ces sauvages enfans du désert qu'à un manque de sensibilité dans leur caractère (1).

(1) L'an passé (1815), un Bédouin de Sinaï se tua d'un coup de fusil aux noces d'une femme qu'il avait répudiée et qui avait épousé un autre homme. Au moment où le nouveau mari entrait dans le cabinet de sa femme, le premier mari, dans un état de délire, mit un terme à ses jours: il était assis parmi la compagnie. Il y a une vingtaine d'années, on a vu près de l'Ouadi Féiran, dans le désert de Sinaï, un autre exemple de la sensibilité des Bédouins. On y montre une montagne du haut de laquelle deux jeunes filles se précipitèrent après s'être attachées l'une à l'autre par les boucles de leurs cheveux. La

Une querelle survient-elle entre un homme et sa femme, comme chez les Bédouins rien ne se passe en dedans de portes fermées, le voisinage est bientôt instruit du sujet de la dispute, et prend parti d'un côté ou de l'autre. L'affaire devient sérieuse; l'éloquence et la loquacité de la femme, facultés qui ne sont pas l'apanage exclusif des Européennes, triomphent très souvent de la justice de la cause du mari. Ne pouvant supporter d'être traité avec dédain devant ses compagnons, et encore moins d'être tourné en ridicule et vaincu par la langue d'une femme, il lui arrive quelquefois, dans un moment d'irritation, de prononcer les mots : *ent taléka*, qui constituent le divorce, et ne peuvent être révoqués. Dans ces occasions, les témoins s'écrient : « c'est » bien fait ! maintenant nous nous apercevons que » tu es un homme ! » compliment qui bannit tout ce qui peut encore rester de jugement froid et rassis dans son esprit. Au lieu de blâmer cet acte de précipitation, les Bédouins le louent, en disant qu'un homme doit oublier ses sentimens particuliers pour se venger d'un tort qui lui a été fait publiquement; de tels accès de colère occasionent fréquemment des divorces. Quelquefois un Bédouin se marie pour le seul motif de passer agréablement quelques semaines avec sa nouvelle femme, qu'il renvoie quand ses désirs sont satisfaits; le véritable amour n'a

cause de cet acte de désespoir venait de ce que le soir même elles devaient être mariées à des hommes qu'elles n'aimaient pas. Le sommet de la montagne d'où elles s'élancèrent est encore appelé *Hadjar el Bena't* ou le rocher de la demoiselle.

rien à faire avec une telle conduite; mais on connait des exemples innombrables d'un homme et d'une femme qui sont restés fidèles l'un à l'autre pendant toute leur vie.

Afin d'affirmer une assertion plus fortement, on a l'usage, dans les villes et dans les déserts de l'Orient, d'employer cette expression : *aleï et talak* (je répudierai, c'est à dire ma femme). Si l'homme qui a proféré ces mots a tort, et s'il a véhémentement insisté sur cette déclaration, en présence de plusieurs témoins, la loi peut l'obliger à répudier immédiatement sa femme. Le chef des Wahhabites a employé toute son autorité pour rendre les divorces moins fréquens parmi les Arabes; il disgracie, à sa cour, l'homme qui a répudié sa femme, et il punit sévèrement quiconque prononce devant lui les mots : « *aleï et talak !* »

Il n'est pas ordinaire, mais il arrive quelquefois, qu'un Arabe, après une couple d'années, reprend la femme qu'il a répudiée, quoique, durant ce temps, elle ait peut-être eu plusieurs maris.

La polygamie est rare chez les Bédouins; les scheikhs riches sont seuls en état d'entretenir plusieurs ménages, conséquence nécessaire de la pluralité des femmes, parce que les deux épouses légitimes du même homme ne peuvent pas rester longtemps sous la même tente.

On peut dire qu'en Egypte, les filles des paysans sont vendues à l'enchère pour le mariage; ce qui occasione fréquemment les marchés les plus abjects et les plus barbares.

Dans le Hedjaz, de même que parmi les Arabes

de la mer Rouge, s'enfuir avec l'épouse d'un autre est un événement qui arrive rarement et qui entraine des châtimens trés rigoureux. Chez les derniers, si une fille s'échappe avec son amoureux, ce séducteur peut être tué légalement par les parens de sa belle, le jour même du rapt, et ils ne sont pas exposés à la peine de la vengeance du sang; mais ce jour passé, s'il devient leur victime, son sang retombe sur eux, et ils doivent en rendre compte.

Un Arabe Tiaha avait enlevé une femme mariée de sa tribu; il fut rattrapé, dans sa marche, par le frére de l'époux outragé, et reçut une blessure grave; néanmoins il guérit. L'affaire fut arrangée par arbitrage entre les parties adverses : il fut décidé que le séducteur paierait soixante chameaux, deux esclaves, l'un mâle, l'autre femelle; une fille libre en remplacement de celle qui s'était enfuie, et que le mari pourrait épouser cette fille sans payer son prix; un beau poignard et le dromadaire sur lequel le couple coupable était parti complétèrent le dédommagement. Les objets livrés comme dommages sont compris sous le terme de *gharréh* qui ne renferme pas l'argent monnayé. Le séducteur et ses parens, obligés de payer ces indemnités, furent complétement ruinés; ainsi la punition des liaisons criminelles n'est pas inconnue dans le désert. Si l'époux outragé tue le séducteur de sa femme, la loi des Bédouins l'exempte de la vengeance du sang ou des représailles des parens du défunt.

## *Enterrement.*

Les Arabes du Hedjaz, de la côte de la mer Rouge, du voisinage de la Syrie méridionale et de l'Égypte, ont, dans leurs territoires respectifs, des cimetières où ils portent les corps de leurs parens quand ils meurent dans les limites du canton ; il paraît que c'est une coutume ancienne. Ces cimetières sont généralement sur le sommet des montagnes ou à peu de distance, le même usage règne chez les Bédouins de Nubie.

J'ai vu, chez les anciennes tribus arabes de la Haute-Égypte, les parens d'un homme défunt danser devant sa maison, en tenant à la main des bâtons et des lances, et se démener comme des soldats furieux. La seule apparence de deuil dont je me souvienne est celle que j'ai observée chez des Arabes des tribus de Raouadjéh et de Dja'aferé en Égypte, dans le voisinage d'Esné. Quand quelqu'un meurt dans une famille, les femmes se teignent les mains et les pieds en bleu avec de l'indigo ; elles gardent huit jours ce signe de douleur, s'abstenant, pendant tout ce temps, de lait, et ne permettant pas qu'aucun vaisseau qui en contient soit apporté dans la maison, parce qu'elles disent que la blancheur de cette substance s'accorde mal avec le sombre et le noir de l'esprit.

Les Bédouins du Scherkiéh ou des provinces orientales du Delta enterrent, avec le défunt, son sabre, son turban et sa ceinture.

Le linge étant rare chez les Bédouins, on les inhume quelquefois enveloppés seulement d'un abba. Je connais un scheikh des Arabes O'mra'n sur le golfe oriental de la mer Rouge, qui craint tellement de n'être pas convenablement enterré, qu'il porte constamment avec lui, dans ses voyages, un linceul préparé pour lui-même.

## *Culte religieux.*

Les Bédouins de l'Arabie ont des idées très exactes de la divinité, mais sont peu attachés aux préceptes de leur religion ; les Wahhabites ont essayé vainement de les rendre plus orthodoxes. La crainte du châtiment a pu induire des tribus qui étaient sous le contrôle immédiat des Wahhabites à observer avec plus de régularité les formes de leur religion, mais c'était une obéissance forcée ; et aussitôt que la puissance des Wahhabites a diminué, en conséquence des attaques de Mohammed Aly, tous les Bédouins sont retombés dans leur ancienne indifférence religieuse. Tandis que beaucoup d'Arabes sédentaires du Nedjd et de l'Yemen adoptèrent avec enthousiasme les doctrines des Wahhabites, il n'y eut que très peu de Bédouins, et peut-être pas un seul, qui furent comptés parmi leurs prosélytes, bien que quelques uns adhérassent fidèlement au système de gouvernement établi par la secte nouvelle et fussent obligés de prendre une apparence de zèle et même de fanatisme, dans l'espoir de favoriser leur propre intérêt politique. Maintenant que, dans le Hedjaz, du moins, l'influence wahhabite est détruite pour le moment, les Bédouins affectent encore plus d'irrégularité qu'auparavant, et afin de prouver qu'ils ont entièrement renoncé aux principes des Wahhabites, ils ne prient jamais. Les Bédouins sont certainement le plus tolérant des peuples de l'Orient, néanmoins on s'abuserait grandement si on supposait qu'un chrétien reconnu, voyageant parmi eux, serait bien traité sans quelque moyen puissant de requérir leurs services; ils classent les chrétiens avec la race étrangère des Turcs qu'ils méprisent très cordialement. Les chrétiens et les Turcs sont également exposés à éprouver de la désobligeance, parce qu'ils ont également la peau blanche et la barbe longue, et parce que leurs usages semblent extraordinaires; on les regarde comme efféminés et comme bien moins robustes que le Bédouin au teint bronzé.

Tous les chrétiens qui ont adopté, au moins les mœurs, sinon la religion des Arabes, par exemple, les habitans de Salt, de Kerck et de l'Ouadi Mousa ainsi que les colporteurs chrétiens qui vont chez les A'nezé dans le désert de Syrie, sont sûrs d'être accueillis avec bonté par les Bédouins, tandis qu'ils sont réduits à une condition abjecte parmi les orgueilleux et fanatiques musulmans.

Les scheikhs bédouins qui ont des relations avec les capitales de gouvernemens voisins de leurs tribus se conforment à la prière toutes les fois qu'ils vont à la ville, afin qu'on les y respecte; mais les A'nezé d'un ordre inférieur ne prennent pas même cette peine, et prient très rarement, soit dans une ville, soit hors de son enceinte.

### *Gouvernement.*

Toutes les remarques précédemment faites sur le gouvernement bédouin sont entièrement applicables à chaque tribu que j'ai eu l'occasion de voir. Le scheikh n'a pas une autorité déterminée; il s'efforce de conserver son influence par les moyens que la richesse, les talens, le courage et la noblesse de la naissance lui donnent. Les différentes hordes de famille entre lesquelles sa tribu est subdivisée sont indépendantes l'une de l'autre; leurs chefs composent le conseil effectif de la tribu; le grand scheikh peut bien prendre sur lui de décider les questions d'une importance secondaire, mais quand des sujets qui touchent à l'intérêt général ou à l'avantage public doivent être discutés, l'avis de chaque personne distinguée de la tribu doit être connu. Il est certain que les scheikhs qui sont liés avec les gouverneurs des villes en Syrie, en Égypte ou en Hedjaz, tirent de ces relations des profits considérables; et ceux qui sont devenus tributaires ou dépendans de ces gouvernemens ont trouvé le moyen d'étendre leur autorité sur leurs tribus, à un tel point, qu'aucun Arabe ne s'opposera volontiers à leurs désirs, sachant que l'inimitié d'un tel scheikh peut intervenir dans les profits qu'il est à même de dériver des habitans des villes, principalement par le commerce de transport; néanmoins, dans ce cas même, le sckeikh manque des moyens de faire exécuter ses ordres, et l'expérience journalière lui apprend à respecter l'indépendance individuelle de ses Arabes. Il y a en Égypte des tribus sédentaires, bien que continuant à vivre sous des tentes, chez lesquelles le scheikh est autorisé à infliger des punitions corporelles; mais ces tribus ne peuvent être réellement classées avec celles des vrais Bédouins qui sont le sujet de mon livre. D'ailleurs, parmi ceux-ci, l'usage veut que lorsqu'une bande, avec son scheikh, va dans une ville voisine, ils lui témoignent une grande déférence, se montrant comme entièrement soumis à ses ordres : c'est afin que le gouverneur de la ville, avec lequel ils ont à traiter, conçoive une haute opinion du grand pouvoir du scheikh; opinion qui leur fait souvent accorder des conditions plus favorables que celles qu'ils pourraient obtenir autrement. Cette supercherie est d'autant plus facile à mettre en pratique, que les gouverneurs des villes sont généralement des Osmanlis ou Turcs ignorans, qui ne peuvent pas même s'imaginer qu'il existe un chef qui ne soit pas investi d'un pouvoir despotique; mais dès que la troupe est de retour dans le désert, on jette le masque, et le scheikh se confond de nouveau avec la foule, ne se hasardant pas même à gronder aucun de ses sujets, de crainte de s'exposer à ne recevoir pour réponse que des reproches et des injures.

Mohammed Aly a appris, par sa propre expérience, la vérité de ce que je viens de dire. Quand il eut fixé son quartier général à Taïf, à l'est de la

Mecque, il fut occupé pendant six mois à rassembler des chameaux pour effectuer le transport de ses vivres de Djidda dans l'intérieur, et à gagner à son parti les scheikhs des tribus voisines. Il distribua de grosses sommes d'argent parmi ces personnages, et à son grand étonnement, il trouva qu'ils ne jouissent pas, chez eux, du pouvoir absolu. Ils ne pouvaient pas faire marcher un seul chameau sans le consentement de son maître; ils ne pouvaient contraindre un seul Arabe à s'enrôler sous les bannières d'un chef étranger, également méprisé et détesté par les Bédouins. C'est pourquoi tous ses efforts furent inutiles, bien que plusieurs scheikhs, gagnés par ses présens, fussent disposés à le servir; ils prirent son argent, mais il ne fut possible de réunir, avec leurs chameaux, que les Arabes qui, par leur voisinage de la Mecque et de Taïf, étaient exposés aux attaques de la cavalerie du pacha et dont les principaux moyens de subsistance étaient tirés de ses greniers à Djidda et à la Mecque.

La dignité de scheikh, chez les Bédouins, étant inhérente à la même famille, quoique non héréditaire, et la famille de ce chef pouvant, par ce moyen, acquérir beaucoup d'influence et de pouvoir, les Wahhabites trouvèrent nécessaire de changer ceux de presque toutes les tribus qu'ils assujettirent à leur domination, bien convaincus qu'en laissant la puissance aux mains de la famille régnante, la tribu ne serait jamais sincèrement attachée à la nouvelle suprématie. En conséquence, ils transféraient ordinairement la qualité de scheikh à une personne d'une autre famille considérable, qui, comme on peut bien le supposer, entretenait une jalousie secrète contre le précédent scheikh, et était, par des motifs particuliers, inclinée à favoriser et fortifier leurs intérêts; cette politique leur réussit généralement, et ils l'adoptèrent universellement. Quand Mohammed Aly subjugua le Hedjaz, il rendit aux anciennes familles, et aux scheikhs déposés, les droits auxquels ils étaient accoutumés depuis long-temps, et créa ainsi une formidable opposition contre les Wahhabites.

Les Bédouins avaient jadis des kadhis dans le désert. Saoud, chef des Wahhabites, instruit de la partialité extrême et de l'injustice de leurs décisions, ainsi que de leur promptitude à accepter des présens, les supprima dans tous ses états, et les remplaça, chez les Bédouins, par des kadhis qu'il fit venir de Déraïeh; c'étaient des hommes très savans, payés avec l'argent du trésor public et reconnus, même par leurs ennemis, pour incorruptibles. Les tribus qui n'ont pas été soumises par les Wahhabites conservent encore leurs kadhis; par exemple, les Arabes du Sinaï en ont deux ou trois dans chaque tribu. S'il s'élève des disputes entre les particuliers, les décisions de trois kadhis peuvent être prises successivement, mais celle du dernier ne peut être annulée, et les deux parties doivent s'y conformer, si elles ne veulent pas que l'affaire devienne une querelle à terminer par la force ouverte et par un appel aux armes, parce que c'est toujours le sabre qui arrange définitivement les difficultés et les litiges; cependant on doit avouer que l'on n'a pas souvent recours à ce tribunal, quand les affaires civiles sont seules l'objet de la discussion.

Si deux parties adverses comparaissent devant un kadhi, elles doivent déposer devant lui toutes les armes qu'elles portent, afin de prouver qu'elles suspendent, pour le moment, leur droit de décider la querelle par un combat singulier.

L'emploi de kadhi est toujours inhérent à une famille; dans quelques tribus il est héréditaire, dans d'autres il ne l'est pas; si le kadhi est un lourdaud ou un butor, l'homme le plus habile ou le plus éloquent de la tribu devient kadhi de fait, et est choisi pour arbitre dans la plupart des différens.

Le procès pardevant le *mebesché*, espèce d'ordalie, semble être une institution particulière à la tribu des A'nezé; du moins je n'ai pas appris qu'elle existât chez les autres Bédouins que j'ai visités. Cependant on m'a dit que les Arabes Meteïr, qui demeurent entre Médine et le Nedjd, avaient autrefois le même usage, mais ils furent obligés de l'abandonner par l'ordre exprès du chef des Wahhabites. Le mebesché est entièrement inconnu dans le Hedjaz.

Prêter un serment quelconque est toujours une affaire de grande importance chez tous les Bédouins; il semblerait qu'ils attachent à un serment des conséquences d'un ordre surnaturel, et qu'ils croient que le Tout-Puissant éprouverait du ressentiment de ce que son nom aurait été employé à des usages mondains, quand même ç'aurait été de bonne foi. Un Bédouin, même pour défendre son droit, se laissera difficilement persuader de prêter serment devant un kadhi, ou devant le tombeau d'un scheikh ou d'un santon, comme on le leur demande quelquefois; il aimera mieux perdre une petite somme que de s'exposer aux conséquences redoutables d'un serment. Dans leurs relations habituelles entre eux, ils prononcent le nom de Dieu cent fois dans un jour; mais tant que le serment n'est pas requis solennellement, ils n'appréhendent aucun danger de cette coutume.

L'institution de l'*ouassi* ou tuteur n'est pas générale dans le désert; mais tous les Arabes du Nedjd l'observent.

### *Guerre.*

Les Bédouins qui vivent dans les cantons montagneux ont moins de chameaux et de chevaux que ceux des plaines, et par conséquent ne peuvent pas faire autant d'expéditions de pillage dans des contrées éloignées et sont bien moins belliqueux que les autres. D'ailleurs, la guerre de montagnes est sujette à beaucoup de difficultés et de dangers inconnus dans le pays ouvert; le butin ne peut pas être aisément emporté, et les recoins des montagnes sont rarement connus, sinon de leurs propres habitans. Néanmoins, il y a bien peu de tribus qui soient constamment dans un état de paix parfaite avec tous leurs voisins; en effet, je ne puis pas me souvenir maintenant qu'il en ait été ainsi d'aucune de celles que j'ai connues et qui sont très nombreuses. Celles du Sinaï étaient, en 1816, en paix avec tous les Arabes des environs, excepté les Souaraka, tribu demeurant entre Gaza et Hébron.

Je puis confirmer ici ce qui a été dit du caractère martial des Bédouins, de leur lâcheté quand ils combattent seulement pour le butin, et de leur bravoure quand ils repoussent un ennemi public. Ils ont donné des preuves répétées de ce courage dans leurs guerres du Hedjaz avec les Turcs, qu'ils défaisaient dans chaque combat; car la grande bataille de Bisel, en janvier 1815, ne fut gagnée que par les stratagêmes de Mohammed Aly pacha. J'ai raconté ailleurs que des rangs entiers de Bédouins, attachés ensemble par les jambes, furent trouvés égorgés après cette bataille; avant de quitter leurs foyers, ils avaient juré à leurs femmes qu'ils ne fuiraient jamais devant un Turc. Il serait aisé de citer des exemples de valeur personnelle chez les Bédouins, mais ces faits isolés ne forment pas un corps d'argumens suffisant pour en conclure le caractère de toute une nation; quiconque a connu les Bédouins dans leurs déserts doit être parfaitement convaincu qu'ils sont capables d'actions dénotant un courage exalté, et de beaucoup plus de résolution soutenue et de persévérance froide, dans les cas de dangers, que leurs ennemis les Turcs.

Durant mon séjour dans le Hedjaz, le guerrier le plus renommé dans les contrées méridionales de l'Arabie était Schahher, de la tribu des Kahtan. Un jour il mit en déroute un détachement de trente cavaliers du parti du schérif Ghaleb qui avaient envahi le territoire de ses Arabes. Ghaleb, homme très brave, dit, dans cette occasion : « Depuis le temps » de *l'épée de Dieu* (c'est un des surnoms d'Aly), » on n'a pas connu en Arabie de bras plus fort que » celui de Schahher. » Une autre fois, le schérif Hamoud, gouverneur de la côte de l'Yemen, fut repoussé avec son escorte, de quatre-vingts cavaliers, par Schahher seul.

El Djerba ou Beneï, scheikh des Beni Schammar en Mésopotamie, a aussi obtenu une grande célébrité pour ses prouesses de courage. Lorsque les troupes du pacha de Bagdhad furent défaites, en 1809, par les Arabes Raoualla, Beneï et son cousin Abou Farés couvrirent leur retraite; ces deux cavaliers combattirent seuls contre une multitude de cavalerie ennemie. Dans le désert, il ne faut chercher la bravoure que parmi les chefs, qui se distinguent autant par leur valeur que par l'influence dont ils jouissent.

Une circonstance contribue beaucoup à favoriser la chance d'un général étranger, dans ses contentions avec les Bédouins (1). Ils sont peu accoutumés aux batailles dans lesquelles il y a beaucoup de sang répandu; quand dix ou quinze hommes périssent dans une escarmouche, cette circonstance est racontée, pendant plusieurs années, par les deux partis, comme un événement d'une grande importance;

(1) Mais ceci ne doit pas le flatter de l'espérance de les réduire à une sujétion complète; et si on demande ce qui peut induire un chef étranger à essayer une conquête semblable, on peut répondre par cette citation tirée d'une lettre d'Abdallah Ibn Saoud au grand seigneur: « L'envie n'épargne pas même ceux qui habitent de mi» sérables cabanes dans le désert et sur des montagnes stériles. »

c'est pourquoi, si dans une bataille contre des troupes étrangères plusieurs centaines de guerriers sont tués au premier choc, et si quelques uns des principaux de ceux-ci sont au nombre de ceux qui sont restés sur le champ de bataille, les Bédouins éprouvent un tel découragement qu'ils songent à peine à continuer la résistance; tandis qu'une bien plus grande perte causée par leurs ennemis ne peut pas produire une impression semblable sur des soldats mercenaires. Cependant les Arabes mêmes n'y seraient accessibles qu'au commencement d'une lutte difficile et rude, et sans doute ils s'accoutumeraient bientôt à supporter, pour soutenir leur indépendance, des désastres plus grands que ceux qu'ils souffrent ordinairement dans leurs petites guerres pour des puits ou des pâturages. Les Asir, qui furent opposés à Mohammed Aly, à la journée de Bisel, en offrent un exemple frappant : après avoir perdu quinze cents guerriers dans cette bataille, d'où leur chef Tami ne s'échappa qu'avec cinq hommes, ils recouvrèrent assez de force, une quarantaine de jours après, pour affronter les Turcs dans un autre combat, moins sanguinaire, mais mieux disputé que le premier : il se termina, après une lutte de deux jours, par la défaite, et bientôt après par la prise de Tami.

Quand une tribu entreprend une expédition, les troupes sont commandées par un *akid*. Je n'avais pas une idée exacte du rang et du pouvoir de ce chef, et j'avais en partie négligé d'en parler quand je composai ma première notice des Bédouins. C'est un fait remarquable dans l'histoire et la politique de ce peuple, que, durant une campagne militaire, l'autorité du scheikh est complétement mise de côté, et que les soldats sont entièrement sous les ordres de l'akid. Chaque tribu en a un, et rarement cette charge et celle de scheikh sont réunies dans la même personne, je n'en connais pas d'exemple; néanmoins, des Arabes m'ont dit qu'ils avaient vu, chez les Bédouins de Basra, un scheikh remplissant les fonctions d'akid. Elles sont héréditaires dans une certaine famille, de pére en fils; et les Arabes se soumettent aux ordres d'un akid, qui leur est connu pour manquer de bravoure et de jugement, plutôt que d'obéir, durant une expédition, au commandement de leur scheikh, parce qu'ils disent que les entreprises dirigées par ceux-ci n'ont jamais de succès.

Si le scheikh se joint à l'armée, il est temporairement subordonné à l'akid; les fonctions de celui-ci cessent quand les soldats rentrent dans leurs foyers; alors le scheikh reprend son autorité. Toutes les tribus de Bédouins, sans exception, ont leur akid. Le même homme, dans quelques occasions, exerce cet emploi chez deux tribus voisines, si elles sont peu nombreuses et intimement alliées. Ainsi, parmi les Arabes du mont Sinaï, la famille d'Oulad Saïd est en possession de cet office pour toutes les tribus de la péninsule. La personne, et encore plus la charge de l'akid, sont considérées avec respect; il est regardé par les Arabes comme une espèce d'augure ou de saint; souvent il décide les opérations de la guerre par ses songes, ses visions ou ses prédictions; il annonce aussi les jours heureux pour l'attaque, et désigne les autres jours qui seraient malheureux.

Lorsque l'akid a de l'incertitude relativement aux mesures qui devraient être adoptées contre l'ennemi, il consulte, s'il le juge à propos, les principaux personnages de son armée; néanmoins les Arabes ne refusent jamais de le suivre, quand même il agirait entièrement d'après son propre jugement.

Ils croient que même un enfant de l'ancienne famille de l'akid peut être un chef convenable, parce qu'ils supposent qu'il se conduit d'après une sorte d'inspiration divine. On raconte que dans la tribu des Beni Lam, du Nedjd, il ne restait d'autre individu du sexe masculin, dans la famille de leurs akid, qu'un jeune orphelin qui demeurait avec sa sœur aînée. Faute d'un akid régulier et véritable, la tribu avait été commandée, dans plusieurs occasions, par le scheikh, et les événemens de la guerre avaient toujours été malheureux pour elle. Après de nombreuses défaites, les Arabes pensèrent unanimement que sans leur akid réel, ils ne seraient jamais heureux; il fut, en conséquence, résolu que l'on constaterait si l'enfant, auquel l'office appartenait par droit d'hérédité, était déjà en état de commander la tribu dans une expédition militaire; ils dirent donc à sa sœur de préparer un chameau, et de le monter, en invitant son frère à s'asseoir derrière elle, afin qu'il pût joindre les troupes qui étaient alors sur le point de se mettre en marche. S'il eût consenti à se placer derrière sa sœur, les Arabes auraient jugé qu'il n'était ni assez âgé, ni assez déterminé pour prendre le commandement. Quand sa sœur le pria de prendre sa place, comme on le lui avait suggéré, le petit garçon voulut la battre, et s'écria avec indignation : « Suis-je un esclave? faut-il » que je m'asseie derrière une femme ? Non, tu dois » monter derrière moi. » Les Arabes reçurent cette exclamation comme un présage favorable; ils suivirent l'enfant au combat ; la sœur, assise derrière son frère, guidait le chameau ; l'expédition fut couronnée d'un plein succès.

Le lot de l'akid dans le butin n'est pas le même chez toutes les tribus; quelquefois il a deux parts, quelquefois trois ; sa part est égale à celle des autres Arabes quand le scheikh marche avec la troupe. J'ai déjà noté qu'on trouve l'akid chez chaque tribu de l'Arabie; même en Nubie, les Bédouins Ababdé et Dja'aleïn ont gardé cette ancienne institution de leurs ancêtres. Ainsi, par exemple, dans la grande tribu des Fedha'an, qui fait partie des A'nezé, le grand scheikh est Dhouï ibn Ghobeïn, et l'akid Hedjirés ibn Ghasel dans la famille duquel cet emploi reste constamment. Chez les Aoulad Aly, autre tribu des A'nezé, le scheikh est Ismeïr, et l'akid El Taïar.

Si l'akid est un homme d'une bravoure et d'une sagacité remarquables, il conserve une grande influence sur les affaires de sa tribu, même en temps de paix, sa voix n'équivaut pourtant pas à celle du scheikh; mais il est consulté sur les sujets embrouillés et dans les circonstances difficiles, et on a beaucoup de déférence pour son opinion ; mais sous ce rapport, il n'a aucun avantage sur les autres Arabes de sa tribu, qui réunissent également la vaillance et la pénétration.

Si un Arabe, accompagné seulement de ses parens, a été chanceux dans beaucoup d'excursions de pillage contre l'ennemi, d'autres compagnons se joignent à lui, et si ses succès continuent, il obtient la réputation d'être heureux, et il établit ainsi, dans la tribu, une sorte de second *akidat* inférieur. Il est possible d'en tirer un parti avantageux dans des expéditions partielles, mais quand toute la tribu se met en marche, l'akid véritable et régulier doit conduire l'entreprise.

L'akid n'a pas plus de pouvoir coercitif que le scheikh sur ses Arabes; tous ont la liberté entière de se joindre à lui, ou d'agir par eux-mêmes; mais lorsqu'une fois ils se sont ralliés à lui, ils doivent se soumettre à ses ordres, ou autrement s'attendre à être congédiés, comme ne méritant pas de faire partie de sa troupe; dans ce cas, ils perdent tout droit à une portion du butin qui peut être pris par l'armée entière.

La création de l'akid doit sans doute son origine à la sage politique de ce législateur, qui établit des réglemens pour les sauvages pasteurs de l'Arabie. Il voulut, par cette institution, prévenir tout accroissement exorbitant de pouvoir dans la personne du chef de la tribu. En lui interdisant de prendre le commandement de ses Arabes en temps de guerre, il opposa des difficultés réelles au désir qu'il pourrait avoir de commettre des hostilités uniquement par des motifs particuliers, et l'empêcha efficacement d'exercer une influence indue dans le partage du butin, ce qui serait très probablement arrivé si, comme chef militaire, il avait eu l'occasion d'augmenter sa propre richesse à un degré disproportionné avec celle de ses Arabes, car cette fortune aurait pu, par la suite des temps, lui suggérer la pensée et lui fournir les moyens de s'emparer du pouvoir arbitraire.

Nous avons vu, dans l'histoire de diverses nations de l'occident, que, quand les souverains se mettent à la tête de leurs armées, leurs sujets ont raison de déplorer, par la perte de plusieurs de leurs droits, l'héroïsme de leurs monarques. Cependant ces notions de saine politique ne frappent pas l'esprit grossier d'un Bédouin. Il ne peut concevoir que l'akid soit un contre-poids salutaire à l'autorité du scheikh, parce qu'il ne peut pas même s'imaginer, que tant que sa jument sera capable de le porter, et tant que son bras aura la force de manier une lance, aucune tentative de le réduire en esclavage ou même de le priver du moindre de ses droits puisse être essayée avec succès. Les Bédouins respectent l'akid comme une espèce de chef inspiré du ciel dans leurs guerres; et à la paix ils rentrent sous l'obéissance de leur scheikh avec la même indifférence hardie, et la même conscience d'indépendance que ressentaient les Romains, lorsqu'aux belles époques de leur histoire, ils confiaient la république aux soins de leurs consuls et quelquefois à la volonté d'un dictateur.

Le chef des Wahhabites a laissé cette institution en pleine vigueur dans ses États : il l'a même employée pour favoriser ses propres desseins; ayant assemblé, à Déraïch, plusieurs akid des tribus sur l'obéissance desquelles il ne pouvait pas compter, il paralysa ainsi, d'un côté, les efforts qu'elles pourraient faire pour secouer son joug, et augmenta, de l'autre, sa puissance, parce que lorsqu'il y a tant d'akid réunis, on suppose que les opérations réussiront toujours.

Indépendamment de l'akid, quelques tribus, en partant pour une expédition, choisissent un de leurs hommes des plus respectables, auquel elles donnent le titre de *késil*. Son devoir est d'arranger toutes les disputes qui s'élèvent sur le partage du butin, et de veiller à ce qu'aucune portion de la masse commune ne soit soustraite par les individus; il a droit à la même part que l'akid. Le késil ne se trouve pas dans beaucoup de tribus; cet office existe toujours chez les Djeheïné du Hedjaz.

L'attaque nocturne d'un camp est très fréquente dans le Hedjaz, quoique les A'nezé la regardent comme honteuse. Afin de surprendre une tribu, l'ennemi dispose toujours sa marche de manière à pouvoir tomber sur le lieu qu'il veut assaillir, à peu près une heure avant la première aurore, quand il est sûr de trouver tout le monde endormi. Les Bédouins n'ont aucune idée des sentinelles de nuit, quelque nécessaire que puisse paraître cette précaution dans leur manière de vivre et de faire la guerre; s'ils craignent une attaque immédiate, tous les hommes du camp, ou tous les hommes d'une expédition, restent ensemble à faire le gué près du feu, pendant toute la nuit. Les chefs wahhabites, avec cette prévoyance et cette prudence qui se manifestent dans toutes leurs démarches, placent des sentinelles quand les troupes sont en marche. La personne qui, en 1815, fut envoyée par Tousoun pacha pour négocier avec Abdallah ibn Saoud, me raconta qu'elle avait rencontré des factionnaires isolés suivis de renforts de gardes, et de petits détachemens, à deux milles de distance du camp de ce chef; l'escorte wahhabite, qui l'accompagnait, donna le mot d'ordre à chaque sentinelle placée sur la route; celui de cette nuit-là était *nassir* (victoire). Le camp turc, éloigné seulement de six heures de marche, était exposé aux attaques soudaines; car, malgré leurs fréquentes guerres avec les Européens, les chefs Osmanlis et même Mohammed Aly n'ont pas encore appris à prendre cette précaution importante et nécessaire, contre un ennemi actif et entreprenant.

Lorsque les camps sont pillés soit de jour, soit de nuit, les femmes sont généralement traitées avec respect; du moins leur honneur reste toujours intact; jamais je n'ai entendu citer un seul exemple du contraire. Quelquefois, dans le cas d'hostilité invétérée, elles sont dépouillées de leurs ornemens, que les pillards les obligent à ôter elles-mêmes. C'est l'usage invariable des Wahhabites, quand ils s'emparent d'un camp ennemi; ils ordonnent aux femmes de se défaire des vêtemens ou des joyaux de prix dont elles sont couvertes; et pendant ce temps-là, ils se tiennent le dos tourné, à une certaine distance d'elles. Dans une escarmouche entre les Arabes Ma'azi et ceux du Sinaï, en 1813, les premiers blessèrent, accidentellement, une femme des derniers; cependant elle ne tarda pas à guérir. L'année suivante, les Arabes du Sinaï firent une incursion sur le territoire des Ma'azi, surprirent un camp près de Cosseïr, et tuèrent une dizaine d'hommes;

ils étaient sur le point de se retirer, lorsque l'un d'eux se souvint de la blessure faite, un an auparavant, à une de leurs femmes; en conséquence, il se retourna contre celles des Ma'azi qui étaient assises devant leurs tentes et pleuraient; il en blessa une avec son sabre, afin de venger le sang de sa compatriote. Ses compagnons, bien qu'ils applaudissent à ce qu'il avait fait, avouèrent qu'ils n'aimeraient pas à imiter son exemple; c'est la seule circonstance de ce genre qui m'ait jamais été citée.

Les Bédouins du Sinaï ont une coutume particulière en commençant une grande expédition contre l'ennemi : s'ils se rassemblent au premier rendez-vous indiqué, et avec l'akid à leur tête, ils entassent une quantité de pierres les unes sur les autres, lui donnant grossièrement la forme d'un chameau accroupi; ensuite ils récitent le *Fatéha* ou chapitre d'introduction du Koran, en se tenant autour de ce simulaire, puis, au commandement de l'akid, ils se précipitent tous à la fois vers leurs chameaux, sur lesquels ils montent à la hâte, et partent au galop sans regarder derrière eux, jusqu'à ce qu'ils soient parvenus à une distance considérable. Je n'ai pas pu apprendre le sens précis de cet usage que les Bédouins regardent comme une sorte d'incantation mystique.

Quand deux troupes hostiles de cavaliers bédouins se rencontrent, et reconnaissent de loin qu'elles sont égales en nombre, elles font halte vis à vis l'une de l'autre, hors de la portée du fusil; le combat commence par des escarmouches entre deux hommes. Un cavalier, se détachant de son parti, galope vers l'ennemi, en s'écriant : « O cavaliers! ô cavaliers! » qu'un tel vienne à moi. » Si l'adversaire qu'il a défié est présent, et ne craint pas de se mesurer avec lui, il s'avance au galop vers son antagoniste; s'il est absent, ses amis répondent qu'il n'est pas avec eux. Le cavalier défié s'écrie à son tour : « Et toi, » sur la jument grise, qui es-tu? » L'autre répond : « Je suis *** fils de ***. » Ayant ainsi fait connaissance l'un avec l'autre, ces Bédouins commencent à combattre; aucun des assistans ne prend part à cette lutte; le faire serait réputé commettre un acte de perfidie; mais si l'un des combattans vient à tourner le dos et à fuir vers ses amis, ceux-ci se hâtent d'accourir à son aide et de repousser le cavalier qui le poursuit, et qui, à son tour, est protégé par ses amis. Après plusieurs autres combats singuliers du même genre, entre les meilleurs guerriers de chaque troupe, toutes les deux en viennent aux mains. Si dans une bataille un Arabe rencontre dans les rangs ennemis un ami personnel, il tourne sa jument d'un côté différent et s'écrie : « Retire-toi! que ton sang » ne retombe pas sur moi! »

Si un cavalier ne se sent pas enclin à accepter le défi d'un adversaire, et préfère de rester dans les rangs de ses amis, le provocateur se moque de lui en lui adressant des bravades et des reproches; et durant le reste de sa vie ne cesse de répéter, pour se vanter, qu'un tel n'a pas osé se mesurer avec un tel, dans un combat singulier.

Si la mêlée a lieu dans un pays uni, le parti vainqueur poursuit les fugitifs au galop pendant trois, quatre et même cinq heures de suite; on cite même des exemples de poursuites continuées pendant une journée entière. Ce ne serait pas possible avec une autre race de chevaux que ceux des Bédouins, et c'est sous ce rapport que le Bédouin vante sa jument non pas tant pour sa vitesse que pour sa vigueur infatigable.

C'est une loi universelle parmi les Arabes, que si en temps de guerre, ou dans des cantons suspects, une troupe en rencontre une autre dans le désert, sans savoir si elle est amie ou ennemie, ceux qui se croient les plus forts doivent attaquer les autres; et quelquefois il y a du sang répandu, avant que l'on ait reconnu que les deux partis sont amis; ce n'est pas ce qui arrive dans les états des Wahhabites, où une troupe qui est forte doit passer devant une faible sans s'aviser de l'inquiéter.

La manière de combattre des Bédouins est très ancienne. Les batailles décrites dans les deux meilleurs romans héroïques, l'*histoire d'Antar*, et l'*histoire de la tribu de Beni Hélal*, consistent principalement en combats singuliers semblables à ceux dont j'ai parlé précédemment. Cela est plus conforme au caractère des Bédouins, qui sont toujours curieux de savoir par qui un homme a été tué, circonstance qui dans une mêlée ne peut pas être constatée facilement.

Si pendant que deux tribus de Bédouins voisines sont en guerre l'une avec l'autre, une troisième tribu étrangère survient dans l'intervalle pour prendre possession du territoire ou des puits de l'une d'elles, celles-ci concluent la paix soudainement, et s'unissent contre l'usurpateur étranger. Alors la tribu attaquée s'adresse à quelqu'une de celles du voisinage en lui disant : « Nous vous demandons le prêt d'un » jour (c'est à dire son aide pour le combat pen» dant un jour), et nous vous le rendrons quand vous » réclamerez de nous un service du même genre. » Une affaire de cette sorte arriva au printemps et dans l'été de 1812, époque où des contestations sérieuses eurent lieu dans le désert de Syrie, à l'est de Homs, entre les tribus des Ahséné d'un côté, et celles des Fehda'an et des Séba'a de l'autre. Les deux dernières avaient, pendant plusieurs années, essayé de s'emparer des pâturages de ces plaines, et du tribut que les villages des frontières de Syrie paient aux Bédouins. Mebhana el Melkem, chef des Ahséné, serré de près par le nombre supérieur de ses ennemis, demanda du secours aux Djela, puissante tribu du Nedjd, qui n'a été connue dans les déserts de Syrie que depuis très peu de temps; il leur offrit une part dans le tribut, pourvu qu'ils coopérassent à ses efforts contre les Fehda'an. Durant vingt jours de suite, les armées combinées combattirent dans des escarmouches constantes; elles n'étaient campées qu'à quelques heures de distance l'une de l'autre. Sahhan, fils de Déraïé, l'un des principaux scheikhs des Djela, était allé dans le Hedjaz pour combattre sous les bannières d'Abdallah ibn Saoud contre Mohammed Aly pacha. De là, il courut dans le Nedjd, et ces sortes d'expéditions étant regardées par les Bédouins comme des parties de plaisir, il revint en Syrie avec ses quarante cavaliers, justement assez à temps pour prendre part aux combats dont je viens de parler.

Les Fedha'an, craignant d'être accablés par le nombre, demandèrent du secours à Djerba, scheikh des Beni Schammar de la Mésopotamie, avec lesquels ils étaient alors en guerre ; ils lui offrirent des conditions de paix et le prièrent de se joindre à eux contre les Djela, qui, disaient-ils, étaient une tribu étrangère, bien qu'elle fît partie des A'nezé, et qui n'avaient aucun droit légitime à faire pâturer leur bétail sur les frontières de la Syrie. Djerba consentit immédiatement aux offres de paix, et marcha avec quinze cents cavaliers au secours des Fedha'an. Il fut repoussé par les Djela, et bientôt après les Fedha'an furent contraints d'abandonner la Syrie et de se retirer de nouveau dans le Nedjd. Maintenant les Beni Schammar disent aux Fedha'an : « Vous nous devez un jour. »

Les bannières de combat, nommées *merkeb* et *otfa*, sont inconnues dans le Hedjaz ; je crois qu'elles ne sont en usage que chez les A'nezé.

Dans la délibération sur la conclusion de la paix, un akid n'a le droit, comme tout autre membre de sa tribu, que de donner sa voix. La condition « de creuser et d'enterrer » est générale dans tout le désert, et est expressément stipulée quand les tribus ont un désir sincère d'en venir à un accommodement final. Les Arabes qui ne sont pas contens de cette clause, parce que plusieurs de leurs parens ont peut-être été tués dans les combats, quittent leur tribu, et s'établissent, pendant un certain temps, dans une autre ; ils ont la liberté de chercher à se venger, ce qu'ils ne peuvent faire, si celle à laquelle ils appartiennent a une fois annulé le droit de demander cette satisfaction. En général, j'ai trouvé peu de tribus où il n'y eût pas quelques-uns de ces ennemis implacables dont la soif de vengeance existe même après la déclaration de la paix, quand les relations les plus amicales ont été renouées entre les autres individus des deux peuples.

## Vengeance du sang.

Les lois fondamentales de la vengeance du sang sont les mêmes, sans aucune exception, dans tout le désert d'Arabie. Le droit de l'exercer existe partout dans les limites du *khomsé*. Les tribus arabes qui vivent dans des pays étrangers ont invariablement apporté cette institution avec elles. Nous la retrouvons chez les Bédouins de Libye, et tout le long des rives du Nil jusque dans le Sennaar; partout où de vrais Arabes se sont établis, subsiste une loi d'après laquelle le sang doit être racheté par le sang, ou par une amende considérable, si la famille de la personne tuée ou blessée consent à cette commutation. Les Bédouins ont rendu cet usage indépendant de l'administration publique de la justice, et ont remis la vengeance du sang aux mains des parens ou des amis de la victime; persuadés qu'une sentence judiciaire ne satisferait pas une personne qui avait été blessée et offensée si sérieusement en particulier, et à qui la loi de la nature donnait le droit de se venger. Le système de la communauté politique des Arabes empêcherait que des représailles entre des particuliers ne fissent naître des troubles publics; chaque horde prendrait sous sa protection tous ceux de ses membres qui seraient poursuivis à leur tour, et la famille que, dans un état social encore grossier, toutes les lois qui la suivent [illegible] nise. Chaque personne a conséquemment le droit de tirer de son prochain satisfaction d'une injure. L'Arabe regarde cette vengeance du sang comme un de ses droits et de ses devoirs les plus sacrés. Aucune considération humaine ne pourrait l'engager à y renoncer. Même chez la race avilie et dégradée des paysans égyptiens, tremblants sous la verge de fer de Mohammed Aly, un fellah plonge son poignard dans le cœur de l'homme qui a assassiné son frère, quoiqu'il sache que lui-même périra à son tour pour cette action, puisque le pacha emploie tous les moyens qui sont en son pouvoir pour étouffer la moindre étincelle de sentiment d'indépendance qui pourrait encore exister chez ses sujets.

Plus une tribu est forte et indépendante, plus elle est éloignée des provinces cultivées, plus les hommes qui la composent sont fiers, et moins ils sont disposés à commuer les droits du *thar* en une amende. Dans tout le désert, les grands Aeneze regardent comme un acte honteux un compromis quelconque pour le sang de leurs parens; mais quand la tribu est pauvre et infectée de l'esprit mesquin des colons voisins établis dans les cantons cultivés, l'amende ou le *dïeh* est acceptée fréquemment. Renoncer au droit de vengeance personnelle, ainsi qu'à celui de cette amende, est une chose dont il leur est impossible de se faire une idée; et les Arabes ont ce proverbe : « Quand même le feu de l'enfer deviendrait mon partage, je n'abandonnerais pas le *thar*. »

L'amende du sang varie dans presque toutes les tribus. Chez les Beni Harb, dans le Hedjaz, elle est de huit cents piastres fortes. La même somme a été fixée par le chef wahhabite, conformément à la règle prescrite, du temps de Mahomet, quand Abou bekr déclara que le prix du sang d'un homme libre serait de cent chamelles. Saoud avait estimé chacun de ces animaux à huit piastres d'Espagne, ce qui faisait la somme de huit cents de ces piastres. Il a usé de tout son pouvoir pour engager les Arabes de ses États à renoncer à ce droit de vengeance personnelle établi depuis si long-temps, et à accepter une amende en remplacement : rarement il a pu réussir à l'emporter sur leurs préjugés invétérés, et les Bédouins voient de très mauvais œil ses tentations pour abroger une loi qu'ils regardent comme sacrée.

Lorsqu'un Arabe est entré en compromis avec la famille à laquelle il doit le sang, il s'adresse à ses parens et à ses amis, et leur demande des dons en brebis et en agneaux, afin de se trouver en état de compléter la somme exigée. Chez quelques tribus il existe un usage, c'est que toutes les personnes comprises dans le khomsé, et par conséquent sujettes à souffrir de la dette du sang, doivent contribuer proportionnellement pour leur part, dans le cas où un paiement d'un autre genre n'est pas accepté; mais ce n'est pas une règle générale, et dans beaucoup de tribus le dammaoui doit compléter la somme lui-même avec ses frères et son père seulement.

Au contraire, chez les tribus où les contributions ont lieu, les Arabes montrent une grande libéralité quand l'homme qui réclame leur aide est l'objet de l'affection de tous. Les dons viennent si abondamment de tous les côtés, qu'il est en état non seulement de compléter la somme demandée, mais souvent est enrichi par le surplus, qui, la dette payée, lui reste comme sa propriété. Dans ces occasions, ils vont aussi solliciter les secours de leurs amis appartenant à des tribus étrangères; rarement ils éprouvent un refus. On s'attend à une réciprocité de bienveillance dans un cas de besoin, et il n'y a pas de circonstance dans laquelle les Bédouins manifestent plus évidemment l'affection qu'ils ont les uns pour les autres, comme membres d'une grande nation, que lorsqu'ils sont ainsi appelés à fournir de ces sortes de contributions. On peut, en effet, les considérer, dans ces occurrences, comme des associés appartenant à une immense compagnie, aux bénéfices et aux pertes de laquelle chaque individu est plus ou moins intéressé.

La même demande de secours est faite quand le bétail d'un Arabe a été enlevé par l'ennemi. Ses amis n'hésitent jamais à contribuer pour le couvrir de sa perte, quoique ce soit avec moins de libéralité que dans les cas dont je viens de parler, lorsque, indépendamment de leur amitié pour celui qui a souffert le dommage, ils sont mus par un sentiment national, parce qu'une tribu se regarde comme honorée de compter dans son sein des hommes qui ont tué des ennemis, et qu'on peut par conséquent supposer braves. Si le scheikh d'une tribu perdait, par l'attaque d'un ennemi, tout ce qu'il possède, tous ses Arabes s'empresseraient de le secourir; et, s'il est aimé, ils lui ont bientôt fait retrouver la totalité du bétail dont il avait été privé.

Quand une compensation du sang doit être effectuée parmi les Arabes du Sinaï, les parens du dammaoui fixent un lieu où l'on se rassemblera avec la famille de l'homme qui a été tué, afin que l'on puisse conclure un arrangement; les amis de ce dernier ayant préalablement consenti à la réunion. Au temps déterminé, les deux partis arrivent au lieu du rendez-vous avec leurs femmes, leurs enfans et tous leurs autres parens; ils y passent plusieurs jours à se régaler, et tous les hôtes qui surviennent sont traités avec une grande hospitalité. Alors ceux à qui le prix du sang est dû exposent leurs réclamations. Comme il n'existe pas de *diéï*, ou d'amende fixée chez ces Arabes du Sinaï, non plus que chez plusieurs autres tribus, la somme demandée d'abord est exorbitante; mais toutes les personnes présentes s'accordent pour solliciter une diminution. Par exemple, une femme se présente devant le plus proche parent du défunt et le conjure, par la tête de son propre enfant, d'accorder à sa considération une réduction de deux à trois piastres fortes. Ensuite un respectable scheikh déclare qu'il ne prendra aucune nourriture avant que, par égard pour lui, on ne fasse déduction d'un chameau; et, de cette manière, tous les assistans pressent de leurs instances l'homme qui réclame la vengeance du sang. D'abord il prend un ton très haut, néanmoins il se laisse fléchir, et pour se montrer généreux il fait graduellement remise d'une piastre après l'autre, jusqu'à ce qu'enfin on énonce une somme que tous les partis s'accordent à regarder comme un juste équivalent; elle est payée par portion, de mois en mois, et toujours ponctuellement acquittée. Chez ces Arabes du Sinaï, vingt ou trente chameaux suffisent généralement pour arranger une affaire. Dans ces occasions, ils donnent également en paiement quelques uns des dattiers qui abondent dans les vallées de cette presqu'île occupée par les Bédouins.

Quelquefois on peut convenir d'accepter pour le sang une amende comparativement faible; mais, dans ce cas, le débiteur, c'est à dire le meurtrier, doit reconnaître que lui et sa famille sont *hhasnaï* ou personnes dans un état d'obligation envers celles qui représentent l'autre; déclaration qui flatte l'orgueil d'un parti autant qu'elle mortifie l'autre, et par conséquent se fait peu souvent, bien qu'elle n'entraîne aucune autre conséquence, car ce n'est réellement qu'une obligation nominale. Si elle est adoptée, elle reste à jamais dans les deux familles. Les Arabes O'mrân et Heïouat observent cette coutume.

Les Aoulad-Ali, puissante tribu de Bédouins de Libye, qui habitent le désert entre le Fayoum et Alexandrie, se sont fait une règle de ne jamais recevoir le prix du sang, à moins que l'homicide, ou son plus proche parent, ne bravât le danger de s'introduire dans la tente de la victime et de dire alors à sa famille : « Me voici, tuez-moi, ou acceptez la rançon. » Le plus proche parent peut se comporter comme il lui plaît, parce que l'étranger a volontairement renoncé au droit de dakheïl regardé comme aussi sacré par tous les Bédouins de

Libye que par ceux d'Arabie. L'homme qui se livre de cette manière est appelé *màstathèneb*. Si l'ennemi le rencontre avant qu'il atteigne la tente, une attaque en est presque toujours le résultat. S'il entre dans la tente, une rançon est ordinairement acceptée; mais on voit quelquefois des exemples du contraire.

Les deux tribus des O'mràn et des Heïouat se conduisent d'après une règle qui forme une exception au système général des Bédouins, suivant lequel la vengeance du sang ne s'étend pas au delà du *khomsé*. Lorsque quelqu'un des leurs est tué par une main inconnue, mais appartenant à une tribu connue, ils pensent qu'ils sont justifiés à user de représailles sur toute personne quelconque de cette tribu, n'importe qu'elle soit innocente ou coupable; et, si l'affaire est ajustée, toute la tribu contribue à composer l'amende, et chaque tente paie en proportion de sa richesse. C'est par cette raison que les Arabes ont coutume de dire : « Les O'mràn et les Heïouat frappent de côté, » usage que leurs voisins redoutent beaucoup.

Dans plusieurs autres tribus, le sang de ceux qui tombent frappés par une main inconnue est demandé au scheikh, qui paie l'amende, à laquelle ses Arabes contribuent. Mais cette coutume n'est nullement générale; et, chez les belliqueuses tribus de l'est, quiconque périt par une main inconnue ne peut être vengé par un procédé légal, quoique les Bédouins disent que deux tribus ne pourront jamais être ensemble sur le pied d'une amitié sincère tant qu'elles sauront qu'il reste entre elles du sang qui n'est pas vengé.

Les Arabes ont une si haute idée de la solennité et de la sainteté d'un serment, que lorsqu'un homme est même faussement soupçonné d'en avoir tué un autre, et que les parens de la victime proposent à cet accusé de prêter un serment, ce qui, s'il y consentait, le laverait de l'imputation qui est à sa charge, il consent quelquefois à payer l'amende plutôt que de jurer. Quelle que puisse être la conséquence d'un serment prêté, en avoir fait un solennel est toujours considéré comme une tache permanente pour la réputation d'un Arabe. Voici la formule par laquelle il nie l'accusation d'homicide :

« *Ouallahi inni ma schagheïtau djeldou*
» *Oua ma yettemtou oualdou.*
» Par Dieu! je n'ai percé aucune peau,
» Ni rendu aucun garçon orphelin. »

Si un homme est blessé dans une querelle, et si par la suite il tue son antagoniste, rien ne lui est accordé pour sa blessure, et il est obligé de payer l'amende entière de l'homicide, quand même le défunt aurait été l'agresseur. Si celui-ci n'avait pas succombé, le blessé aurait reçu une amende considérable comme dédommagement du tort qu'il avait souffert.

Parmi les Arabes du Sinaï, quand un meurtre est commis, l'agresseur prend la fuite ou essaie d'arranger l'affaire en payant une amende; et, à cet effet, se place sous la protection d'un homme vénérable de sa tribu. Les amis du défunt respectent religieusement cette sauvegarde pendant trente jours. Si, avant l'expiration de ce terme, le meurtrier n'a pu réussir à effectuer un arrangement, il faut qu'il s'enfuie, ou bien il doit s'attendre à ce que sa vie sera sacrifiée à la vengeance mortelle de ses ennemis.

Ce que j'ai déjà dit du meurtre (*d'hébahh*), est applicable à toutes les tribus des Bédouins. Dans leurs guerres entre elles, elles font une distinction entre *sang* et *meurtre*, n'ayant recours à ce dernier que dans les cas de grande irritation. Il arrive fréquemment, et surtout parmi les Arabes des montagnes, dont les guerres sont toujours plus sanguinaires et plus invétérées que celles des habitans des plaines, peut-être parce qu'elles sont moins fréquentes; il arrive, dis-je, qu'une tribu massacre tous les hommes de la tribu ennemie dont elle peut s'emparer, sans s'informer du nombre de ses propres hommes tués par les adversaires. Ceux-ci usent naturellement de représailles quand l'occasion s'en présente.

Le massacre général, quand personne ne demande ni n'accorde jamais quartier, est encore en usage parmi les Arabes de la mer Rouge, de la Syrie méridionale et du Sinaï; mais la paix est bientôt conclue et fait cesser l'effusion du sang. Un Arabe serait blâmé par sa tribu s'il ne se conformait pas à la coutume générale et s'il s'avisait d'écouter la voix de l'humanité dans le cas où ses compagnons auraient résolu le massacre. Je crois que la cruelle boucherie des rois captifs, c'est à dire des scheiks bédouins, car c'est par scheikh qu'il faut traduire le mot *émir* ou *malek*; je crois, dis-je, que cette boucherie des rois captifs par les Israélites doit avoir eu pour cause un usage semblable qui prévalait dans ces temps reculés, et les chefs peuvent avoir insisté sur l'observance rigoureuse de cette ancienne pratique, de crainte que, si elle était négligée, il n'en résultât un affaiblissement de l'esprit martial de la nation, et que les voisins ne fussent portés à avoir moins de respect pour elle. Même aujourd'hui les Bédouins seraient sévèrement réprimandés par les autres pour avoir épargné la vie des hommes appartenant à une tribu qui ne montrerait nulle miséricorde pour eux.

## *Vol et larcin.*

On conçoit aisément que les Bédouins qui ont l'esprit le plus hardi et le plus entreprenant sont ceux qui sont le plus exposés aux attaques des autres et le plus fréquemment engagés dans des guerres. C'est le cas des Bédouins habitant des plaines où il y a de gras pâturages ; tandis que ceux dont le territoire est situé dans les montagnes, ou est protégé, par des circonstances locales, contre les chances fréquentes d'invasion, ou est éloigné des tribus belliqueuses, sont d'un caractère bien moins audacieux. C'est par cette raison que la profession de harami est très renommée chez les grandes tribus de l'est ; tandis que chez celles qui vivent dans des territoires moins étendus et voisins de l'Egypte et de la Mecque, les vols sont bien moins communs, et là, quiconque essaie de voler dans les tentes de sa propre tribu est à jamais déshonoré parmi ses amis.

Chez les Arabes du Sinaï, les vols sont entièrement inconnus; un objet de vêtement ou un meuble peut être laissé sur un rocher, il ne court pas le moindre risque d'être enlevé. Il y a quelques années un Arabe de Soualéha se saisit de son propre fils, le conduisit garrotté sur le sommet d'une montagne, et l'en précipita, parce que ce malheureux avait été convaincu d'avoir dérobé du blé à un ami. J'ai été témoin que dans toutes les parties du désert on est aussi complétement et aussi sûrement à l'abri des voleurs que dans les montagnes de la Suisse proprement dites, tandis que les parties septentrionales de la péninsule sont d'un accès dangereux.

Le rabiét est arrêté par tous les Arabes du désert de l'est; ceux même qui habitent les villes du Nedjd et du Cassîm sont accoutumés à confiner étroitement le harami qu'ils peuvent surprendre. Cette habitude n'existe pas chez les Arabes du Hedjaz. La tribu des Beni Harb, qui demeure dans le pays compris entre Médine et le Nedjd, se saisit du rabiét ; mais cet usage est rejeté par les autres tribus des Harb vivant au sud de Médine. Le chef des Wahhabites a laissé à cette coutume toute sa force parmi ses sujets, parce que ses efforts ont invariablement tendu à mettre un terme aux vols particuliers.

Je vais citer une anecdote que j'ai souvent entendu raconter et qui montrera de quelle manière un rabiét détenu étroitement trouva le moyen de s'échapper. Il avait été rudement battu par son maître en présence d'un Arabe qui eut pitié de lui et résolut de le délivrer. L'Arabe rompit une datte en deux parties, en mangea une, et donna l'autre à une femme employée à moudre du grain devant la tente, la priant, en peu de mots, de faire en sorte qu'elle tombât entre les mains du prisonnier. Elle eut l'idée ingénieuse de commencer sur-le-champ à chanter une chanson du genre de celles qui servent à amuser les femmes pendant qu'elles travaillent, et elle eut en même temps l'adresse d'y introduire certains mots ayant un rapport indirect avec le sujet dont il s'agissait. Quand elle eut des motifs de croire que le prisonnier comprenait cette communication mystérieuse, elle jeta, sans qu'on s'en aperçût, le morceau de datte sur la fosse où le rabiét était étendu; heureusement ses mains n'étant pas liées en ce moment, il put prendre le fragment de la datte et en avala un peu; puis, quand il vit beaucoup de gens assemblés devant la tente, il les appela à haute voix, et leur demanda à être mis en liberté, puisqu'il avait mangé avec un tel, nommant l'homme qui avait partagé la datte avec lui. Son maître accourut, nia la vérité de son assertion et le battit; mais l'Arabe qui avait favorisé le détenu s'avança et confirma le fait. Alors on demanda que le prisonnier montrât, à l'appui de son discours, une portion de l'aliment, il fit voir aussitôt la datte rompue, il l'avait cachée d'une manière que la décence ne permet pas de détailler plus amplement : il en avait usé ainsi de crainte que cet objet ne fût découvert avant que son libérateur pût arriver. Ayant ainsi démontré complétement qu'il avait mangé de la même datte avec un autre Arabe de la tribu, son maître fut obligé de lui rendre la liberté.

### *Le traître.*

Si le voleur ne rend pas les choses volées ou obtenues par supercherie, et si sa tribu ne l'y contraint pas, ou ne le chasse pas du camp, elle encourt tout entière le châtiment d'être déclarée *ba'ikeh* ou perfide. Alors les Arabes ne respectent pas le *dakheïl* d'une personne quelconque appartenant à cette tribu, et cela dure jusqu'à ce que les choses enlevées aient été restituées.

### *Le dakheïl ou la protection.*

Une expression usitée ordinairement au lieu de *dakheïl*, parmi les Arabes, est celle de *zében* : ils disent *tezebbenét* pour *dakhélet* et la tribu dans laquelle un homme a trouvé de la protection est appelée *mez'bené*. Le *melha*, qui donne droit au dakheïl, consiste à manger même la plus petite portion d'un aliment appartenant au protecteur. Si le rabiét peut se dégager de sa prison, monter sur la jument ou le chameau de son rabbat ou maître, s'échapper et gagner la tente d'un autre Arabe pour y chercher protection, l'animal sur lequel il s'est enfui lui est assigné par un ancien usage, ainsi que la chaîne qu'il a peut-être portée autour du cou.

On peut aisément s'imaginer que tous les Arabes, lorsque leur intérêt immédiat se trouve concerné, ne regardent pas la loi du dakheïl comme aussi sacrée qu'ils le devraient. Parmi les grandes tribus a'nezé et autres hordes puissantes des vastes plaines, on ne cite que très peu d'exemples qu'un Arabe n'ait pas observé fidèlement le dakheïl; cependant ils peuvent montrer de la lenteur à l'accorder, suivant les circonstances.

Lorsque Youssouf, pacha de Damas, obligé, en 1810, d'abandonner cette ville, eut à peine le temps de s'échapper avec une douzaine d'hommes, il se réfugia dans le Hauran où les nombreuses tribus des Aoulad-Aly avaient dressé leurs tentes. Ibn Ismeïr, principal scheikh de ces Arabes, qui, durant le gouvernement de ce pacha, s'était toujours montré son ami et avait souvent reçu des preuves de sa générosité, fut naturellement l'homme auquel Youssouf s'adressa; cependant le scheikh le reçut très froidement, craignant d'encourir le déplaisir de son successeur, et il lui dit, après qu'il eut pris un repas : « Je ne te conseille pas de rester dans mon camp; » comme il n'est éloigné que de trois journées de » Damas, il pourrait bien ne pas te procurer une » sûreté suffisante. » Le pacha comprit cette insinuation, et avec un petit nombre de guides s'achemina vers le nord, dans la direction du désert, à l'est de Homs; il fit halte à la tente de Mehanna el Melhem, scheikh des Ahsenné, autre tribu des A'nezé; il avait toujours vécu en mauvaise intelligence avec elle, et le scheikh lui avait souvent fait la guerre, parce qu'il était jaloux de la partialité que le pacha témoignait constamment pour Ibn Ismeïr. Youssouf fut accueilli avec une bienveillance extrême par

Mehanna, qui lui dit : « Ma tente est un asile sûr pour » les hommes dans le malheur; elle a déjà eu, avant » ce moment, l'honneur de procurer un refuge à » de grands personnages. Que Soliman, ton succes- » seur, coupe, s'il le peut, la gorge à tous les Mel- » hem, il ne sera jamais en état de te chasser de ce » lieu. » Il exerça l'hospitalité envers Youssouf pendant plusieurs jours, et ensuite il l'escorta, avec un détachement d'hommes armés, jusqu'à Riéha, dans le voisinage d'Alep, d'où le pacha gagna Antioche.

Quelques années avant, ce même Youssouf, qui commandait un corps de cavalerie au service d'Ibrahim, pacha de Damas, ayant été défait par les Arabes dans le désert, chercha un refuge dans la tente du chef des Maouali, tribu vivant près d'Alep, fameuse pour sa propension à la perfidie, et très déchue. Ghendjé, chef de ces Arabes, fut hospitalier envers lui, mais, à son départ, l'obligea de laisser son beau châle de cachemire, sa bourse et son sabre; ces sortes d'exemples sont rares parmi les Arabes, et inconnus chez les grandes tribus. En perdant leur puissance et leur esprit martial, les Bédouins perdent aussi quelquefois leur honneur.

Les sentimens d'un Arabe concernant la sainteté du dakheil sont bien exprimés dans une lettre d'Abdallah Ibn Saoud chef des Wahhabites, à Tousoun, pacha. « Interroge les Bédouins, dit-il, ils te répon- » dront que quand même ils tueraient quelqu'un » de la famille de Saoud, et que je leur promettrais » sûreté, ils se confieraient à ma parole. » Dans une autre lettre, le même Abdallah dit au pacha, qui soupçonnait sa bonne foi : « Quand même quelqu'un

» des tiens porterait à la main la tête d'un de nos » frères, il n'aurait rien à craindre de moi. » Des assertions de ce genre ne peuvent trouver croyance dans l'esprit d'un Osmanli ou Turc qui se vante de tromper son ennemi par la violation des garanties les plus sacrées.

Le dakheïl a perdu beaucoup de son pouvoir parmi toutes les tribus qui, par leur position géographique et leur manière de subsister, se trouvent en contact avec les gouvernemens et avec les colons turcs. Pour eux le dakheïl n'a nulle efficacité, à moins que le fugitif ne soit réellement entré sous la tente d'un Arabe, car ils disent qu'il n'a aucun droit s'il peut seulement alléguer qu'il a mangé avec lui ou l'a touché, ou posé la main sur quelque chose qu'il tenait dans la sienne.

Si dans une tente on aperçoit des étrangers qui s'en approchent en ayant l'air de vouloir s'y arrêter, et si le maitre de cette tente soupçonne qu'ils appartiennent à une tribu hostile, et que, par des circonstances malencontreuses, ils ont été obligés de s'enfuir pour chercher un refuge, il leur crie de loin : « Si vous » êtes d'une tribu ennemie, vous serez dépouillés. » Après cet avertissement, ils n'ont aucun droit à réclamer de cet Arabe le privilége du dakheïl ; mais ils peuvent essayer de rencontrer une autre tente.

On cite des cas où même l'entrée d'un homme dans une tente n'a pas suffi pour le protéger contre les atteintes de ceux qui le poursuivaient. Quand nous trouvons les lois du dakheïl ainsi méprisées, nous pouvons regarder comme un fait certain que la tribu a perdu son importance nationale et une partie de son indépendance. La perfidie des gouvernemens turcs et des mamelouks avait fait oublier, à toutes les faibles tribus du désert à l'est de l'Égypte, leurs anciennes lois et causé leur dégénération. Des exemples tels que celui de la femme de Schedeïd, cité par lord Valentia, qui sont très communs parmi les A'nezé, sont, au contraire, très rares dans les pays où les Arabes se sont fait une règle générale de ne pas protéger quiconque est poursuivi par des personnages grands ou puissans. C'est tout différent chez les Bédouins Libyens ou, comme on les appelle en Égypte, les Bédouins Mogrebins, qui maintiennent ces lois dans toute leur rigueur, et le dakheïl est aussi strictement observé et aussi aisément obtenu chez eux que parmi les A'nezé. L'occupation du Hedjaz par les troupes turques a produit, à cet égard, un très mauvais effet sur les Bédouins. Ils peuvent se consoler de la perte de leur indépendance en espérant qu'ils n'en sont privés que temporairement; mais ils ne pourront jamais réparer la perte de leur réputation et de leur probité nationales, qu'ils ont échangées contre l'or de Mohammed Aly, et que nulle puissance, nulle conquête ne peuvent leur rendre. On a vu fréquemment dans le Hedjaz des fugitifs livrés par les Bédouins, quoique ceux-ci ne fussent pas à la portée immédiate des troupes du pacha. La perspective d'un profit certain et non la crainte les a induits à agir avec cette bassesse; ils ne firent pas réflexion que cette conduite non seulement versait le déshonneur sur eux-mêmes, mais aussi, conformément aux idées des Bédouins, marquait d'une tache perpétuelle toute la tribu, et qu'elle devait inévitablement conduire à d'autres infractions, quand une fois les membres d'une nation étaient devenus indifférens pour leur caractère public.

Deux des principaux chefs wahhabites, Othman el Medhaïfé et el Medheïen furent traitreusement livrés, l'un et l'autre, par les maîtres des tentes où ils avaient cherché un asile; le premier par un homme de la tribu des Ateïbé près de Taïf, le second par un homme des Beni Harb près de Béder. Ces deux Arabes furent payés de leur perfidie par de grandes récompenses et essayèrent d'excuser leur conduite en disant que les fugitifs, qui avaient réclamé leur protection, étaient des hérétiques, et que par ce motif ils n'avaient aucun titre aux priviléges de l'hospitalité; cependant un A'nezé protégera un fugitif, non seulement sectaire de sa propre religion, mais même chrétien ou juif, avec le même noble courage qu'il déploie en faveur d'un A'nezé son frère. Aucun vice, aucun crime ne sont chargés de l'épithète d'infâme, chez les Bédouins, avec plus de raison, que la perfidie. Dans le grand désert d'Arabie, un homme obtiendra son pardon s'il a tué un homme sur le grand chemin; mais une honte éternelle serait attachée à son nom si l'on apprenait qu'il a volé même un mouchoir à son compagnon ou à l'hôte qui est sous sa protection. Quiconque a eu l'occasion de voir différentes tribus doit avoir observé que les voleurs de grand chemin les plus intrépides sont invariablement ceux qui considèrent les droits du dakheïl comme le plus sacrés, et qui montrent la haine la plus rigoureuse contre tout acte de trahison; comme s'ils voulaient accorder au reste du genre humain, avec lequel ils sont en guerre, la meilleure espèce de défense contre leurs propres déprédations.

Chez les Arabes du Sinaï, le dakheïl n'est accordé que lorsque le fugitif peut venir à bout de manger ou de dormir dans une tente; et la protection lui est continuée, ainsi qu'à ses effets et à son bétail, pendant trois jours et huit heures, après son départ de la tente; de sorte que si, durant cet intervalle de temps, il était volé par d'autres Arabes, le maitre de la tente qui l'a protégé se regarderait comme obligé d'insister sur la restitution de ce qui lui aurait été pris. Ce terme de trois jours et un tiers est consacré à l'hospitalité dans le désert.

Des tribus peuvent être en paix l'une avec l'autre, et néanmoins n'être pas assez amies pour permettre qu'un homme de l'une ou de l'autre puisse protéger un étranger appartenant à une tribu ennemie qui traverserait leur territoire. Ce fut ainsi qu'en 1811, en allant de Deïr sur l'Euphrate à Sokhné, sous la protection d'un Arabe Seba'a, je tombai entre les mains d'Arabes Roualla, et je fus volé; tandis que mon guide ne fut pas inquiété. Les Roualla et les Seba'a étaient alors en paix, néanmoins leur amitié n'allait pas au point que ces tribus fussent autorisées à protéger mutuellement leurs ennemis; et comme j'étais réputé habitant de la ville, tous les Bédouins me regardaient comme ennemi national.

Souvent des tribus arabes se font une espèce de petite guerre clandestine l'une à l'autre, enfreignant respectivement l'immunité du dakeïl, et volant des fugitifs qui ont été protégés; cela dure de cette manière pendant plusieurs mois, jusqu'à ce que la guerre soit formellement déclarée; ainsi on a vu de fréquens exemples de tribus qui, de nom, étaient en paix, tandis que chacun savait que les membres de ces tribus se volaient respectivement sur le grand chemin.

## *Hospitalité.*

Être Bédouin, c'est être hospitalier. La condition du Bédouin est si intimement liée à l'hospitalité, que nulle circonstance, quelque pressante ou embarrassante qu'elle puisse être, ne pourrait jamais pallier chez lui l'oubli de cette vertu sociale. On ne peut néanmoins nier que, dans quelques occasions, l'hospitalité des Bédouins a son motif dans la vanité et dans le désir de se distinguer parmi leurs égaux dans la tribu. Mais si nous pouvions examiner minutieusement les vrais mobiles des actions de la plupart des hommes, nous trouverions que la vertu est rarement pratiquée pour elle-même, et que quelque ressort accessoire et secret est souvent nécessaire pour exciter le cœur; la charité et la conscience de notre propre fragilité nous enseignent ainsi à respecter même ce mérite secondaire; et nous devons estimer quelqu'un pour ses actions vertueuses, quand même elles seraient dictées par la politique. Tout étranger étant un objet d'aversion pour les Bédouins, nous ne devons pas nous étonner de ce que l'hospitalité soit principalement exercée entre eux; toutefois je serais coupable d'ingratitude pour les nombreuses preuves de bienveillance et de commisération qui m'ont été données dans le désert, si je niais que l'hospitalité s'étend à toutes les classes d'hommes et se combine avec un esprit de charité qui distingue éminemment ces Arabes des Turcs leurs voisins ; elle est également plus d'accord avec la morale d'une religion qu'on leur enseigne à maudire, qu'avec celle de la religion qu'ils professent.

Comme les Turcs ne possèdent que peu de bonnes qualités, il serait injuste de ne pas convenir qu'ils sont charitables à un certain degré, c'est à dire qu'ils donnent quelquefois à manger aux gens qui ont faim; mais ils n'étendent pas même cette branche de la charité aussi loin que les Bédouins, et leurs bienfaits sont accordés avec tant d'ostentation qu'ils en perdent la moitié de leur mérite. Au bout de deux ou trois jours de connaissance, on entendra un Turc se vanter du grand nombre d'infortunés qu'il a vêtus et habillés, des aumônes abondantes qu'il a distribuées à la fête du ramadhan, quand la loi et la mode se réunissent pour l'exciter à la charité, et il offre un tableau parfait du Pharisien dans le temple de Jérusalem. Cependant il faut avouer que la charité envers les pauvres est plus généralement pratiquée dans tous les pays du Levant qu'en Europe; taudisque, d'un autre côté, un homme honnête, mais malheureux, honteux de mendier, et ayant besoin de quelque chose de plus que d'un chétif plat de riz, trouvera probablement du secours en Europe plutôt que dans le Levant. Ici, il semble que l'homme riche fasse consister son orgueil à avoir un grand train autour de lui; train de gens nécessiteux qu'il empêche à peine de mourir de faim, tandis qu'ils sont presque nus, ou bien prônent par toute la ville sa merveilleuse générosité quand il leur distribue quelques uns de ses vieux vêtemens tout déchirés.

L'influence des mœurs étrangères, qui n'a jamais été avantageuse à aucune nation, semble produire de pernicieux effets sur les Bédouins; car, dans les cantons où ils sont exposés au passage continuel des étrangers, ils semblent avoir perdu beaucoup de leurs excellentes qualités. Ainsi, sur la route des caravanes des pélerins tant de Syrie que d'Égypte, on montre peu de commisération aux hadjis dans la peine. L'hospitalité des Bédouins ne peut être achetée dans ces lieux-là, par les étrangers, qu'à prix d'argent, et les histoires racontées par les pélerins, quand même elles ne seraient pas exagérées, suffiraient pour inspirer au juge le plus impartial une très mauvaise opinion des Bédouins en général. Il en est de même dans le Hedjaz et principalement entre la Mecque et Médine, où les voyageurs, marchant avec les caravanes, ont aussi peu de chance d'obtenir quelque chose des Bédouins demeurant sur le chemin, que s'ils étaient au milieu des perfides habitans du désert de Nubie.

Cependant, même dans ces lieux, un voyageur solitaire qui est dans la peine est sûr de trouver de l'assistance, et la distance immense qui sépare la Mecque de Damas est souvent parcourue par un pauvre syrien qui, absolument seul, se confie entièrement à l'hospitalité du Bédouin pour le moyen de subsister durant son long voyage. Parmi un peuple aussi indigent que le sont généralement les Bédouins, on ne peut pas alléguer une preuve plus forte du caractère hospitalier qu'en disant, qu'à très peu d'exceptions près, un Bédouin affamé, quoique privé des moyens de remplacer ce qu'il donne, partagera toujours son médiocre repas avec un étranger encore plus tourmenté que lui par la faim; et il laissera ignorer à l'étranger l'étendue du sacrifice qu'il a fait pour pourvoir à ses nécessités.

Les exemples de l'hospitalité arabe, cités par les anciens écrivains, me semblent fréquemment très exagérés ou dériver d'une sotte prodigalité qui n'honore ni le cœur ni l'esprit de celui qui donne. Descendre de son cheval et en faire présent à un pauvre qui demande l'aumône, et peut-être y ajouter ses vêtemens, sont une sorte d'ostentation capricieuse de profusion qui tient plus de la folie que de la générosité. C'est ce que l'on peut reconnaître aussi dans la conduite de Mourad Bey, l'un des derniers beys d'Égypte, hautement vanté par sa munificence, parce que, n'ayant pas d'argent sur lui, il donna à un mendiant son poignard enrichi de pierres précieuses et dont la valeur était estimée à trois mille livres sterling. Des actions de ce genre répondent très bien à leur dessein dans l'orient où l'esprit des habitans est porté plutôt à se laisser éblouir que convaincre; mais elles portent aussi peu le sceau d'une charité bien dirigée, que les sacs d'argent déposés par l'avarice dans une chambre secrète.

Toutefois on ne peut nier que même aujourd'hui

on ne soit fréquemment témoin, chez les Bédouins, d'exemples d'hospitalité poussée à un degré qui peut presque paraitre surnaturel ou affecté même à un Européen généreux, mais qui est parfaitement conforme aux lois établies dans le désert; c'est ce qui fait que j'ai d'autant plus de plaisir à rapporter, à ce sujet, une anecdote, parce qu'elle ressemble à une histoire, que l'on raconte d'Hatem el Taï, le plus généreux des anciens Arabes.

Djerba, scheikh actuel de la puissante tribu des Beni Schammar en Mésopotamie, et lié par des nœuds politiques très intimes avec le pachalik de Bagdhad, était campé, il y a plusieurs années, dans la province de Djebel Schammar, appartenant au désert de l'est; à cette époque, l'Arabie souffrait cruellement de la cherté et de la disette des vivres. Le bétail de Djerba et celui de ses Arabes avaient presque entièrement péri, faute de nourriture, parce qu'il n'était pas tombé de pluie depuis long-temps; enfin, de tous les troupeaux il ne restait plus que deux chameaux qui lui appartenaient. Dans ces conjonctures, deux étrangers respectables s'arrêtent à sa tente, il était nécessaire de leur servir à souper; il n'y avait plus chez lui de provision d'aucune espèce, et les tentes de ses Arabes ne pouvaient fournir la moindre parcelle d'aliment; les racines sèches et les arbustes du désert avaient, depuis plusieurs jours, servi de nourriture aux hommes et il était impossible de trouver soit une chèvre, soit un agneau pour traiter les étrangers. Djerba ne put supporter la pensée de laisser ses hôtes passer la nuit sans avoir soupé, ou de les laisser s'endormir pressés par la faim. Il ordonna, en conséquence, que l'un des deux chameaux fût tué. Sa femme s'y opposa, alléguant que leurs enfans étaient trop faibles pour suivre le camp à pied, le lendemain matin, et que les chameaux étaient absolument indispensables pour le transport de sa propre famille ainsi que pour celui des femmes et des enfans de quelques uns de ses voisins. « Nous avons faim, il est vrai, dit un » des étrangers, mais nous sommes convaincus de la » validité de vos argumens, et nous nous fierons à la » bonté de Dieu, pour trouver demain quelque part » une provision de vivres; et cependant, ajouta-t-il, » nous serons la cause que les ennemis de Djerba lui » reprocheront de laisser un hôte avoir faim dans » sa tente. » Cette remarque, suggérée par la bienveillance, blessa au cœur le scheikh magnanime; il sortit silencieusement de sa tente, saisit sa jument, le seul trésor qui, avec ses chameaux, lui restât, et la jetant à terre, s'occupait à lui lier les pieds afin de la tuer pour ses hôtes, quand il entendit dans le lointain le bruit de chameaux qui s'avançaient; il s'arrêta, et bientôt après il eut la satisfaction de voir arriver deux chameaux chargés de riz; la province de Cassîm le lui envoyait en présent. Je ne puis douter de la vérité de ce récit, l'ayant entendu répéter fréquemment par des Arabes de provinces totalement différentes.

Quiconque, soit riche, soit pauvre, voyage parmi les Bédouins, et désire être sur un pied amical avec eux, doit imiter, autant qu'il lui est possible, leur système d'hospitalité; toutefois il doit se garder de toute apparence de prodigalité qui inspirerait à ses compagnons l'idée qu'il possède des richesses immenses et rendrait sa marche difficile, parce que sans cesse ils lui demanderaient des sommes d'argent toujours plus considérables. Il doit également condescendre, si cela peut s'appeler de la condescendance, à traiter le Bédouin en égal, et non avec la morgue d'un grand personnage turc, ce que les voyageurs font trop fréquemment. Un Bédouin se montrera sociable et compagnon agréable sans jamais devenir insolent ou impertinent, ce qui arrive toujours aux Syriens et aux Égyptiens, quand quelqu'un les admet dans la familiarité. Afin de leur apprendre à se renfermer dans les bornes du respect, il est nécessaire de les tenir à une distance convenable; ils se soumettent sans peine à ce traitement, parce qu'ils ne sont pas accoutumés à un autre. Mais quand on vit avec un Bédouin, il ne faut pas blesser sa délicatesse; il faut le traiter amicalement, et en revanche il cherchera une occasion de vous prouver que, dans son désert, il est un plus grand personnage que vous; et pourquoi ne pas montrer de la bienveillance à un homme qui, si vous étiez dans la condition la plus abjecte et la plus malheureuse, se comporterait envers vous comme envers un frère?

Je dois ajouter ici, par forme d'avis aux voyageurs, que les lettres de recommandation aux scheikhs bédouins indépendans sont très peu utiles; si une fois un de ces scheikhs promet de conduire quelqu'un en sûreté, il tiendra sa parole sans considérer si le voyageur lui a été recommandé, et une lettre de recommandation écrite dans les termes les plus forts, même par un pacha, pourvu que celui-ci n'exerce pas une influence directe sur sa tribu, n'obtient que peu d'attention. Plus un étranger est recommandé, plus il doit payer, et plus le scheikh devient insatiable. C'est pourquoi un voyageur fera bien d'aller parmi les Bédouins comme un homme pauvre, ou bien de payer pour traverser leur pays en donnant de l'argent sans aide étrangère.

Beaucoup de tribus ont la réputation nationale d'être généreuses, d'autres, au contraire, passent pour être mesquines, et du nombre de ces dernières est celle des Beni-Harb, dans le Hedjaz. Les gros profits que cette tribu considérable tire des caravanes de pélerins l'ont peut-être rendue économe, en proportion de ce qu'elle a plus éprouvé le désir de la richesse. Le même renom de parcimonie est départi aux Bédouins des environs de la Mecque, notamment aux Koreïsch, tribu qui, aujourd'hui, compte prés de trois cents hommes armés de mousquets. Dans les monts Sinaï, on accuse de ladrerie les Aoulad-Saïd, qui sont une branche des Arabes Souatéha; leurs voisins ont un dicton rimé qui donne cet avis à quelqu'un : « Dors seul plutôt que » parmi les Aoulad-Saïd.

« *Abe't ouahei'd*

» *Oua la aned Aoulad Saïd.* »

Les hommes généreux appartenant à ces tribus mal famées ont au moins l'avantage de se rendre aisément remarquables et de se faire distinguer des autres : c'est pourquoi les Arabes disent que la générosité se trouve principalement dans les tribus qui ont la réputation d'être avaricieuses.

L'étranger qui entre dans un camp de Bédouins du Nedjd s'arrête ordinairement à la première tente, située à la droite de l'endroit par où il a pénétré dans le douar ou cercle formé par les tentes. S'il passait outre pour aller à une autre tente, le maître de celle qu'il aurait eu l'air de dédaigner se regarderait comme offensé.

Il règne parmi les Arabes du Sinaï une coutume qui, je crois, leur est commune avec plusieurs autres tribus des frontières méridionales de la Syrie : si on aperçoit de loin un étranger qui s'avance vers le camp, il est, pour cette nuit-là, l'hôte de l'individu qui l'a vu le premier et qui, soit homme adulte ou petit garçon, s'écrie : « Voici mon hôte » qui vient. » Cette personne a, pour cette nuit, le privilége de régaler l'hôte. Des querelles sérieuses s'élèvent à cette occasion ; et alors les Arabes font souvent usage de leur grand serment : « Par le di» vorce (d'avec ma femme) je jure que je traiterai » cet hôte ; » à l'instant, toute opposition cesse. J'ai moi-même été fréquemment l'objet de telles disputes auxquelles les femmes bédouines prennent une part très active, se rassemblant dans l'appartement de la tente qui leur est réservé et appuyant les droits de leurs époux respectifs avec toute la loquacité que leurs poumons pouvaient soutenir. Suivant une coutume reçue dans le désert, une femme, en l'absence de son mari, peut traiter les étrangers. Alors un parent fait les honneurs de la tente et représente le propriétaire.

Les Arabes Serudjé, dans la plaine du Hauran, au sud de Damas, permettent à leurs femmes et à leurs filles de boire le café avec les étrangers à leur arrivée, quand ils sont assis dans l'appartement des hommes; il faut que le maître de la tente soit présent : cela n'a jamais lieu parmi les autres Arabes du désert septentrional, où une femme ne prend jamais le café, ni ne mange devant les hommes. On dit que dans les montagnes au sud de la Mecque, du côté de l'Yemen, où les mœurs diffèrent essentiellement de celles du Nedjd et des plaines septentrionales de l'Arabie, les femmes, en l'absence de leur mari, traitent les hôtes et s'asseient avec l'étranger. Celui-ci ne reste pas toujours dans la tente, si elle est petite; alors il est conduit par le maître à une autre plus vaste et plus commode, appartenant à quelqu'un de sa connaissance; cependant ce n'est pas ce dernier, c'est le propriétaire de l'autre tente qui régale l'étranger.

## *Rapports domestiques.*

On ne peut pas s'attendre à voir les femmes traitées avec de grands égards chez les peuples qui leur assignent exclusivement tous les travaux et tout le service domestique de la tente. Elles sont regardées par les Arabes comme étant très inférieures aux hommes, et, quoiqu'elles soient rarement traitées avec négligence ou indifférence, on leur répète toujours de ne pas oublier que leurs seules occupations sont de faire la cuisine et de travailler. Tant qu'une fille reste dans le célibat, elle jouit, comme vierge, de beaucoup plus de respect qu'une femme mariée, parce que le père pense que c'est un honneur et une source de profit de posséder une vierge dans la famille. Une fois mariée, une Bédouine devient une simple servante employée à diverses besognes tout le long du jour, tandis que son mari reste étendu dans son appartement particulier, passant son temps à fumer tranquillement sa pipe. Il justifie cet ordre de choses en disant que sa femme doit travailler dans la tente, puisqu'il supporte tant de fatigues pendant les voyages. Rien n'est plus pénible pour les Bédouines que d'aller chercher de l'eau. Les tentes sont rarement dressées très près d'un puits, et s'il est seulement éloigné d'une demi-heure de marche du camp, les Bédouins ne pensent pas qu'il soit nécessaire de charger les outres sur le dos des chameaux ; ainsi, quand on ne peut pas se procurer des ânes, les femmes sont obligées d'apporter tous les soirs de l'eau sur leur dos dans de longues outres, et quelquefois il faut qu'elles fassent un second voyage au puits.

Chez les Arabes du Sinaï et du Scherkiéh en Egypte, il est contraire à la régle établie qu'un homme ou un petit garçon conduise jamais le bétail au pâturage (1). C'est une corvée dévolue seulement aux filles

(1) Parmi les Arabes du Sinaï, un petit garçon se regarderait comme insulté si quelqu'un lui disait : « Va mener les brebis de ton père au pâturage. » Ces mots signifieraient, dans son opinion : « Tu ne vaux pas mieux qu'une fille. »

du camp; elles la remplissent tour à tour. Elles partent avant le coucher du soleil, emportant avec elles de l'eau et des vivres, et reviennent tard dans la soirée. Chez les autres Bédouins, ce sont les esclaves ou les domestiques qui mènent paître les troupeaux.

Accoutumées ainsi de bonne heure à des ouvrages si fatigans, les femmes du Sinaï sont aussi robustes que les hommes. Je les ai vues courir pieds nus sur des rochers aigus où, avec une chaussure, j'avais beaucoup de peine à avancer. Durant toute la journée, elles restent exposées au soleil, veillant attentivement sur les moutons, car elles sont sûres d'être rudement battues par leur père, s'il s'en perd quelqu'un. Quand un homme de la tribu passe dans le pâturage, elles lui offrent du lait de brebis, ou bien partagent avec lui leur chétive provision d'eau, lui montrant la même bienveillance qu'il eût éprouvée de la part de leurs parens s'il fût entré dans leur tente. Dans les autres occasions, lorsque les Bédouines voient un homme marcher le long du chemin, elles s'asseient et lui tournent le dos : elles refusent également de recevoir dans leurs mains, à moins que quelqu'un de leurs amis ne soit présent, tout ce qu'un étranger, s'il n'est pas leur parent, pourrait leur offrir. J'ai souvent rencontré sur la route des femmes qui m'ont demandé du biscuit ou de la farine pour faire du pain; je le plaçais près d'elles à terre, pendant qu'elles nous tournaient le dos : elles ne le prenaient que lorsque nous nous étions retirés à quelques pas. Il m'a toujours semblé que plus une tribu avait de liaisons avec les habitans des villes, plus la réclusion des femmes y était sévère. A la Mecque et dans la presqu'île de Sinaï, une femme, si un étranger lui adresse la parole, lui fera rarement une réponse : au contraire, dans les plaines éloignées, j'ai conversé librement et même ri avec les femmes des tribus des A'nezé, des Harb, et des Hoveïtat. On peut probablement évaluer leur caractère moral en raison inverse des peines qui sont prises pour les garder.

Le respect des Bédouins pour leur mère est bien plus exemplaire que celui qu'ils montrent pour leur pére. Parmi les tribus pauvres où la tente dépend pour sa subsistance du travail de son maître, et non pas seulement de la fécondité des troupeaux, comme dans les riches tribus de l'est, un homme parvenu à la vieillesse perd les moyens de se procurer ce qui lui est nécessaire pour sa nourriture journalière; ses fils sont mariés et ont leur famille à soutenir, de sorte que souvent le vieillard reste seul. La loi des Bédouins n'oblige pas un fils à entretenir un pére âgé, quoique cela arrive généralement ; mais j'ai vu aussi des exemples de vieillards vivant de la charité de tout le camp, pendant que leurs fils étaient dans une position assez aisée et auraient pu facilement les aider. Les fils disaient pour s'excuser que, lorsqu'ils s'étaient mariés, leur pére n'avait pas voulu les assister de la moindre somme, et que tout ce qu'ils possédaient était dû entièrement à leur activité et à leurs efforts. Les querelles journalières entre les parens et les enfans dans le désert composent le trait le plus désagréable du caractère bédouin. Le fils arrivé à l'âge viril est trop fier pour demander à son pére quelques têtes de bétail, parce que son bras peut lui procurer tout ce qu'il désire; cependant il s'imagine que son père doit le lui offrir; d'un autre côté, le père est choqué de voir que son fils se comporte d'une manière hautaine envers lui; c'est ainsi que souvent se manifeste une brèche qui généralement devient si large qu'il n'est plus possible de la fermer.

Le jeune homme, aussitôt qu'il le peut, s'émancipe de l'autorité de son père, lui témoignant néanmoins de la déférence tant qu'il reste dans sa tente; mais dès qu'il peut en avoir une à lui, et en être le maître, et tous ses efforts tendent constamment à en devenir possesseur, il n'écoute aucun conseil et n'obéit à aucun ordre sur terre, qu'à celui de sa propre volonté. Un garçon qui n'est pas encore parvenu à la puberté montre son respect pour son père en ne présumant jamais de manger dans le même plat que lui, ni même devant lui. Ce serait regardé comme un scandale s'il arrivait à quelqu'un de dire : « Regarde ce garçon, il a satisfait son appétit en présence de son père. » Les garçons les plus jeunes, jusqu'à l'âge de quatre ou cinq ans, sont souvent invités à manger à côté de leurs parens et au même plat qu'eux.

Un Bédouin dans sa tente est la plus paresseuse de toutes les créatures : tandis que les femmes sont employées à des ouvrages manuels et à des occupations pénibles, les hommes ne font autre chose que fumer leur pipe et jouer au scheidjé ou siredjé, espèce de jeu de dames; c'est ainsi qu'ils consument leurs heures de loisir. Ce jeu, qui est en usage dans toutes les parties de l'Arabie, a également passé en Egypte, et probablement de cette contrée chez les noirs habitans de la Nubie, où j'ai vu que c'était un amusement aussi fréquent qu'en Arabie.

La manière de vivre des Bédouins peut avoir des charmes pour les hommes civilisés; la franchise et les mœurs simples de ces enfans du désert sont un attrait puissant pour tous les étrangers; leur société en voyage est toujours agréable. Mais après qu'on a demeuré quelques jours dans leurs tentes, le plaisir de la nouveauté diminue, le manque total d'occupation et la monotonie de tout ce dont on est entouré effacent complétement les premières impressions, et rendent la vie d'un Bédouin insupportable à tout homme d'un caractère actif. J'ai passé parmi les Bédouins quelques uns des plus heureux jours de ma vie, mais j'y en ai passé également quelques uns des plus ennuyeux et des plus fastidieux: avec quelle impatience je suivais, depuis son lever jusqu'à son coucher, les rayons du soleil qui passaient à travers le tissu de la tente, parce que je savais que, dans la soirée, des chants et une danse me délivreraient de mes compagnons jouant aux dames!

Les esclaves de l'un et de l'autre sexe sont nombreux dans le désert; il n'y a que peu de scheikhs ou d'hommes riches qui n'en possèdent pas une couple. Au bout d'un certain temps, ces esclaves sont émancipés et mariés à des gens de leur couleur, le désert est peut-être la contrée qui offre le plus d'exemples de la fidélité des esclaves. La manière de vivre du Bédouin a, sous quelques rapports, de l'analogie avec celle à laquelle les esclaves nègres étaient accoutumés dans leur pays; par conséquent, ils s'y attachent aisément et deviennent bientôt comme s'ils étaient naturalisés dans la tribu. Parmi les Wahhabites, il n'est pas permis aux femmes esclaves de voiler leur visage; mais les femmes arabes du Nedjd se conforment très strictement à cette coutume pour elles-mêmes. Dans le Hedjaz, les esclaves noirs sont très communs chez les Bédouins; je n'y en ai jamais vu d'abissins; ils passent pour moins capables que les nègres aborigènes d'Afrique de supporter le travail et d'endurer la fatigue.

### *Caractère général des Bédouins.*

La première fois que je vis des Bédouins dans leurs propres habitations du désert, ce fut peu de temps après mon arrivée d'Europe, pendant que les impressions que j'apportais avec moi étaient encore dans toute leur force. Quelque préférence que je donnasse, en général, au caractère européen, je fus cependant obligé bientôt de reconnaître, en fréquentant les Bédouins, qu'avec tous leurs défauts ils étaient une des nations les plus distinguées que j'eusse eu l'occasion de connaître. Depuis cette époque, un séjour de sept ans consécutifs dans le Levant a affaibli mes impressions d'Europe, et au lieu d'établir, comme je le faisais alors entre les Bédouins et les Européens une comparaison qui, à beaucoup d'égards, était favorable aux premiers, je les mets aujourd'hui en parallèle avec leurs voisins les Turcs, et sous ce point de vue les Bédouins paraissent encore plus à leur avantage. L'influence de l'esclavage et de la liberté sur les mœurs ne peut être manifestée d'une manière plus frappante que dans le caractère de ces deux peuples. Certes, le Bédouin est accusé, avec raison, de rapacité et d'avarice ; mais ses vertus sont telles qu'elles compensent amplement ses défauts ; tandis que le Turc, avec les mêmes mauvaises qualités que le Bédouin, quoiqu'il manque quelquefois du courage de leur donner l'essor, possède à peine quelque bonne inclination. Quiconque préfère l'état turbulent de la liberté du Bédouin au flegme du despotisme turc, doit avouer qu'il vaut mieux être un Arabe grossier du désert, doué de vertus âpres, qu'un esclave comparativement policé comme le Turc, avec des vices moins barbares, et très peu de vertus, si même il en a une seule. L'indépendance complète dont jouit le Bédouin l'a seule rendu capable de maintenir le caractère national. Lorsqu'il a cessé de jouir de cette indépendance, ou lorsqu'elle a été mise en danger par les liaisons qu'il a formées avec les villes et avec les cantons cultivés, son caractère a considérablement perdu de son énergie, et les lois de la nation n'ont plus été observées strictement.

Nous devons supposer volontiers que, chez une nation belliqueuse comme les Bédouins, l'esprit public et le patriotisme sont universels. Leur première cause est ce sentiment de liberté qui a poussé ces peuples et les retient encore dans le désert ; et ce sentiment leur fait jeter un regard de mépris sur les esclaves qui demeurent autour d'eux. Intimement persuadé que sa condition est infiniment préférable à toute autre qui pourrait être son partage, le Bédouin est fier des avantages dont il jouit, et on peut dire, sans exagération, que le plus pauvre Bédouin, membre d'une tribu indépendante, sourit de la pompe d'un pacha turc, et sans aucun principe philosophique, mais guidé seulement par le sentiment général de sa nation, préfère beaucoup sa misérable tente au palais du despote. Chez les Turcs et chez les Arabes sédentaires, les idées de patriotisme sont presque entièrement éteintes. L'empire ottoman est trop vaste et composé de trop de nations différentes et de trop de parties hétérogènes pour qu'on puisse raisonnablement présumer qu'un esprit général d'amour de la patrie soit également répandu chez tous ses membres. Toutefois, un petit nombre de provinces habitées par des races particulières se distinguent par leurs sentimens patriotiques ; toutefois, les Arnautes et les Albanais l'éprouvent seulement pour leurs provinces, et non pour l'empire dont elles forment une partie. Je puis affirmer que le patriotisme est complétement éteint en Égypte et en Syrie, peut-être à l'exception des montagnes du Liban. Le fanatisme pourrait, dans quelques endroits, suppléer à ce sentiment dans une guerre avec les chrétiens; mais on ne cite maintenant d'autres preuves d'esprit public que les louanges absurdes données à une ville par les hommes qui y sont nés ou qui l'habitent.

Non seulement les Bédouins sont jaloux de l'honneur de leurs tribus respectives, ils considèrent aussi les intérêts de toutes les autres comme plus ou moins liés à ceux de la tribu dont ils font partie, et manifestent un esprit de corps général qui est très honorable pour leur caractère national. Les succès de Mohammed Aly, quoique conformés aux intérêts des Bédouins qui avaient secoué le joug des Wahhabites, furent universellement déplorés dans tout le désert, parce qu'on les considérait comme préjudiciables à l'honneur de la nation et comme dangereux pour son indépendance. Par la même raison, les Bédouins regrettent les pertes occasionées à quelques unes de leurs tribus par des colons ou par des troupes étrangères, quoiqu'eux-mêmes soient en guerre avec ces tribus. Quant à l'attachement d'un Bédouin pour sa propre tribu, l'intérêt profond qu'il prend à sa puissance et à sa renommée, et les sacrifices de tout genre qu'il est prêt à faire pour sa prospérité, sont des dispositions qui se déploient rarement avec autant de force chez une autre nation; et c'est avec la fierté énergique d'un patriotisme inné, et nullement inférieur à celui qui a ennobli l'histoire des républiques grecques et helvétiques, qu'un A'nezé, si on l'attaque soudainement, saisit sa lance et la brandissant au dessus de sa tête, s'écrie : « Je suis un A'nezé. »

Dans mon voyage de Palmyre à Damas, j'étais accompagné par un seul guide; c'était un Bédouin de la tribu des Seba'a; Ibn Ghebeïn, chef des Arabes Fedha'an, avec lequel j'étais parti d'Alep, n'ayant pas voulu faire le voyage de Palmyre de grand matin. Le lendemain du jour où nous avions quitté ce dernier endroit, mon guide sauta brusquement à bas de son chameau, et m'invita à me préparer à la défense. J'étais à cheval, je ne pus discerner aucun ennemi; mais le Bédouin à la vue perçante avait déjà aperçu quatre cavaliers galopant vers nous. Nous n'avions nulle chance de succès en résistant, néanmoins mon guide jugea qu'il serait honteux de se rendre. Lorsque les cavaliers se furent approchés assez pour pouvoir entendre sa voix, il brandit sa lance au dessus de sa tête, et s'écria : « Je suis un Seba'a! je suis un Seba'a! » Conformément au droit des gens en vigueur chez les Bédouins, les cavaliers étaient autorisés, d'après cette exclamation, à traiter un Bédouin avec toutes les rigueurs du droit de la guerre; tandis que, s'il eût baissé sa lance, il aurait pu être assuré au moins de sa sûreté personnelle. Heureusement ces cavaliers étaient des amis; quand ils se furent éloignés de nous, mon guide me dit que s'il eût jeté sa lance à terre, sans faire mine de résister, les railleries de ces cavaliers l'auraient déshonoré à jamais parmi les hommes de sa propre tribu.

Je dois répéter ce que j'ai déjà dit, c'est que les Bédouins sont très avides de gain, et ne sont nullement de bonne foi dans les affaires ordinaires d'argent. Cet esprit avaricieux devient plus général parmi eux en proportion de ce qu'ils demeurent près d'une ville, et tout ce qui est résulté de la fréquentation des cités par les Bédouins a été une augmentation de besoins et une diminution de vertus; il n'y a dans le caractère des Asiatiques qui habitent les villes aucun trait qui pût être profitable aux Bédouins pour leur amélioration s'ils l'adoptaient. Si le Bédouin trouve que son intérêt est lésé, ou bien s'il est à la poursuite d'un gain ou d'un avantage, il n'impose d'autre frein à son caractère passionné que celui que lui prescrit la loi du dakheïl. Quand il se sent le plus fort, il accable le paysan inoffensif ou le voyageur paisible de demandes continuelles; nulle promesse ne peut l'astreindre à mettre des bornes à sa rapacité. C'est par cette raison que les Bédouins sont si mal famés en Égypte et en Syrie; en effet, ils ne sont connus dans ces pays que par les contributions qu'ils lèvent sur les cultivateurs et les caravanes, et par les actes d'hostilité qu'ils commettent contre les habitans de tous les cantons qui ne consentent pas sur-le-champ à devenir leurs tributaires. Dans les malédictions générales que le paysan verse sur ses oppresseurs, il oublie que l'indolence et les mesures maladroites de son propre gouvernement ne sont pas moins condamnables que l'hostilité d'une nation étrangère, ennemie déclarée et avouée de tout peuple sédentaire, et par conséquent, usant en quelque sorte du droit de conquête.

Les gouvernemens de la Mésopotamie et de la Syrie sont trop faibles pour arrêter les déprédations des Bédouins; de sorte que tous les villages des frontières, du côté du désert, sont abandonnés à leur propre destinée. Mohammed Aly est venu à bout, en Égypte, de délivrer ses villages, sur les deux rives du Nil, des mains des Bédouins. Les Arabes libyens ou mogrebins étaient devenus particulièrement incommodes, et depuis Siout jusqu'à Alexandrie, ils avaient exigé le tribut de tous les villages; de plus ils attaquaient et volaient presque tous les voyageurs sans protection qu'ils rencontraient sur le chemin. Le pacha, après s'être emparé de beaucoup de jeunes garçons appartenant à ces tribus, les retint en ôtage dans son château du Caire, et le montant de la rançon payée en chevaux, en brebis, en chameaux, pour la délivrance de ces enfans, diminua la force des plus puissantes de ces tribus. Elles furent obligées de renoncer à l'usage de lever un tribut sur les paysans; néanmoins elles continuèrent à être si formidables, que le pacha consentit à leur payer, de son propre trésor, une partie de cette contribution, tandis qu'il reçoit la totalité de ce qui était autrefois donné aux Bédouins; une centaine d'ôtages sont encore dans ses mains, et leurs parens restent tranquilles.

Avant le règne de Mohammed Aly pacha, les Arabes du Sinaï étaient les protecteurs de Suez, où chaque chrétien et même chacun des principaux marchands turcs en prenaient un pour être leur gardien, le récompensaient par une rétribution annuelle et par des présens occasionels. Ce garde arabe était appelé *ghafeïr*, et l'homme protégé *hasnaï*, parce qu'il donnait des *hasnih* ou cadeaux. Les Arabes étaient devenus si insolens et si redoutés des habitans de Suez, qu'une jeune fille bédouine, placée seule aux puits qui sont presque à deux heures de distance de cette ville, ne voulait pas permettre quelquefois aux porteurs d'eau d'emplir leurs outres avant qu'ils lui eussent fait quelques présens.

On peut dire que le caractère du Bédouin, quand le profit et l'intérêt ne sont pas en jeu, est vraiment aimable. Sa gaîté, son esprit, sa douceur, son bon naturel, et sa sagacité qui lui suggère des remarques très fines sur tous les sujets, le rendent un compagnon agréable et souvent précieux. Son égalité d'humeur n'est jamais troublée, ni affectée par la fatigue ou les souffrances; à cet égard, il diffère essentiellement du Turc, qui est changeant, inégal et capricieux. Le trait le plus recommandable du caractère d'un Bédouin, après la bonne foi, est son humanité, sa bienveillance et sa charité, sa conduite pacifique, toutes les fois que ses dispositions martiales ou son honneur blessé ne l'appellent pas aux armes. Entre eux, les Bédouins forment une nation de frères, se querellant souvent, l'un l'autre, il faut l'avouer, mais toujours prêts, quand ils sont en paix, à s'aider mutuellement. Étrangers à ces cruels spectacles de sang qui endurcissent le cœur des Turcs dès leur tendre jeunesse, les Bédouins se plaisent à nourrir dans leur cœur ces sentimens de pitié et de commisération qui souvent leur font oublier qu'un malheureux est peut-être un ennemi.

Dans leurs querelles intérieures, les Bédouins sont plus réservés, et d'un autre côté, plus rancuniers que les habitans des villes. La classe inférieure et même la classe moyenne de ces derniers, en Syrie et en Égypte, déclament l'une contre l'autre dans les occasions les plus insignifiantes, en employant les expressions les plus basses et les plus outrageuses; j'ai souvent entendu des conversations qui choqueraient et étonneraient les personnes imbues de ces notions erronées, mais si répandues relativement à la bienséance des contrées du Levant; les termes usités dans ces occasions seraient trouvés dignes du vocabulaire le plus grossier des halles; mais tout cela se termine ordinairement par des mots; les coups s'ensuivent rarement, parce que l'homme qui frappe le premier est toujours condamné par le kadhi. On n'a recours aux armes que dans des conjonctures extraordinaires, et dans les cas où des soldats prennent part à l'altercation. Chez les Bédouins, au contraire, les injures sont proférées dans un langage plus modéré et en même temps plus relevé, et l'oreille n'est pas offensée par ces termes dégoûtans, qui chez les habitans des villes révèlent la dépravation grossière d'une imagination débauchée. Les Bédouins se contentent de prononcer des phrases telles que celle-ci : « Cécité à tes yeux, chien ! » — « Qu'un coup te perce le cœur. » — « Que la » maladie tombe sur toi ! » — « Perdition à ta » famille ! » et autres expressions ordinaires dans le désert. Quoiqu'elles soient à peine justifiables, on peut les regarder comme l'effusion naturelle de la colère d'un esprit sauvage. Toutefois, un Bédouin, dans le plus violent accès de rage, s'abstient de se servir d'un langage qui ne pourrait jamais être oublié. Appeler son adversaire menteur, traitre, ou misérable inhospitalier, serait une insulte que le poignard punirait, ainsi que cela est arrivé quelquefois. Si ce langage emporté n'a pas été mis en usage, une querelle entre Bédouins dure rarement une demi-heure, et les parties se réconcilient bientôt; mais quand l'honneur a été insulté, jamais ni excuse, ni apologie ne sont acceptées.

## *Salutation.*

La manière générale de saluer, dans tout le désert, est après le *Salam aleïk* de demander *taib* (bien). Partout, après une longue absence, on se prend la main, et on se donne un baiser. Les Bédouins ignorent entièrement ces nombreuses phrases de convention, et ces expressions cérémonieuses qui ont cours dans les villes. S'informer de la santé de quelqu'un, de la cause de sa longue absence, et manifester le grand plaisir que l'on éprouve à le revoir, sont des questions et des phrases à chacune desquelles il y a une formule de réponse précise et régulière; quiconque essaierait d'en faire une différente passerait pour ridicule ou mal élevé. Ainsi il y a, au Caire, vingt manières toutes dissemblables de souhaiter le bonjour à une connaissance; et si quelqu'un dit : « Puissent vos jours être blancs! » il faut absolument répondre : « Puissent les vôtres » l'être comme du lait! » Toutes ces phrases de compliment superflues et fatigantes sont inconnues de l'Arabe; il souhaite tout simplement le bonjour à son ami qu'il rencontre sur sa route, et se borne à lui dire adieu en le quittant. Parmi les Bédouins des environs de la Mecque, et encore plus, suivant ce qu'il m'a dit, parmi ceux de l'Yemen, il est d'usage, après la salutation, de citer un passage, soit du Koran, soit des maximes de Mahomet, et la réponse consiste en un passage correspondant. Quelque illétrés que soient les Bédouins, on dit que dans l'Yemen ils apprennent par cœur une portion considérable de leurs écritures sacrées.

Un Bédouin qui ne connait pas bien la personne par laquelle il est interrogé lui répondra rarement avec vérité aux demandes concernant sa famille et sa tribu. On enseigne aux enfans à ne jamais faire de réponse à des questions semblables, de crainte que l'interrogateur ne soit un ennemi secret, et venu exprès pour exercer sa vengeance. Parmi les Bédouins eux-mêmes, on regarde comme honteux de demander à un autre quelle est sa tribu, parce qu'ils pensent que l'on doit reconnaitre l'origine d'un homme à son accent, à son dialecte et à son aspect. Mon guide dans le désert éprouvait un grand déplaisir, quand je m'informais des étrangers à quelle tribu ils appartenaient; et, dans le fait, je recevais rarement une réponse satisfaisante sur ce sujet, excepté dans les lieux où les Arabes s'apercevaient que je connaissais trop bien les tribus voisines pour qu'ils pussent espérer de m'abuser ou de me tromper. Ceux qui rencontrent un étranger dans le désert et qui lui adressent des questions relativement à l'eau, au chemin le plus proche, ou autres matières semblables, le traitent généralement *d'oncle;* et il répond à l'interrogateur en l'appelant *frère:* ainsi on entend cette conversation : « Ah ! » oncle, qui marches, as-tu de l'eau avec toi? » — — « Oui dà, j'en ai un peu, frère, et je t'en don- » nerai avec plaisir. »

### *Langue.*

Le dialecte bédouin diffère partout de l'arabe parlé dans les villes et les villages, même chez les tribus dont les territoires sont contigus aux lieux habités et qui ont des rapports fréquens avec les habitans des villes. Les Bédouins font usage d'un dialecte qui est bien plus pur, et qui a des constructions plus correctes et plus grammaticales que le langage vulgaire de la populace de Syrie et d'Égypte ; ce dernier est totalement exclu des camps du désert. Il existe néanmoins parmi les Bédouins eux-mêmes une grande diversité de dialectes ; et la langue parlée par un Bédouin du Nedjd diffère autant de celle du Bédouin du Sinaï que le dialecte de ce dernier s'éloigne de celui d'un Bédouin d'Égypte ; mais tous prononcent également chaque lettre avec beaucoup de précision exprimant sa valeur ou sa force exacte ; ce qui pour les lettres telles que *tsa*, *dzal*, *dhad*, *dha* n'arrive jamais aux habitans des villes. Tous les Bédouins emploient aussi dans l'usage commun beaucoup de mots choisis que dans les villes on appellerait des *termes littéraux* (*néou é kélam*), et toujours ils s'expriment avec une correction grammaticale. Ils refusent également d'admettre dans leur conversation plusieurs de ces phrases et de ces termes de jargon par lesquels l'arabe de Syrie et d'Égypte est si fort corrompu dans son essence. J'ose donc affirmer que le meilleur arabe est parlé dans le désert, et que les Bédouins se distinguent autant des autres Arabes par la pureté de leur langage que par celle de leurs mœurs. Cet avantage d'avoir conservé, pendant une si longue suite de siècles, la pureté de leur idiome, sans livres et sans écrits, peut être attribué, avec quelque probabilité, à l'usage fréquent d'apprendre par cœur et de réciter des morceaux de poésie. La jeunesse s'accoutume ainsi à se servir d'expressions choisies et élégantes; et il y a toujours, dans les camps, des vieillards qui prennent plaisir à expliquer le sens caché et les autres difficultés qui peuvent se rencontrer dans les poëmes.

*L'athr ou la sagacité à reconnaître les traces.*

Il faut que je présente ici quelques observations sur un talent que les Bédouins possèdent en commun avec les Indiens libres de l'Amérique, c'est la faculté de distinguer les traces des pas soit de l'homme, soit des bêtes. Dans les forêts de l'Amérique, ces traces sont imprimées sur l'herbe, en Arabie sur le sable, et les Américains ainsi que les Arabes sont doués d'une sagacité peut-être égale à examiner ces empreintes. Quoique l'on puisse dire que presque tous les Bédouins acquièrent, par la pratique, quelque connaissance dans cet art, néanmoins il n'y a que quelques uns de ces hommes les plus entreprenans et les plus actifs qui y excellent. L'Arabe qui s'est appliqué avec soin à reconnaître les traces des pas peut en général, d'après l'examen de l'empreinte, dire avec certitude à quel individu de sa tribu ou d'une tribu voisine les traces de ces pas appartiennent, et par conséquent il est en état de juger si c'est un étranger ou un ami qui a passé; il connaît aussi, par la légèreté ou la profondeur de l'empreinte, si l'homme qui l'a produite était chargé d'un fardeau ou non; il peut également déclarer, d'après la force ou la faiblesse de l'empreinte, si l'homme est passé le même jour ou la veille, ou deux jours auparavant. D'après la régularité ou l'irrégularité des intervalles entre les pas, un Bédouin peut affirmer si l'homme qui a laissé les empreintes était fatigué ou non, parce qu'après la fatigue la marche devient plus irrégulière, et les intervalles sont inégaux. Ainsi il peut calculer la chance de rattraper l'homme.

Mais indépendamment de ce talent extraordinaire, chaque Arabe distingue parfaitement l'empreinte des pas de ses propres chameaux de celle des pas des chameaux appartenant à ses plus proches voisins. Le plus ou moins de profondeur de cette empreinte lui fait discerner si le chameau paissait, et par conséquent ne portait pas une charge, ou s'il était monté par une personne seule, ou s'il était pesamment chargé. Si les marques des deux pieds de devant paraissent être plus profondément empreintes dans le sable que celles des pieds de derrière, il en conclut que le chameau avait la poitrine faible; et ceci lui sert à deviner quel est le maître de l'animal. En un mot, un Bédouin tire tant de conclusions de l'examen des traces d'un chameau ou de son conducteur, qu'il obtient toujours quelques renseignemens sur l'animal ou sur son maître, et, dans quelques circonstances, son habileté à se procurer ces notions semble presque surnaturelle. La sagacité des Bédouins à cet égard est prodigieuse, et leur est surtout très avantageuse lorsqu'ils sont à la poursuite de fugitifs ou à la recherche de leur bétail.

J'ai vu un Arabe découvrir et suivre les pas de son chameau dans une vallée sablonneuse où il y avait d'autres traces de ces mêmes animaux; et il sut me dire les noms de tous ceux qui y avaient passé dans la matinée. Je me suis regardé moi-même comme très heureux de pouvoir discerner le pas de mes compagnons et de leurs chameaux, car souvent, dans le désert, on se trouve dans un assez grand éloignement les uns des autres. Quand on traverse un canton dangereux, les guides bédouins permettent rarement à un habitant de la ville ou à un étranger de marcher à côté de son chameau; s'il a des souliers, tous les Arabes le reconnaitront bien vite à leur empreinte sur le sable; s'il chemine pieds nus, cette empreinte, moins grande que celle du pied d'un Bédouin, trahit le passage d'un homme peu accoutumé à la marche. Il est toujours à craindre alors que les Arabes, qui s'imaginent que tous les habitans des villes sont riches, les croyant chargés d'objets précieux, se mettent à leur poursuite. Un bon guide bédouin est constamment occupé à examiner avec attention les pas de son chameau, afin de les distinguer d'une manière certaine. J'ai connu des Arabes tellement habiles à cet égard, qu'ils avaient suivi plusieurs jours les traces de leurs chameaux volés et étaient ainsi parvenus à la demeure de ceux qui les avaient dérobés.

Beaucoup de choses secrètes sont ainsi révélées par cette conaissance de *l'athr* ou des traces des pas, et un Bédouin ne peut guère espérer d'échapper a la découverte de ses actions clandestines, puisque toutes ses démarches sont écrites sur le grand chemin en caractères que chacun de ses voisins arabes sait lire.

## RÉFLEXIONS GÉNÉRALES.

Quand on réfléchit aux lois des Bédouins, notamment à celles qui sont définies avec la plus scrupuleuse exactitude, on se fait naturellement cette question : comment ce code de lois, qu'on a des raisons de croire général pour tous les Bédouins de l'Arabie dans ses points principaux, et qui, je le sais, est le droit commun pour plusieurs d'entre eux; comment, dis-je, a-t-il été originairement donné à cette nation? Il est permis de supposer qu'il doit sa naissance aux besoins naturels des tribus qui adoptèrent lentement et partiellement certaines coutumes, et que celles-ci, par l'usage et par le consentement universels, devinrent, par la suite des temps, la loi générale. Les institutions politiques des Bédouins, la nature des fonctions de leurs scheikhs et de leurs anciens, les règles qu'ils observaient dans la guerre et dans la négociation de la paix, règles fondées sur le véritable esprit de leur vie libre et errante, peuvent, suivant toutes les probabilités, remonter à cette origine. Elles sont si bien adaptées à ces peuples, si naturelles et si simples, que toute nation non encore réduite à l'esclavage, si elle est jetée tout à coup dans un désert immense, adoptera vraisemblablement les mêmes règles et les mêmes usages,

Mais il en est tout autrement de leurs institutions civiles : il est très difficile d'imaginer qu'elles doivent leur naissance au hasard, ou au consentement obtenu peu à peu d'une multitude turbulente et belliqueuse.

La loi générale par laquelle le droit de la vengeance du sang ne doit pas s'étendre au delà du *khomsé*, et qui limite l'hospitalité envers un fugitif à trois jours et un tiers; les règles du *dhakeïl*, du *rabiét*, et les clauses de plusieurs lois relatives au divorce, les distinctions minutieuses faites dans l'appréciation des blessures et des insultes; enfin la nature des fonctions de l'akid : tout cela semble former une classe de réglemens si arbitraires, que, suivant mon opinion, on y reconnait l'ouvrage d'un législateur. Tout lecteur instruit des lois turques aura reconnu, en parcourant ma relation, combien le code civil des Bédouins diffère de celui qui est généralement suivi dans tous les empires musulmans. Le grand législateur de l'orient, Mahomet, semble avoir été moins heureux dans ses efforts pour faire adopter ses lois par sa propre nation, les Bédouins d'Arabie, que dans la tentative de les établir avec leur aide dans tous les pays voisins. Il obligea les Bédouins à renoncer à leur idolâtrie et à reconnaître l'unité de Dieu, créateur de toutes choses; mais quoiqu'ils consentissent à se conformer à quelques rites religieux et à pratiquer diverses cérémonies extérieures, les lois civiles qu'il promulgua, comme lui ayant été communiquées immédiatement du ciel, paraissent n'avoir jamais produit une impression durable sur ce peuple : tandis que leurs anciennes coutumes, qui n'étaient pas en contradiction formelle avec la croyance religieuse, continuent à être inviolablement observées. Une connaissance plus intime que celle que j'ai pu obtenir les grandes tribus de l'Yemen et du Nedjd révélerait indubitablement l'existence de beaucoup d'autres lois et de beaucoup d'autres coutumes correspondantes à celles qui subsistaient du temps du *djéhelié* ou de l'igorance, ainsi que les musulmans appellent la période des siècles qui s'étaient écoulés avant Mahomet.

C'est pourquoi si les lois civiles des Bédouins doivent leur origine à Mahomet, et si, depuis qu'il parut, l'histoire ne fait mention d'aucun législateur du désert, nous devons en chercher un dans les temps les plus reculés de l'antiquité. Mais en Arabie tout est enveloppé de ténèbres et d'incertitudes, et nous n'avons aucune raison de supposer qu'aucun des rois ou des chefs arabes vivans à cette époque éloignée, et dont nous ne savons guère que les noms, ait étendu sa puissance sur les contrées désertes de la péninsule, ou ait régné sur les Bédouins. L'antique code d'une des tribus bédouines est parvenu seul à la postérité, toutefois le *Pentateuque* fut donné exclusivement aux Beni Israël; et nous restons dans une ignorance complète des lois intérieures des peuples nombreux qui entouraient la nation choisie.

Peut-être découvrira-t-on quelques manuscrits arabes qui pourront jeter du jour sur ces points : car, malgré tous les trésors littéraires contenus dans nos bibliothèques, il n'y a pas un dixième des historiens arabes qui soit jusqu'à présent arrivé en Europe. Peut-être la découverte de monumens anciens et d'inscriptions antiques dans le Nedjd et dans l'Yemen aura-t-elle pour résultat de dévoiler de nouveaux faits historiques. Néanmoins, quand même la postérité serait laissée dans l'ignorance sur ces matières, la condition actuelle de la grande république bédouine, en Arabie, doit être considérée comme offrant un champ très intéressant aux recherches, puisqu'il expose à notre contemplation le rare exemple d'une nation qui, malgré son état de guerre perpétuelle au dedans et au dehors et les essais fréquens faits pour la subjuguer, a conservé, pendant une longue suite de siècles, ses lois primitives dans toute leur vigueur, lois dont l'observance a été maintenue uniquement par l'esprit national et l'incorruptibilité des mœurs des hommes grossiers, mais animés d'un véritable patriotisme, qui composent cette nation.

*Addition à la classification des tribus bédouines.*

Une portion considérable de la tribu des Aoulad-Aly demeure au dessus de Kaïbar, dans le désert méridional de l'Arabie.

*Tribu des Hesséné;* leur chef est Méhanna, ainsi nommé parce qu'il est né dans ce qu'on appelle les terres basses du désert entre Tadmor et Anah. Ces terres basses, qui sont dénommées *ouadi* et dont les Bédouins distinguent huit principales de ce côté, forment les pâturages d'hiver de toutes les grandes tribus des A'nezé, et s'étendent à une distance de cinq journées de l'ouest à l'est. L'Ouadi Hauran en fait partie. Durant le siècle dernier, ce territoire fut le théâtre de contestations continuelles entre les Arabes Maouali, qui alors étaient puissans et maintenant habitent le désert dans les environs d'Alep, et les Beni Kaleb, tribu de Basra. Ces deux tribus étaient dans l'usage de se rencontrer en hiver sur ces terrains et de se disputer le droit de pâture.

### *Les Djéla' ou el Roualla.*

Cette troisième branche de la grande nation a'nezé n'est pas proprement appelée *Roualla*, son nom est plutôt *Djela'*; elle se subdivise en deux tribus principales.

1°. *El Roualla*, nom qui ne doit pas être appliqué à toute la division; ses tribus secondaires sont: *El Ktaïsan*, *El Doghama*, *El Fereggé*, *El Nassir*;

2°. Les *Omhallef*, dont le scheikh est *Ma'adjel*; les tribus des *Abdellé*, des *Ierscha*, d'*El Bedour* et d'*El Soualemé* leur appartiennent.

Presque toutes les grandes tribus des A'nezé, ainsi que je l'ai déjà remarqué, ont droit à une rétribution de la caravane des pélerins de Syrie, pour lui permettre de passer. Ainsi, par exemple, les Ahsenné prennent un *surra* ou tribut annuel de cinquante bourses ou à peu près mille livres sterling, qu'ils partagent entre un certain nombre de leurs membres. Les Aoulad-Aly exigent un surra de la même somme. Les Fedha'an, qui sont aujourd'hui l'une des plus puissantes des tribus a'nezé, ne reçoivent rien des pélerins.

Autrefois les Djéla' étaient continuellement errans

dans le Nedjd. Ils sont connus en Syrie principalement depuis la bataille qu'ils livrèrent aux troupes de Bagdhad en 1809, sur un terrain angulaire situé au confluent de l'Euphrate et du Kabour, vis à vis de Rahaba. Ils s'emparèrent de plusieurs petites pièces d'artillerie et de quelques tentes qu'ils emmenèrent à Déraïeh, capitale des possessions wahhabites. Ils vendirent aux Arabes Asir de l'Yemen cinq cents chevaux qui étaient devenus leur propriété comme faisant partie du butin. Ces Djéla' sont la tribu la plus farouche et la plus belliqueuse du désert compris entre la Syrie et Basra ; leur nombre considérable et leur force les ont mis récemment en état d'exiger un tribut de plusieurs villages de Syrie.

### *Les Bèscher ou Bischer.*

Ceux-ci se subdivisent en deux grandes branches, qui sont :

1°. Les Arabes *Tana Madjed*, auxquels appartiennent, comme petites tribus, les *Fedha'an* et les *Seba'a* ;

2°. Les Arabes *Selga* : la plus grande partie de ceux-ci occupe le territoire d'El Hassa, qui est sur le golfe Persique, et dépend des Wahhabites. Ces Selga ont trois ramifications, qui sont : les *Medheïan*, les *Métarajé* et les *Aoulad Soleïman*, tribu considérable. Le scheikh des Selga est Ibn Haddal, ferme soutien des Wahhabites. Il a assisté à presque tous les combats livrés, depuis 1812 jusqu'en 1815, dans le Hedjaz, contre l'armée de Mohammed Aly : ce furent principalement ses efforts qui, au printemps de 1815, arrêtèrent constamment la marche de Tousoun pacha, de Médine, vers le Cassïm.

Les *Fedha'an* sont récemment devenus très puissans, et dans plusieurs rencontres sur les frontières de la Syrie, ont défait les Hesséné commandés par Méhanna.

Les *Aoulad-Soleïman* descendent de l'ancienne tribu des *Dja'aferé*, qui présentement est presque entièrement éteinte. Les *Ouadjé* sont une petite tribu qui prétend être également issue des Dja'aferé. Ces Bédouins campent généralement avec les Aoulad-Aly dans le Hauran et occupent à peu près deux cents tentes; ils n'appartiennent pas à la nation des A'nezé: une partie de ces Dja'aferé passa en Égypte au temps de la conquête de ce pays par les musulmans. Leurs descendans sont établis présentement sur les rives orientales du Nil dans la Haute-Égypte, parmi les nombreux villages situés entre Esné et Assouan. On peut remarquer comme une circonstance extraordinaire que les femmes descendant de cette tribu des Dja'aferé sont renommées, tant en Égypte qu'en Arabie, pour accoucher fréquemment de jumeaux.

Les Aoulad-Soleïman habitent ordinairement dans le voisinage de Kaïbar, ils composent une tribu forte et belliqueuse, qui occupe à peu près cinq mille tentes.

Les Seba'a, qui aujourd'hui vivent sur les frontières de Syrie, faisaient autrefois leur séjour dans le Nedjd. Ils quittèrent ce pays, il y a une douzaine d'années, afin d'être moins exposés aux excursions du chef des Wahhabites.

## *Ahl el Schémal.*

Cette dénomination n'est employée par les Arabes de Syrie que relativement à leur propre position. Chez les Arabes du Hedjaz, toute la tribu des A'nezé est classée parmi les *Ahl el Schémal* ou les nations du nord. Le grand ancêtre des A'nezé fut *Ouaïl*, et ses descendans les *Beni Ouaïl* sont connus dans les monumens historiques comme ayant été les contemporains et les ennemis de Mahomet. Cent vingt ans se sont à peine écoulés depuis que les A'nezé sont arrivés de Kaïbar et du Nedjd en Syrie. Voici comme les Bédouins expliquent l'accroissement extraordinaire de cette nation nombreuse et sa grande richesse en bétail. Ils racontent qu'Ouaïl, leur illustre aïeul, eut l'heureux hasard de connaître le moment précis du *leïkat el kader*, qui est la vingt-cinquième ou vingt-septième nuit du ramadhan : alors le tout-puissant est toujours disposé à exaucer les prières des mortels. Ouaïl, plaçant ses mains sur certaines parties du corps de son chameau femelle et du sien, implora la bénédiction divine sur les objets qu'il touchait. Sa demande fut écoutée favorablement ; il devint père d'une nombreuse progéniture de garçons et de filles, et son peuple devint riche par la multiplication de ses chameaux. Chaque personne de la tribu des A'nezé raconte et croit fermement cette histoire.

*El Maouali*. El Ghendj, scheikh de cette tribu, personnage célèbre et l'un des hommes les plus braves de la Syrie, fut tué traîtreusement par le pacha d'Alep, en 1813, dans son propre harem : son fils, jeune homme de seize ans, fut investi de l'office de gardien du désert d'Alep. Les Maouali étaient autrefois les seuls maîtres de la plaine entre Alep et Hamah, et avaient droit à un surra considérable ou tribut annuel de la caravane des pèlerins qui passait sur leur territoire. Ils ont été dépossédés de ces avantages par les A'nezé; ils sont maintenant réduits à un petit nombre et à une étendue de territoire très limitée.

Les Arabes *Fehéli* de Damas sont des tribus que l'on accuse de mauvaise foi ; et on reconnaît, en général, que cette opinion désavantageuse sur le compte des Fehéli qui règne parmi tous les Bédouins ne s'applique qu'avec trop de raison à un grand nombre de ces Arabes. Ils s'efforcent d'atténuer leurs défauts par l'exercice de l'hospitalité. Ainsi, en Syrie, les Maouali et les Fehéli sont diffamés pour leur perfidie; mais, d'un autre côté, ils sont vantés pour la profusion de vivres dont ils régalent leurs hôtes. Les Fehéli, en particulier, sont méprisés parce qu'ils ne se font pas scrupule de voler dans la tente de leurs amis.

Les *Hoveïtat* tirent leur origine de l'ancienne tribu des *Beni Atié*, de laquelle descendent également les *Heïvat* nommés aussi *Leheïvat*, les *Terabeïn*, les *Ma'azi*, dans le désert entre Suez et Cosseïr, et les *Tiaha*. Ces tribus, qui habitent sur la côte du golfe oriental de la mer Rouge, reçoivent généralement leurs approvisionnemens de vivres du pays voisin de Khalil. Si la récolte n'a pas été abondante en Syrie, ces Arabes font le voyage du Caire, qui est éloigné d'une quinzaine de jours de route, et s'y procurent la quantité de blé qui leur est nécessaire.

Les *O'mra'n*, quoique unis par alliance avec les Hoveïtat, n'en font pourtant pas réellement partie; ils forment une tribu distincte. Ils habitent les montagnes entre Akaba et Mouïleh, sur la côte orientale du golfe Arabique. Les O'mra'n sont une tribu forte et d'un caractère très indépendant. Leurs déprédations fréquentes les rendent des objets de terreur pour les pélerins allant à la Mecque, lesquels sont dans la nécessité de passer sur leur territoire. A l'époque où Mohammed Aly, pacha d'Égypte, réduisit à une soumission complète toutes les autres tribus bédouines vivant le long de la route des pélerins de ce pays, les O'mra'n continuèrent obstinément leur train ordinaire. En 1814, ils attaquèrent et pillèrent, près d'Akaba, un détachement de cavalerie turque, et en 1815 ils dépouillèrent tout le corps avancé de la caravane des pélerins de Syrie, à son retour de Médine à Damas. Au nombre de leurs principales tribus, sont les Hadna'n.

Les *Débour* et les *Bédoul* sont des tribus qui demeurent dans le voisinage de l'Akaba; ils sont alliés des tribus des O'mra'n et des Hoveïtat : les Sei'aïhé habitent aussi le même canton.

Parmi les Arabes de Khalil ou Hébron, on compte les suivans : El Tiaha, dont la principale tribu est nommée El Hekouk; les *Terabeïn*, qui conduisent les caravanes de Ghaza et de Hébron à Suez; une de leurs tribus est celle des *Azazemé*; les *Ouahidi* ou *Ouahidat*, parmi les tribus desquels sont les *Aoulad el Fokora*; il y a aussi, du côté de Ghaza et de Hébron, la petite tribu des *Reteïmat* et celle des *Khanaséra*. Au printemps, ces Arabes de Ghaza et de Hébron se rendent sur les rives du Nil dans le Scherkiéh et y font paître leur bétail dans les beaux pâturages produits par l'inondation.

### *Les Arabes de Tor ou les Touara.*

Ils habitent la péninsule du Sinaï, et sont partagés en trois branches : les *Soualéha*, les *Mezéïné* et les *Aleïghat*.

1°. Les *Soualéha* sont subdivisés en quatre tribus, savoir : les *Aoulad-Saïd*, les *Ouarené*, les *Ghéraschi* et les *Rahami*. Ces Ghéraschi descendent des anciens *Ghéreisch* de la Mecque, ainsi que les Arabes prononcent ce nom que les Européens expriment généralement par *Koreïsch*. Les Soualéha comptent environ trois cents mousquets, mais n'ont pas du tout, de chevaux, et, de même que toutes les tribus des Touara, ont très peu de communications avec leurs voisins de l'est.

2°. Les *Mezeïné* : ils sont issus d'une tribu du même nom qui demeure à l'est de Médine. Les Mezeïné et les Aleïghat vivent dans les parties orientales et méridionales de la péninsule.

3°. Les *Aleïghat* : ceux-ci réunis aux Mezeïné peuvent former un corps de trois cents hommes armés de mousquets. Les Aleïghat établis en Nubie au dessous du Derr sont reconnus par ceux du Sinaï pour être issus de la même souche. Indépendamment des trois tribus nommées plus haut, les Tiaha et les Terabeïn font également paitre leurs troupeaux dans les cantons septentrionaux de la presqu'ile du mont Sinaï. On trouve dans cette contrée les restes de deux tribus venus originairement de Barbarie, savoir : les *Beni Ouassel* et les *Beni Soleïman*. Quelques Beni Ouassel vivent dans la Haute-Egypte, vis à vis de Mirriet; ils y sont devenus cultivateurs. Maintenant aucun Bédouin du Tor ne possède de chevaux. Afin de compléter ce tableau des Bédouins de l'est, je vais ajouter ici les noms des tribus qui errent dans le voisinage des frontières orientales du Delta d'Égypte.

## *Arabes du Scherkiéh en Égypte.*

Les tribus de ces Arabes attirés de divers cantons par la fertilité du pays furent autrefois très puissantes. Durant le régne des mamelouks en Egypte, on peut dire qu'elles étaient les seules maitresses de la province de Scherkiéh ; elles exigeaient un tribut de tous les villages ; plusieurs de ceux-ci leur appartenaient, et les paysans étaient obligés de partager le produit de leurs champs avec ces propriétaires. L'espace resserré du terrain dans lequel elles vivaient et leur mélange avec les fellahs auxquels ces Arabes donnaient leurs filles en mariage rendirent leur conquête plus facile à Mohammed Aly, qui non seulement les subjugua, mais aussi les extermina presque entièrement : par là il rendit un service trés essentiel à ses propres Égyptiens qui avaient toujours été extrêmement maltraités par ces tribus. Voici les principales :

*El Soualéka* : ils sont parens de ceux de la presqu'île du Sinaï desquels j'ai parlé plus haut.

Les *Aïaïdé* : il y a à peu près deux cents ans, ils formaient une tribu de six cents cavaliers. Ils campent quelquefois dans les montagnes entre Suez et Cosseïr; mais on les rencontre plus ordinairement dans les plaines peu éloignées du Caire. Ils occupent une centaine de tentes ; leurs petites tribus sont les *Salaténé*, les *Dj'erabené* et les *Ma'azi* : il ne faut pas confondre ces derniers avec d'autres portant le même nom. Les Aïaïdé sont en inimitié perpétuelle avec les Hoveïtat. On voit quelques uns de leurs camps sur la route de Syrie menant vers El Arisch.

Les *Hoveïtat* : ils sont parens de ceux de l'est, mais ils ont tellement dégénéré par une suite de leur mélange avec les paysans, qu'il est difficile de les distinguer de ceux-ci; ils sont principalement occupés au transport des marchandises entre le Caire et Suez. Leurs tribus sont *El Maoualléé*, les *Ghanaïmé*, les *Schedaïdé* et les *Zeraïné*, composant ensemble à peu près six cents tentes.

Les *Héteïm*. Un grand nombre d'individus de cette nation, répandue dans presque tous les cantons de l'Arabie, a passé dans la Haute-Égypte, où ils campent au dessus de Kous et de Koft ou Coptos.

Les *Dj'chèïné* : ils sont venus de Hedjaz où leur tribu principale existe encore.

Les *Bili* : ils sont de même de l'orient. Toutes ces tribus sont arrivées soit comme fugitives, pour trouver un asile, soit pour profiter des avantages que des brigands peuvent dériver du voisinage d'un pays aussi riche que l'Égypte. Tous ces Arabes du Scherkiéh ont, à l'exception des Ma'azi, adopté le dialecte égyptien : cette circonstance seule suffisait pour les rendre méprisables dans l'opinion de tous les véritables Bédouins d'Arabie. Au contraire, les petites tribus bédouines de Syrie, qui ne sont jamais sorties des cantons habités et qui sont entourées de paysans syriens, conservent encore leur dialecte national dans toute sa pureté. Les Bédouins de Syrie ne se sont jamais autant mêlés avec les habitans de ce pays que les Bédouins d'Égypte avec les fellahs au milieu desquels ils vivent.

Les *Aleïghat* : cette tribu a de l'affinité avec ceux des montagnes du Sinaï ; ils sont originaires du désert de Syrie.

Les *Azaïré* : ils appartiennent aux Héteïm. On trouve plusieurs camps des Azaïré dans la Haute-Egypte.

La tribu des *Amarat*.

Les *Ma'azi* : ceux-ci font quelquefois paitre leurs troupeaux près du Nil, mais ils demeurent généralement dans les montagnes entre le Caire et Cosseïr; ils sont ordinairement employés au transport des marchandises entre Cosseïr et Kené. Ces Ma'azi sont les seuls Egyptiens de leur race qui aient conservé la langue, le costume, les mœurs et les institutions des Bédouins de l'est, dans toute leur pureté primitive. Ils campaient jadis au midi et à l'orient des O'mra'n, près de Mouïlch, où leurs frères restent encore. Dans le cours du siècle passé, ayant été extrêmement tracassés par différens ennemis, ils abandonnérent leur territoire et cherchérent un refuge en Egypte. Ceux qui entreprirent ce voyage par terre furent, pour la plupart, tués en traversant le pays des Hoveïtat. D'autres allérent par mer à Tor, et arrivérent sains et saufs en Egypte; voyant que le Scherkiéh était suffisamment peuplé de Bédouins, ils se retirérent dans les montagnes à l'est du Nil. Leurs guerres fréquentes avec les beys d'Egypte, et récemment avec le pacha, ont considérablement diminué leur nombre. Aujourd'hui la quantité totale de leurs cavaliers ne s'éléve pas à plus de deux cents. Ils sont sans cesse en querelle avec les Bédouins Ababdé qui vivent au sud sur la route de Cosseïr.

Depuis une trentaine d'années ces tribus du Scherkiéh ont reçu un accroissement considérable.

Les *Hanadi* sont venus demeurer parmi eux. C'est une tribu de Bédouins mogrebins qui ont adopté le costume et les usages des Arabes de Barbarie et de Libye. Ils étaient jadis établis dans le Beheïréh, province du Delta, et dans le désert qui s'étend des pyramides à Alexandrie. Ayant été vaincu par les Aoulad Aly, autre tribu de Mogrebins de la même province, et qui leur étaient trés supérieurs en nombre, ils furent contraints d'abandonner leurs droits au tribut qu'ils avaient exigé des villages du Beheïréh et de les céder à leurs rivaux puissans, puis ils se retirérent au delà du Nil, vers le Scherkiéh, où ils demeurent maintenant. La force la plus considérable de toutes les tribus de cette contrée s'éléve à peu prés à six cents cavaliers. Il y a trente ans, s'il faut en croire leurs propres rapports, elles en comptaient au moins trois mille. Aujourd'hui le pacha d'Egypte lève sur elles un tribut et observe leurs mouvemens avec tant de vigilance qu'elles n'ont pas même la permission de se faire la guerre entre elles; situation la plus désespérante dans laquelle un Bédouin puisse être placé. Le pays entre Belbeïs et Salehié est le plus fréquenté par ces Bédouins auxquels on peut ajouter encore trois tribus, savoir : *El Houamedé*, *Aoulad Mousa* et *Lébadié*.

En retournant des limites de l'Egypte vers les côtes orientales du golfe Arabique, je vais continuer à décrire les différentes tribus de Bédouins jusqu'à la Mecque et à Taïf dans le sud.

Les *Hoveïtat* et les *O'mra'n*, dont il a été déjà question, s'étendent au sud jusque dans le voisinage de Mouïléh. Il y a au milieu d'eux, dans les montagnes, à peu de distance de la mer, des camps des tribus des Bili et des Heteïm; et à deux journées au sud d'Akaba, dans le fertile Ouadi Megna, remarquable par le grand nombre de ses dattiers, demeurent les Arabes Megana qui sont en partie sédentaires ou cultivateurs.

A l'est d'Akaba et de Megna, vers le chemin des pélerins de Syrie, nous trouvons la tribu des *Ma'azi*, qui est constamment en guerre avec les O'mra'n. Ils ont à peu près quatre cents hommes armés de mousquets, et sont les frères des Ma'azi d'Égypte.

Les *Beni Okaba* sont les mêmes que ceux qui habitent le voisinage de Kérek; ils possèdent la petite ville de Mouïléh et le pays qui l'entoure. On rencontre aussi des détachemens d'Arabes Mésaïd dans le voisinage de Mouïléh.

*El Bili*. Ces Arabes vivent dans le pays compris

entre Mouïléh et le château d'Oudjé, et dans l'ouadi du même nom, station principale de la route des pélerins, à cause de l'abondance de son eau excellente. Le château d'Oudjé est placé sur la montagne à trois milles de la mer, où il y a un bon port; la garnison consiste en une douzaine de soldats mogrebins : ce lieu semble avoir été la demeure primitive des Bili; ceux de la même tribu qu'on trouve en Syrie et en Egypte, y sont étrangers établis ou *advenæ*. Au printemps, plusieurs de ces Arabes traversent la mer avec leurs troupeaux, dans de petits bateaux, pour gagner les îles qui sont en vue, et où les pluies de l'hiver ont fait pousser de l'herbe; ils y restent aussi long-temps qu'ils trouvent de l'eau de pluie dans les creux des rochers. On voit quelques Hovcïtat au sud de Mouïléh; on les nomme *Hovcïtat el Kébli*, afin de les distinguer de ceux du nord.

*Hétcïm*. Au sud et à une distance de trois journées d'Oudjé, jusqu'au promontoire et à la montagne de Hassani, le pays est habité par les Hétcïm. Parmi les tribus innombrables qui peuplent le désert de l'Arabie, aucune n'est plus dispersée, ni vue plus fréquemment dans tous les cantons de cette contrée que les Hétcïm. En Syrie, dans la Basse et la Haute-Egypte, tout le long de la côte du golfe Arabique, jusqu'aux confins de l'Yemen, dans le Nedjd et en Mésopotamie, on rencontre toujours des camps de Hétcïm. C'est peut-être à cause de cette humeur vagabonde qu'ils sont bien moins respectés que les autres tribus. En effet, si un Bédouin en appelle un autre *Hétcïmi*, celui-ci regarde cette qualification comme une insulte très sérieuse, les Héteïm étant méprisés comme une race abjecte, et dans la plupart des provinces, les autres Bédouins ne veulent pas se lier avec eux par des mariages. De plus, ils sont obligés presque partout de payer un tribut aux Bédouins du voisinage, pour obtenir la permission de faire pâturer leurs troupeaux; je crois même qu'à l'exception de ce territoire baigné par les eaux du golfe Arabique, où la propriété du terrain est à eux, ils ne sont nulle part considérés comme possesseurs du lieu qu'ils habitent, tandis que c'est le contraire de tous les Bédouins purs et véritables. Ainsi en Egypte, en Syrie et en Hedjaz, les Héteïm paient une redevance en brebis à tous leurs voisins. Convaincu du peu d'estime que l'on a universellement pour eux, ces Héteïm ont renoncé à tout leur esprit martial et sont devenus d'un caractère pacifique, mais extrêmement insidieux, ce qui a encore ajouté à l'aversion qu'on avait pour eux.

Les femmes héteïm ont la réputation d'être très belles, et d'avoir des mœurs très libres; les Arabes disent que l'esclave d'un Héteïm n'essaiera jamais de s'enfuir, parce que sa maitresse n'hésite pas de lui accorder ses faveurs. Toutefois on doit convenir que les Héteïm sont recommandables par leur conduite généreuse et leur hospitalité envers les étrangers; mais ils ont été en quelque sorte forcés d'adopter ces vertus, afin de se concilier à un certain degré l'amitié de leurs voisins. De même que tous les autres Bédouins de cette côte, ce sont des pêcheurs actifs; ils vendent leur poisson sec à tous les navires qui vont au Hedjaz ou qui en viennent. Les Héteïm pèchent aussi des perles près de plusieurs iles. Ils achètent à Mouïléh et à Oudjé leur provision de blé; ils vivent principalement de lait, de viande, de poisson et de miel sauvage. Ils ne possèdent que peu de chameaux et n'ont pas du tout de chevaux; en revanche, leurs troupeaux de brebis sont très nombreux, et ils vont les vendre à Tor et à Yambo. En général, les Bédouins de ce côté du golfe Arabique sont pauvres, parce que leur terre n'offre pas de bons pâturages, et ils vivent à une si grande distance des villes qu'ils ne peuvent tirer aucun avantage des rapports qu'ils auraient avec leurs habitans s'ils étaient moins éloignés.

Les *Beni Abs*. Un petit nombre de familles de cette ancienne et célèbre tribu au milieu de laquelle le célèbre Antar fut élevé continue à habiter le Djebel Hassani, à trois ou quatre jours de marche au nord d'Yambo, et l'ile El Harra, située vis à vis de cette montagne. Ce sont les seuls Bédouins de l'Arabie qui conservent le nom d'*Abs*, quoiqu'il existe encore plusieurs tribus qui se prétendent issues de cette illustre nation, mais elles sont connues sous des dénominations différentes. De même que les Héteïm, ces Arabes sont en très mauvais renom; et l'appellation d'*Absi* est appliquée à un étranger avec l'intention formelle de l'insulter, tout comme quand on se sert du nom de *Héteïmi*. Les Abs possèdent plusieurs petits navires dans lesquels ils transportent des vivres au Hedjaz et à Suez; quand les pluies ont cessé, ils mènent paitre leurs brebis nombreuses sur l'ile Harra dont j'ai déjà parlé. Au commencement du siècle dernier, ces Abs étaient encore une tribu nombreuse; maintenant même, le petit nombre de familles qui restent a droit à un tribut de la part des caravanes de pélerins d'Egypte, tribut que, dans des siècles très reculés, leurs ancêtres s'étaient approprié.

Les *Djeheïné*. Au sud du Djebel Hassani, montagne qui, ainsi que je viens de le dire, s'élève au nord d'Yambo, on commence à rencontrer les tentes de la grande tribu des Djeheïné, qui s'étend le long de la côte maritime jusqu'à cette ville et à l'est jusqu'à Hedié, station sur le chemin du hadj de Syrie. Depuis Yambo, en allant vers Médine, ces Djeheïné possèdent les terres jusqu'à une distance de douze ou quinze heures. Les vallées cultivées d'Yambo el Nakhel leur appartiennent aussi. Une partie de cette tribu est devenue sédentaire, mais le plus grand nombre est resté Bédouin. Elle compose la principale portion de la population d'Yambo, et quoiqu'elle ne possède que peu de chevaux, on dit qu'elle peut réunir huit mille hommes armés de mousquets. Ces Djeheïné sont constamment en guerre avec leurs voisins les Beni Harb. L'aide de ceux-ci donna les moyens à Saoud, chef des Wahhabites, de subjuguer les Djeheïné; tandis que toutes les autres tribus au sud d'Akaba, desquelles j'ai fait mention précédemment, avaient invariablement refusé de se soumettre; et Saoud n'avait pas jugé qu'il fût expédient de les attaquer dans leurs montagnes; il se contentait de les faire harceler par des détachemens qui les pillaient. Les Djeheïné reconnaissent de nom la suprématie du schérif de la

Mecque; ils furent très utiles au pacha d'Egypte en 1812, pour la prise de Médine.

De même que tous les Bédouins vivant au midi d'Akaba, desquels je me suis occupé auparavant, les Djeheïné ont droit à un surra, ou tribut pour le passage, de la part des pélerins de la caravane d'Egypte. Je ne suis pas en état de donner des détails sur les tribus qui dépendent d'eux.

Maintenant je vais retourner à la latitude d'Akaba et traiter des tribus de Bédouins du désert oriental vers le Nedjd et de là jusqu'à Médine.

### *Bédouins du désert entre Akaba el Schami ou Akaba de Syrie et Médine, y compris ceux du Nedjd.*

Je ne puis parler de ces tribus que par ouï-dire et d'après des rapports authentiques, tandis que j'ai connu par moi-même des Bédouins de toutes les autres tribus qui sont citées dans mes notes, et qui s'étendent depuis les bords de l'Euphrate jusqu'à la Mecque et à Taïf. Les tribus que je vais décrire sont toutes wahhabites et continuent à professer cette doctrine même après la campagne de Mohammed Aly pacha contre ces sectaires.

Le désert au sud d'Akaba jusqu'à Hedjer est habité presque entièrement par les A'nezé. Les puits de ce désert sont peu nombreux et voilà pourquoi les Bédouins s'arrêtent rarement pendant long-temps sur la route des pélerins; ils fixent leur demeure dans les cantons orientaux vers le Djebel Schammar et le Cassîm.

Voici quelles sont les tribus d'A'nezé campées dans cette contrée :

Les *Aoulad Soleïman*, tribu des Bischer; ils ont à peu près cinq mille tentes dans le voisinage de Khaïbar.

Les *Raouallah*, section des *Djela'*, sont également établis à Khaïbar.

*El Fokara*, démembrement des Aoulad Aly, à Hedjer. Ces Fokara sont tès célèbres pour leur bravoure. Toutes les tribus qui viennent d'être mentionnées sont riches en chevaux, et exigent un tribut des caravanes de pèlerins.

### *Bédouins du Djebel Schammar.*

Les *Beni Schammar* ont pour scheikh Ibn Aly, homme qui jouit d'un crédit considérable à la cour du chef des Wahhabites. Ces Beni Schammar ne possèdent que peu de chevaux; mais ils peuvent réunir à peu près quatre mille hommes tous armés de mousquets. Quelques uns sont Bédouins, d'autres cultivateurs. Une partie de leur tribu vit en Mésopotamie, où ils se sont toujours montrés grands ennemis des Wahhabites.

Les *Degheïfat* sont la branche la plus nombreuse des Beni Schammar.

*El Dja'afar.*

*El Reba'aï;* ceux-ci descendent de l'ancienne

tribu des *Beni Deïgham*, dont le chef Orar el Deïghami est souvent nommé dans les contes arabes.

Les *Zegheïra't;* ils sont également issus des Beni Deïgham, et sont cultivateurs dans les environs d'Imam Hosseïn.

Il y a dans le Djebel Schammar et dans le Nedjd plusieurs autres tribus bédouines, outre celles dont j'ai parlé, mais je n'ai pu apprendre leurs noms.

### *Bédouins du Cassïm et d'autres cantons du Nedjd.*

Il y a peu de grandes tribus du désert d'Arabie qui n'aient pas un campement dans le Nedjd. Les habitans de toutes les villes et de tous les villages de cette contrée sont issus de tribus de Bédouins auxquels ils ressemblent beaucoup par les mœurs et par les institutions. Voici les tribus qui errent pendant toute l'année dans cette partie du pays :

Les *Selga;* c'est une des grandes branches des Bischer qui font partie des A'nezé. Ibn Haddal, leur scheikh, était en grande faveur auprès du gouvernement wahhabite.

Les *Sahhoun* sont célèbres par leur bravoure et leur activité comme cavaliers; ils en comptent trois cents.

Les *Beni Lam;* ils sont parens des Arabes du même nom qui font paître leurs troupeaux sur les rives du Schat el Arab; ils ne composent qu'une petite tribu.

Les *Héteïm ;* nous retrouvons cette tribu ici, de même que dans les autres cantons de l'Arabie.

Les *Beni Hosseïm ;* cette tribu d'Arabes errans est, comme la nation persane, de la secte d'Aly. Ils firent la démonstration d'adopter la doctrine des Wahhabites, mais ils continuèrent à être secrètement attachés à celle des schiites.

Les *Za'ab;* cette tribu, peu considérable, demeure dans le Nedjd et dans le Hassa.

Les *Akheïl;* c'était, dans les siècles passés, une tribu puissante, issue des Beni Helal. Ils sont aujourd'hui dispersés en hordes peu nombreuses dans les villages du Nedjd. Une autre tribu, nommée également Beni Akheïl, a récemment surgi, depuis le règne du sultan Mourad. Tous les Arabes du Nedjd, soit sédentaires, soit Bédouins, qui sont à Bagdhad et qui s'y établissent, deviennent membres de la tribu des Akheïl de cette ville, tribu qui y jouit d'une influence considérable, et est réellement le principal appui du pacha dans ses guerres avec les Bédouins des environs et contre les rebelles de cette capitale. Le chef de ces Akheïl de Bagdhad est toujours un Arabe natif de Déraïeh, qu'ils élisent entre eux et qui est confirmé par le pacha. Les Akheïl sont renommés pour leur vaillance. Ils conduisent les caravanes de Bagdhad en Syrie, et ont fréquemment repoussé des armées de Wahhabites supérieures en nombre. Ils se partagent à Bagdhad en deux classes, savoir :

1°. Les *Zogorti*, qui comprennent les gens les moins riches et les colporteurs ;

2°. Les *Djémamil ;* ceux-ci conduisent les caravanes. Dans ces deux classes des Akheïl on trouve des Arabes appartenant à diverses tribus et à d'autres cantons tels que : El Hassa, El A'aredh, El Cassîm et Djebel Schammar. Les Arabes sédentaires du canton de Zebeïr, faisant partie du Nedjd, qui viennent à Bagdhad, ne sont pas admis comme membres de ce corps. On ne trouve pas non plus parmi ces Akheïl des Arabes de la tribu méridionale des Douaser vivant sur les frontières de l'Yemen.

Les *Meteïr*, ou, comme on les appelle quelquefois, les *Emteïr* : c'est une forte tribu, elle compte douze cents cavaliers, et a environ huit cents mousquets. Ces Meteïr demeurent dans le Nedjd, principalement dans le Cassîm, puis au delà vers Médine; ils se subdivisent en quatre branches principales, qui sont : 1° les *Alaoua;* Douisch, leur scheikh, était allié de Tousoun pacha dans ses guerres contre les Wahhabites; 2° les *Bora'ï;* leur scheikh se nomme Merikhi; 3° El *Harabesché; 4° El Borsan :* on rencontre également quelques uns de ces Meteïr en Mésopotamie : tous sont ennemis invétérés des A'nezé.

*Bédouins depuis le Cassîm en allant vers Médine et la Mecque.*

Excepté l'espace occupé par les Meteïr, et quelques campemens des Héteïm, toute cette étendue de pays est habitée par la puissante tribu des *Harb*, qui ne le cèdent, pour le nombre, qu'aux seuls A'nezé, et après eux composent l'association de Bédouins la plus formidable de l'Arabie.

*Les Beni Harb* (1).

On pourrait probablement former de la masse de cette tribu une armée d'une quarantaine de mille hommes armés de mousquets ; telle est la force numérique des principales tribus des Harb, que chacune d'elles peut être considérée comme un corps distinct ; néanmoins les liens qui lient entre elles les différentes tribus de cette nation sont beaucoup plus forts que ceux qui réunissent les nombreuses tribus des A'nezé. Une portion des Harb a adopté la vie sédentaire, d'autres ont conservé celle des Bédouins ; on trouve l'une et l'autre chez la plupart des tribus. Les Harb tirent un profit considérable des caravanes de pélerins d'Égypte et de Syrie ; on peut les appeler les maitres du Hedjaz. Ils furent les derniers de ce pays à se soumettre aux Wahhabites. Au sud de Médine, ils n'ont que peu de chevaux, mais tout jeune homme est armé d'un mousquet. Les Arabes appartenant à cette grande tribu des Harb, font de fréquentes expéditions pour piller les A'nezé, dans leurs camps, jusque dans les plaines du Hauran près de Damas.

*Tribus des Harb à l'est de Médine.*

Les *Mezeïné* ; ils peuvent mettre sur pied à peu

(1) On peut remarquer ici qu'en arabe le mot *harb* signifie *guerre*.

près cinq cents cavaliers et deux mille hommes armés de mousquets. Ils devinrent Wahhabites longtemps avant que les autres fussent soumis ; ils sont tous Bédouins.

Les *Ouhoub* et les *Gharba'n.*

Les *Djenaïné;* quelques uns ont des demeures fixes et cultivent des champs entre les collines à l'est de Médine, jusqu'à une distance de deux à trois journées; c'est de cette circonstance qu'ils tirent leur nom.

Les *Beni Aly*. Ceux-ci sont schiites et par conséquent sectateurs d'Aly. Ils possèdent cinq cents mousquets. Quelques uns, en petit nombre, ont des demeures fixes. Ils ont des puits situés dans des emplacemens fertiles où ils cultivent du froment et de l'orge : mais ils continuent à vivre sous des tentes et passent la plus grande partie de l'année dans le désert.

### *Tribus des Harb voisines de Médine à l'est et au sud.*

Les *Beni Safar* ou *Beni Ammer*. Cette tribu compte à peu près trois mille mousquets et trois cents cavaliers; ils demeurent à l'est et au sud de Médine, et ont la réputation d'être poltrons et fourbes; beaucoup sont cultivateurs. Le canton d'*El Féra*, d'où l'on exporte des dattes dans tout le Hedjaz, et qui passe pour très fertile, est en leur possession. Doïni, leur scheikh, se joignit d'abord à l'armée turque; mais dans le Cassim il retourna aux Wahhabites.

*El Hamedé;* ils sont aussi au sud et à l'est de la Mecque, et leur force est égale à celle des Beni Safar. Il n'y a parmi eux que peu de cultivateurs; Mohammed Ibn Motlab est considéré aujourd'hui comme le chef de tous les Beni Harb. Il a succédé à Djezié qui fut traitreusement tué à Médine en 1814 par le gouverneur turc.

Les Beni Harb qui demeurent entre Médine et la Mecque ont droit à un surra ou tribut considérable des caravanes de pèlerins de Syrie et d'Égypte. La contribution de ces derniers est, dit-on, d'environ huit mille piastres fortes que les scheikhs partagent entre eux et avec beaucoup de personnes.

### *Tribus des Harb au sud de Médine.*

Les *Beni Salem.* Ils vivent au milieu des vallées de Djedeïdé et de Ssafra, dans des maisons entourées de plantations de dattiers; il n'y en a qu'un petit nombre qui soient Bédouins. Ils ont deux mille cinq cents hommes armés de mousquets, et passent pour excellens soldats; ils reçoivent un tribut considérable de la caravane des pèlerins de Syrie, ceux-ci étant obligés de traverser leur territoire.

Les *Houaseb;* ils possèdent El Hamra, village avec des champs et des jardins entre Djedeïdé et Ssafra. Presque tous les Houaseb sont Bédouins.

Les *Sobh;* ils peuvent réunir deux mille cinq cents hommes armés de mousquets, et réputés les plus belliqueux de tous les Harb. Béder et tout le pays voisin leur appartiennent. Je les ai vus, pendant le jour, assis dans leurs petites boutiques à Béder, où se tient le marché, et le soir monter sur leurs chameaux afin de pouvoir retourner vers leurs familles dans le désert. Quelques uns sont établis à demeure à Béder; le plus grand nombre habite la montagne de Sobh à l'est de Béder, laquelle est inaccessible aux ennemis, et qui fut le refuge de la tribu de Harb contre les Wahhabites : ceux-ci ne purent les en déloger. Le baumier et le séné croissent très abondamment sur cette montagne. Les Sobh se subdivisent en trois tribus qui sont les *Schobka'n*, les *Reala't* et les *Khadhéra*.

*El Ouf;* ce sont les plus farouches de tous les Harb. Ils occupent les montagnes au sud du Djebel Sobh, du côté de Rabegh; ils n'ont jamais été complétement subjugués par les Wahhabites. Le nom des Ouf est redouté jusqu'à la Mecque et notamment par tous les pélerins; car ce sont des voleurs très entreprenans; et des bandes de ces Arabes, fortes de trois à quatre cents hommes, ont enlevé, de nuit, par force, des ballots de prix, du milieu du camp des pélerins. Ils ont l'habitude de suivre pendant la nuit, à une distance de plusieurs jours de route au delà de Médine, la caravane à son retour, dans l'espérance de s'emparer des traineurs.

*El Haïb;* cette branche des Ouf a émigré en Syrie, ainsi que je l'ai déjà dit, et occupe, avec ses chameaux, les fertiles pâturages des sommets du mont Liban.

Les *Doui Daher;* ils s'étendent depuis Rabegh

jusque vers la Mecque. On trouve aussi plusieurs de leurs campemens dans le voisinage de Médine; ils occupent le pays jusqu'à l'Ouadi Fatmé. Ghanem, leur Scheikh, rendit de grands services à l'armée turque à Médine.

### *Les Beni Harb du pays inférieur ou Téhama, ou El Ghor entre les montagnes et la mer.*

Les *Zebeïdé;* ils possèdent la côte depuis le voisinage d'Yambo jusqu'à Djidda et à Leith. On trouve également des campemens de Héteïm, au sud de Djidda, dans la direction de Leith. Beaucoup de Zebeïdé ont des demeures fixes. Le marché de Kholeïs, avec son canton fertile, à deux journées de route au nord de Djidda, est leur station principale; mais leur territoire étant généralement maigre, il faut qu'ils aient recours à d'autres moyens de subsistance que ceux qu'ils peuvent tirer de leurs troupeaux. Ce sont des pêcheurs très actifs; beaucoup sont marins et servent de pilotes entre Yambo et Djidda. Leur connexion intime avec les habitans des villes du Hedjaz et le commerce auquel ils se livrent, les font regarder avec dédain par les autres tribus des Harb. Un Arabe de la tribu des Sobh ou de celle des Beni Salem ressentirait comme une insulte sérieuse que quelqu'un l'appelât un Zebeïdé. On dit qu'une portion de cette même tribu des Zebeïdé est établie dans le Schat el Arab, au dessous de Bagdhad.

Les chevaux sont très rares chez les Harb depuis

Médine jusqu'à la Mecque; on n'en trouve qu'un très petit nombre appartenant à leurs principaux personnages.

J'ai connu personnellement la plupart des tribus des Harb dont je viens de faire mention; les noms des autres tribus de la même nation m'étaient familiers, quoique je ne me rappelle pas exactement le lieu où chacun demeurait; mais j'ai des raisons de croire que c'était sous la latitude de Médine; voici leurs noms : *Seddéla, Djemméla et Sa'adin.*

*Bédouins depuis Médine jusque dans le voisinage de La Mecque et de Taïf, à l'est de la grande chaîne de montagnes.*

Les *Beni Harb* demeurent sur ces montagnes ainsi qu'à l'ouest de la chaine, du côté de la mer. A l'est de ces monts, se déploient les plaines habitées par la puissante tribu des *Ateïbé,* dont le territoire s'étend au sud jusqu'à Taïf. Leurs pâturages sont excellens. Ils possèdent un grand nombre de chameaux et de brebis; ils ont aussi des chevaux, et jouissent de la réputation d'être braves, puisqu'ils sont constamment en guerre avec tous leurs voisins. Avant l'époque des Wahhabites, ils étaient les ennemis les plus invétérés des Harb, et tiraient un gros profit des caravanes de pélerins qui passaient sur leurs terres; il y a deux routes de pélerins, l'une va de Médine à la Mecque par l'ouest en traversant le pays des Harb, l'autre suit la direction de l'est et conduit chez les Ateïbé. Je ne connais pas les différentes branches de ces nations. Ils doivent compter au moins six mille mousquets, et peut-être en ont-ils dix mille.

## *Bédouins de La Mecque.*

Les *Lahhian* demeurent entre La Mecque et Djidda; ils sont parens des Hodheïl et des Metarefé : ils occupent Hadda et Bahza, les deux principales stations de cette route. Quelques uns habitent des cabanes où les voyageurs font halte; les autres font paitre leurs troupeaux dans les montagnes voisines. Ils possèdent à peu près deux cent cinquante mousquets. Les Bédouins des environs de La Mecque sont tous pauvres, à cause de la stérilité du terrain sur lequel ils vivent, et du haut prix des denrées et des vivres dans ce pays. Ceux de Taïf sont beaucoup plus à leur aise.

## *Bédouins au sud de La Mecque dans le Téhama ou le pays bas.*

Les *Beni Fahem*, qui approvisionnent La Mecque de charbon et de brebis, habitent cette contrée; ils sont renommés pour avoir conservé la langue arabe dans toute sa pureté. Ils peuvent rassembler à peu près trois cents hommes armés de mousquets.

Les *Beni Djéhadelé* occupent le pays au sud des Fahem vers l'Ouadi Lemlem. En temps de paix, ils conduisent les caravanes de La Mecque à la côte de l'Yemen.

*Bédouins à l'est de La Mecque dans la direction de la grande chaîne de montagnes.*

On rencontre, dans l'Ouadi Fatmé et dans l'Ouadi Zeïmé ou Ouadi Limoun, quelques schérifs appartenant aux familles de schérifs de La Mecque, et à la tribu de Doui Barakât; ils cultivent ces vallées fertiles et campent également dans le désert voisin.

Les *Koreïsch* : il ne reste plus de cette tribu fameuse que trois cents hommes propres à porter le mousquet. Malgré leur grand nom et leur antique célébrité, ils sont peu estimés des autres Bédouins. Ils campent dans le voisinage du mont A'rafat. Ils fournissent à La Mecque du lait et du beurre.

Les *Rischié* : c'est une petite tribu : elle ne peut pas réunir plus de quatre-vingts mousquets. Les Rischié s'occupent du transport des marchandises entre La Mecque et Djidda. Ils sont d'une origine récente, des espèces d'habitans venus du dehors (*advenæ*) et pour lesquels on a peu de considération. Leurs petits camps sont dressés dans l'Ouadi Noman, sur le chemin de l'A'rafat à Taïf; ils cultivent quelques champs dans cette vallée.

Les *Kaba'kebé* : ils demeurent dans le voisinage de Scheddad, station au delà de l'A'rafat, vers l'est; ils comptent à peu près cent cinquante hommes armés de mousquets.

Les *Adouan* : il y a une quarantaine d'années, ils formaient une tribu considérable, qui réunissait mille mousquets. Leurs guerres continuelles avec tous leurs voisins les ont réduits à un peu plus de huit cents familles; et récemment ils ont été presque anéantis par Mohammed Aly pacha. C'était une ancienne et noble tribu, qui ne le cédait à aucune autre du Hedjaz pour la bravoure et l'hospitalité; elle occupait le premier rang dans l'estime publique. Les Adouan étaient les amis intimes des schérifs de La Mecque. Le schérif régnant et toutes les familles des autres schérifs avaient la coutume d'envoyer leurs garçons, lorsqu'ils étaient âgés de huit jours, chez les Bédouins et notamment dans la tribu des Adouan pour y recevoir leur éducation, et ces enfans y restaient jusqu'à ce qu'ils eussent appris à diriger un cheval avec dextérité. On sait que Mahomet fut élevé de cette manière dans la tribu des Beni Sad. Leur système de politique actuel les a rendus ennemis de La Mecque. Othman el Medhaïfé, leur dernier scheikh, était beau-frère du schérif Ghaleb, qui le fit prisonnier; envoyé à Constantinople, il fut décapité; les Wahhabites l'avaient nommé chef de tous les Bédouins de La Mecque et de Taïf. A sa mort, la tribu tomba en décadence; le petit nombre de familles d'Adouan qui resta, se réfugia au milieu des Ateïbé.

Jadis les Adouan n'avaient pas de pâturages déterminés; ils campaient dans tout le pays depuis Djidda jusqu'à Taïf. Leur réputation était si grande, qu'un jour un Arabe de la tribu des Hodheïl me dit : « Où chercherons-nous aujourd'hui des mo- » dèles de générosité et de courage, puisque les » Adouan s'en sont allés? » Les *el Hareth*, petit rameau de cette tribu, étaient tous schérifs de la race des Beni Haschem. On rencontre aussi dans le Nedjd des branches de ces Adouan; elles sont peu nombreuses, mais désignées par les mêmes noms.

### *Bédouins de Taïf.*

Ces Bédouins sont compris sous la dénomination de *Thekif;* on classe quelquefois les Hodheïl avec eux; mais en général ces derniers ne sont pas renfermés sous ce nom.

Les *Hodheïl* occupent la contrée escarpée et montagneuse qui s'étend de La Mecque à Taïf, surtout les environs du Djebel Kora. Ils réunissent mille mousquets et passent pour les tireurs les plus habiles de tout le pays. C'est une tribu fameuse; elle se distingue par sa valeur. Les Wahhabites leur tuèrent plus de trois cents de leurs meilleurs guerriers avant que la tribu consentit à se soumettre. Les Hodheïl n'ont que peu de chameaux; en revanche, leurs brebis et leurs chèvres sont nombreuses. Ils sont subdivisés en trois petites tribus: les *Alouieïn*, les *Nedouieïn* et les *Beni Khaléd.*

Les *Toueïrek:* ils demeurent au sud des Hodheïl et sur la même montagne; ils comptent à peu près cinq cents mousquets. Ils ont la réputation d'être des larrons très experts; accusation que l'on ne porte pas contre les Hodheïl; ceux-ci sont des déterminés voleurs de grand chemin.

Les *Thekif:* cette tribu est très puissante; elle possède le pays fertile qui environne Taïf, ses jardins et d'autres emplacemens féconds sur la pente orientale de la grande chaîne des montagnes du Hedjaz. Beaucoup de Thekif ont des demeures fixes. La moitié des habitans de Taïf appartient à cette tribu ; d'autres continuent à vivre sous des tentes. De même que tous ces montagnards, les Thekif ont peu de chevaux ou de chameaux, mais ils sont riches en troupeaux de brebis et de chèvres.

Les principales tribus des Thekif sont les *Beni Sofian*, qui mènent tous la vie de Bédouins ; ils peuvent réunir à peu près sept cents mousquets. Deux petites tribus, les *Modher* et les *Rabia*, demeurent avec les Thekif et s'associent à leur intérêt, quoique je doute qu'elles fissent proprement partie de leur camp. Ce sont ces Beni Rabia dont les émigrans ont peuplé une partie considérable de la Nubie et dont les descendans sont les *Kénouz*, mal à propos nommés les *Beraba'ra* en Egypte, au dessus de la première cataracte. Les Thekif peuvent mettre sur pied deux mille hommes armés de mousquets ; ils défendirent Taïf contre les Wahhabites.

### *Tribus au delà de Taïf en allant au midi vers l'Yemen.*

Je ne puis parler de ces tribus que par ouï-dire ; ainsi je ferai mention seulement de celles dont les territoires sont plus particulièrement décrits dans mes voyages en Arabie.

*Bédouins depuis Taïf, le long de la plaine du sud-est, dans la direction du nord au sud.*

En allant de Taïf à l'est, nous trouvons à Ossoma une tribu d'*Ateïbé* et à Taraba la forte tribu d'*El Bégoum*. De là, en se dirigeant au sud, sur le dos de la grande chaîne des montagnes, on rencontre les *Beni Oklob*. A Ranié, sont les *Beni Sabia*, et vers l'Ouadi Beïsché, les *Beni Sa'lem*, qui comptent cinq mille mousquets. Au sud de ceux-ci, demeurent les Beni Kahtan, grande tribu; c'est la plus forte et la plus considérable entre les Ateïbé et le Hadramaut. Ils possèdent une bonne race de chevaux, et leurs hommes montés sur des chameaux sont les meilleurs soldats des plaines du midi.

Les *Beni Kahtan* se subdivisent en deux tribus, savoir: *Es Sahama*; *Gormola*, leur scheikh, était un grand ami de Saoud; et la tribu d'*El Aasi;* Hescher, leur scheikh, est le guerrier le plus renommé de tout le pays.

Les *Beni Douaser*: c'est une tribu farouche; elle a peu de liaisons avec les Bédouins sédentaires; ces Douaser sont de grands chasseurs d'autruches.

Parmi les tribus dont je viens de faire mention, les Bégoum, les Sabia et les Beni Sa'lem sont en partie cultivateurs. Les Kahtan et les Douaser sont exclusivement Bédouins. Les Kahtan sont, de tous les Arabes du désert oriental, les plus riches en chameaux. Un Kahtan de la classe moyenne possède quelquefois cent cinquante de ces animaux, et l'homme qui n'en a que quarante est réputé pauvre. Tous leurs chameaux sont de couleur noire.

On décrit les *Beni Kelb* comme étant à moitié sauvages.

Les *Beni Yam* sont cultivateurs dans l'Ouadi Nedjran : c'est une tribu belliqueuse que les Wahhabites ne purent pas venir à bout de subjuguer. Quelques Beni Yam sont schiites. Les plus orthodoxes d'entre eux se subdivisent en deux petites tribus : les *Okman* et *el Marra*. On cite ce mot de Mahomet : « Les pires de tous les noms sont Harb » et Marra. »

Les *Beni Kholan* sont limitrophes du territoire de l'Imam de Sana'a.

### *Bédouins au delà de Taïf, le long des montagnes, en allant au midi.*

Les *Beni Sad*. Masoudi, dans son ouvrage intitulé *les Prairies d'or*, parle de ces Beni Sad et des Kahtan que je nomme en même temps, parce qu'ils sont voisins les uns des autres dans la direction du sud. Il dit que ce sont les seuls restes des tribus primitives de l'Arabie; la plupart des autres tribus des environs de La Mecque, de Médine et de Taïf sont bien connues dans l'histoire de cette contrée, depuis la propagation de l'islamisme; d'autres, telles que les Hodheïl, les Thekif, les Fahem, les Harb, les Mezeïné, l'étaient antérieurement à Mahomet; mais les Beni Sad et les Kahtan sont fameux depuis l'antiquité la plus reculée, lorsque l'histoire de l'Arabie est encore couverte en grande partie d'une obscurité complète.

Les *Nasser*, les *Beni Malek*, les *Ghamed* et les *Zohran*. Chacune des trois dernières de ces tribus peut lever de cinq cents à mille hommes armés de mousquets; les Zohran en ont jusqu'à quinze cents.

Les *Schomran*: c'est une tribu très forte; ils s'étendent également dans les plaines de l'est et de l'ouest. Les *Asabéli*, les *Ibn el Ahmar*, les *Ibn el Asmar* et les *Beni Schafra*.

Les *Asir*: ils forment la tribu la plus nombreuse et la plus belliqueuse de ces montagnes, et exercent une influence considérable sur tous leurs voisins. Ils peuvent réunir quinze cents hommes armés de mousquets.

Les *Abidé*, les *Senhan*, les *Ouada'a*, forte tribu, les *Sahhar* et les *Baghem*.

Ici commence le territoire de l'Imam de Sana'a; la route qui conduit à cette ville passe chez les *Sofian*, les *Hasched*, les *O'mra'n* et les *Hamdan*.

Toutes les tribus de ces montagnes cultivent la terre, mais parmi les Arabes qui les composent, beaucoup vivent sous des tentes, et au printemps descendent dans les plaines voisines pour faire paître leurs troupeaux; ils n'ont qu'un petit nombre de chevaux ou de chameaux, toutefois leur terrain est fécond, et ils vont en vendre les productions le long de la côte de l'Yemen.

*Chevaux* (voy. p. 146 de ce volume).

L'Arabie passe généralement pour être très riche en chevaux : c'est une erreur. On n'en élève que dans la partie du pays où les pâturages abondent; c'est seulement dans ces cantons que ces animaux se multiplient, tandis qu'ils sont rares chez les Bédouins qui habitent des territoires dont le sol est maigre.

Ainsi il est reconnu que les tribus qui possèdent le plus de chevaux sont celles qui occupent les plaines comparativement fertiles de la Mésopotamie, les rives de l'Euphrate et les plaines de Syrie. Dans ce pays, les chevaux, pendant plusieurs mois de printemps, peuvent paître les herbes et les plantes vertes des vallées fertilisées par les pluies, et cette nourriture paraît absolument nécessaire pour favoriser la pleine croissance et la vigueur du cheval. Nous trouvons que dans le Nedjd les chevaux ne sont pas à beaucoup près si nombreux que dans les pays que je viens d'indiquer, et qu'ils deviennent moins communs à mesure qu'on avance vers le sud.

Dans le Hedjaz, particulièrement dans sa région montagneuse et en allant de là vers l'Yemen, on ne rencontre plus qu'un petit nombre de chevaux; encore sont-ils amenés en partie du nord : les tribus des A'nezé, sur les frontières de Syrie, ont de huit à dix mille chevaux; et quelques tribus plus petites, qui errent de ces côtés, en ont probablement la moitié de ce nombre. La seule tribu des Arabes Montefik, dans le désert baigné par l'Euphrate, entre Bagdhad et Basra, peut être regardée comme ayant huit mille chevaux au moins. Les tribus de Dhofir et de Beni Schammar ont proportionnellement autant de ces nobles quadrupèdes; tandis que la province du Nedjd, le Djebel Schammar et le Cassîm, c'est à dire depuis le voisinage du golfe Persique jusqu'à Médine, n'en possèdent pas au delà de dix mille.

Parmi les grandes tribus le long de la mer Rouge, entre Akaba et La Mecque et au sud-sud-est de La Mecque jusqu'à l'Yemen, les chevaux sont très rares, particulièrement chez les tribus qui habitent les territoires montagneux.

Dans la plaine de l'est, entre Beïsché et Nedjrau, les chevaux sont plus nombreux. La tribu de Kahtan, qui habite cette contrée, est célèbre par ses excellens haras; et on peut en dire autant de la tribu des Douaser.

Les habitans sédentaires du Hedjaz et de l'Yemen n'ont pas autant l'usage d'entretenir des chevaux; et je crois que, d'après un calcul modéré et raisonnable, on peut porter à cinq ou six mille au plus le nombre de ces animaux que contient le pays depuis Akaba ou le coin septentrional de la mer Rouge jusqu'aux rivages méridionaux de l'Océan près du Hadramaut, y compris la grande chaîne de montagnes et les terrains bas de l'ouest vers la mer. La grande chaleur du climat dans l'Oman est réputée défavorable à l'élève des chevaux, qui y sont encore plus rares que dans l'Yemen.

Ainsi, quand j'affirme que le nombre total des chevaux de la partie de l'Arabie bornée par le cours de l'Euphrate et par la Syrie n'excède pas cinquante mille (nombre inférieur de beaucoup à ce que la même étendue de terrain en fournirait dans toute autre contrée d'Asie ou d'Europe,) je suis persuadé que mon estime n'est nullement au dessous de la vérité.

Dans cette partie de l'Orient, je ne connais pas de pays qui paraissent abonder en chevaux plus que la Mésopotamie; les tribus de Curdes et de Bédouins qui habitent cette région en ont probablement plus que tous les Bédouins Arabes ensemble; car l'excellente qualité des pâturages en Mésopotamie contribue essentiellement à augmenter la race.

Les meilleurs pâturages de l'Arabie produisent non seulement le plus de chevaux, mais encore ceux de la race la plus belle et la plus distinguée. Les meilleurs étalons de pur sang se trouvent dans les déserts de Syrie; tandis que, dans les régions méridionales de l'Arabie et particulièrement dans l'Yemen, il n'y a de bonne espèce que celle qui a été amenée du Nord. Les Bédouins du Hedjaz n'ont que peu de chevaux, leur force principale consistant en hommes montés sur des chameaux et en fantassins armés seulement de mousquets. Dans tout le pays de La Mecque à Médine, entre les montagnes et la mer, ce qui forme une distance de deux cents soixante milles, je ne pense pas qu'on puisse rencontrer deux cents chevaux; et la même proportion peut se remarquer tout le long de la mer Rouge depuis Yambo jusqu'à Akaba.

Les armées combinées de tous les chefs des Wahhabites méridionaux, qui attaquérent Mohammed Aly Pacha dans l'année 1815, à Bisel, étaient de vingt-cinq mille hommes ; elles n'avaient que cinq cents cavaliers appartenant principalement au Nedjd et à la suite de Faïsal, un des fils de Saoud, qui était présent.

Le climat et les parages de l'Yemen sont regardés comme dangereux pour la santé des chevaux ; beaucoup meurent de maladie dans ce pays où ils ne se multiplient pas, et en effet la race commence à décroître à la première génération. L'Imam de Sana'a et tous les gouverneurs de l'Yemen tirent une remonte annuelle de chevaux du Nedjd, et les habitans de la côte maritime en reçoivent un grand nombre par Souakin des contrées que baigne le Nil.

Les chevaux pris en 1810 par les Arabes Roualla sur les troupes du pacha de Bagdhad, après leur défaite, furent tous vendus par les Bédouins aux maquignons du Nedjd et par ceux-ci aux Arabes de l'Yemen ; ces derniers, c'est ici le lieu de l'observer, n'ont nullement la manie d'être aussi recherchés que leurs voisins du nord pour chercher des chevaux de pur sang. Durant le gouvernement du chef wahhabite, les chevaux devinrent de plus en plus rares chaque année parmi les Arabes ; ils furent vendus par leurs maitres aux acheteurs étrangers, qui les conduisirent dans l'Yemen, en Syrie ou à Basra : c'est à cette dernière ville que le marché de l'Inde fut fourni de chevaux arabes, parce qu'on craignait que Saoud ou son successeur ne s'en saisit; car c'était une chose passée en coutume, sur le plus léger prétexte de désobéissance ou de mauvaise conduite d'un Bédouin, de lui confisquer sa jument comme amende acquise au trésor public. D'ailleurs, la possession d'une jument imposait au Bédouin l'obligation d'être toujours prêt à suivre son chef à la guerre; c'est pourquoi beaucoup d'Arabes préféraient n'avoir pas du tout de chevaux.

Dans le canton de Djebel Schammar, on a vu récemment beaucoup de campemens sans un seul cheval, et c'est une chose connue que les Arabes Métcïr entre Médine et le Cassïm réduisirent le nombre de leurs chevaux, en peu d'années, de deux mille à douze cents. Le dernier schérif de La Mecque possédait un excellent haras de chevaux ; les meilleurs étalons de Nedjd étaient amenés à La Mecque pour y être vendus, et ce devint en usage parmi les femmes bédouines, allant en pélerinage à La Mecque, de s'y faire suivre par les étalons de leurs maris, pour les offrir en présent au schérif : elles recevaient en échange des étoffes de soie, des boucles d'oreilles et d'autres choses semblables.

De tout ce qui est venu à ma connaissance d'aprés une autorité très sûre, je n'hésite pas à dire que la plus belle race de chevaux de sang arabe se trouve en Syrie, et que de tous les cantons de ce pays celui qui a l'avantage sous ce rapport est le Hauran, où les chevaux peuvent être achetés de première main et choisis dans les camps des Arabes mêmes qui occupent les plaines au printemps.

Les chevaux achetés à Basra pour le marché de l'Inde sont ensuite vendus de seconde main par les maquignons bédouins, et un Arabe consentira rarement à envoyer un bon cheval à un marché éloigné sans avoir la certitude de le vendre. Les chevaux de pur sang du khomsé, comme j'en ai été informé par des rapports dignes de foi, vont rarement à Basra, et une grande partie de ceux qu'on achète pour les marchés de l'Inde appartiennent aux Arabes Montefik, qui ne s'inquiètent pas beaucoup de fournir de la race pure. Il serait peut-être de l'intérêt des grandes puissances européennes d'avoir en Syrie des agens qui se connaîtraient en chevaux, et qui seraient chargés d'en acheter pour leur compte dans ce pays : ce serait le meilleur moyen de croiser et de relever leurs races. Damas serait le lieu le plus convenable pour établir de ces agens. Je suis tenté de soupçonner que très peu des chevaux arabes des plus belles espèces, et encore moins du premier choix parmi ces espèces, aient été jamais importés en Angleterre, quoique beaucoup de chevaux de Syrie, de Barbarie et d'Égypte y aient passé pour arabes.

Les Bédouins pensent qu'une jument égyptienne accouplée avec un étalon arabe de sang donne une belle race préférable de beaucoup à celle que produisent les jumens indigènes de Syrie; le produit de celles-ci n'est pas estimé, même quand la race est croisée par les koheïl. Ce serait commettre une erreur de croire que les chevaux du khomsé ou de la race noble sont tous des plus distingués par la perfection des formes et des qualités. Parmi les descendans du fameux cheval *l'Éclipse*, il peut se trouver de vraies rosses ; aussi ai-je vu plusieurs koheil qui n'avaient guère d'autre recommandation que leur nom, quoique la faculté de supporter une grande fatigue semble commune à tous les chevaux de la race du désert.

Quoi qu'il en soit, les beaux chevaux du khomsé

sont plus nombreux que les chevaux ordinaires appartenant à la même race; mais encore, parmi ces beaux chevaux, on ne peut en trouver qu'un petit nombre digne d'être nommé au premier rang à l'égard de la taille, de la force, de la beauté et de la vivacité; on n'en compterait peut-être pas plus de cinq ou six parmi toute une tribu. Il semble qu'on fait un calcul raisonnable et probable en disant que les déserts de la Syrie n'en fournissent pas plus de deux cents de cette espèce supérieure dont chacun peut être estimé, dans le désert même, de 150 à 200 livres sterling.

Je crois que très peu de ces derniers, si même il y en a jamais eu, ont été amenés en Europe; cependant ce serait par eux seulement qu'une tentative pourrait être faite avec succès, pour ennoblir et améliorer la race européenne, tandis que les chevaux que l'on exporte ordinairement ne sont que de la seconde ou même de la troisième qualité.

Les Bédouins du Hedjaz sont accoutumés à acheter des jumens des caravanes de pélerins d'Egypte, et vendent aux Arabes de l'Yemen les jeunes jumens produites par ces mères et de bons étalons. Je n'ai jamais vu de hongres dans l'intérieur du désert.

En Egypte même, sur les bords du Nil, il n'y a aucune race de chevaux particulièrement distinguée: les meilleurs du pays sont produits dans les cantons où croit la meilleure luzerne; par exemple, dans la Haute-Égypte, dans les environs de Tahta, d'Akhmin et de Farchiout, et dans la Basse-Égypte; dans le territoire de Menzaléh. Il n'y a que très peu de chevaux arabes de sang qui soient venus en Égypte, ce qui n'est pas étonnant, puisque leur qualité remarquable, qui est de pouvoir supporter la fatigue, n'est que très peu nécessaire sur les bords fertiles du Nil.

Le cheval égyptien est laid et d'une forme grossière, ressemblant plus à un cheval de cuirassier qu'à un coureur : ses défauts principaux sont d'avoir les jambes et les genoux gros et mal faits, le cou court et gros; sa tête est quelquefois belle, mais je n'ai jamais vu un cheval égyptien ayant de belles jambes.

Ils ne peuvent supporter aucune grande fatigue; mais ceux qui sont bien nourris déploient une activité beaucoup plus brillante que les chevaux arabes : leur impétuosité les rend particulièrement désirables pour la grosse cavalerie, et c'est de cette qualité du cheval que la cavalerie égyptienne a réellement droit à la célébrité. Dans les batailles, aux premières charges, les chevaux égyptiens sont de beaucoup supérieurs aux arabes; mais quand de longues marches deviennent nécessaires et qu'on a besoin de cavalérie légère, les égyptiens sont infiniment moins utiles que les koheïl.

Les Bédouins de la Libye tirent leurs remontes de chevaux de leurs propres races aussi bien que de celles de l'Égypte. Dans l'intérieur du désert, et du côté de la Barbarie, on dit qu'ils ont conservé les anciennes races de chevaux arabes; mais il n'en est pas ainsi dans le voisinage de l'Égypte, où les espèces particulières sont aussi peu distinguées que parmi les Égyptiens. De même que les Bédouins arabes, ces Libyens montent exclusivement des jumens.

Quant aux généalogies des chevaux arabes, je dois

dire ici que, dans l'intérieur du désert, les Bédouins ne s'en rapportent qu'à eux-mêmes; car ils connaissent aussi bien la généalogie de leurs chevaux que celle de l'homme qui les possède; mais quand ils conduisent leurs chevaux au marché d'une ville quelconque, telle que Basra, Bagdhad, Alep, Damas, Médine ou la Mecque, ils apportent avec eux une généalogie écrite, qu'ils donnent à l'acheteur; et c'est seulement dans de semblables occasions qu'un Bédouin est nanti par écrit de la généalogie de son cheval, tandis que d'un autre côté, dans l'intérieur même du désert, il rirait si on lui demandait la généalogie de sa jument. Cela peut servir à corriger un récit erroné que l'on fait partout au sujet de pareilles tables de descendance.

Dans la Haute-Égypte, les Arabes Ma'azi et Hétéïm, qui habitent le désert entre le Nil et la mer Rouge, ont conservé la race du khomsé. De même qu'en Arabie, un cheval est possédé en commun par plusieurs personnes : ils divisent chaque cheval en vingt-quatre parts ou *kérat* (suivant la division territoriale des propriétés en Égypte, qui est toujours par kérat); différens individus achètent trois, quatre ou huit kérat d'une jument et partagent proportionnellement les bénéfices provenant de la vente des portées. On sait si peu de chose concernant la véritable race des chevaux parmi les soldats en Égypte, que quand en 1812 les troupes d'Ibrahim pacha prirent dix chevaux koheïl appartenant aux Hétéïm, les soldats se les vendirent les uns aux autres comme s'ils eussent été des chevaux communs d'Égypte; tandis que les premiers possesseurs les évaluaient au moins trois fois au delà du prix de ces derniers.

On peut en tout temps acheter pour cent piastres espagnoles un bon cheval de cavalerie en Égypte. Le plus haut prix payé pour un cheval égyptien est trois cents piastres fortes : mais un Bédouin n'en donnerait pas cinquante. Autrefois les mamelouks estimaient beaucoup les koheïl du désert et dépensaient des sommes considérables à propager leur race en Égypte. Les maîtres actuels de ce pays n'ont pas pour les beaux chevaux la même passion que leurs prédécesseurs, qui avaient adopté à plusieurs égards les usages des Arabes, c'était devenu une mode parmi eux d'acquérir des connaissances positives sur les chevaux ; ils tenaient leurs écuries sur un pied extravagant.

On peut ajouter aux noms des races arabes déjà mentionnées :

*El Tha'merié,* de la race de Koheïl.

*El Nezahhi,* race de l'Hadaba. Quelques tribus comptent les étalons nezahhi au nombre des chevaux de sang.

Les *Manę ié* et les *Djolfé* ne sont pas considérés comme appartenant au khomsé par les Arabes du Nedjd.

Les races des Hadaba et des Dahma sont très estimées dans le Nedjd.

Les chevaux de la race des Mesenna, provenant des koheïl, ne sont jamais employés dans le Nedjd comme étalons.

Les Bédouins se servent exclusivement de tous les chevaux du khomsé comme étalons. Le premier cheval produit par une jument appartenant à une race non comprise dans le Khomsé ne sera jamais employé comme étalon malgré sa beauté et ses qualités supérieures. La jument de prédilection de Saoud, chef des Wahhabites, qu'il montait dans toutes ses expéditions, et dont le nom, *Kéraïé*, devint fameux dans toute l'Arabie, produisit un cheval d'une beauté et de qualités extraordinaires. La jument, quoi qu'il en soit, n'étant pas du Khomsé, Saoud ne voulut pas permettre à son peuple d'employer ce beau cheval comme étalon, et ne sachant qu'en faire, comme les Bédouins ne montent jamais un cheval, il l'envoya en présent au schérif. La jument Kéraïé avait été achetée par Saoud d'un Bédouin de la tribu des Kahtan, quinze cents piastres fortes.

Une troupe de Druses à cheval attaqua, dans l'été de 1815, une bande de Bédouins dans le Hauran, et les repoussa jusque dans leur camp; là ils furent en même temps assaillis par une force supérieure et tous tués, excepté un seul qui prit la fuite, il fut poursuivi par plusieurs Bédouins des mieux montés; mais sa jument, quoique fatiguée, continua sa course pendant plusieurs heures, et ne put pas être atteinte. Les Arabes qui étaient à ses trousses n'abandonnèrent la chasse qu'après lui avoir promis quartier et un sauf-conduit; ils lui demandaient instamment et seulement la permission de baiser le front de cette excellente jument. Sur son refus, ils se désistèrent de leur poursuite en bénissant la généreuse créature; ils s'écrièrent, s'adressant à son maître : « Va, va laver les pieds de ta jument, et bois ensuite l'eau. » Cette expression est employée par les

Bédouins afin de montrer leur grande affection pour de telles jumens et leur reconnaissance pour les services qu'elles leur ont rendus.

Les Bédouins, en général, ne font pas porter leurs jumens jusqu'à ce qu'elles aient atteint leur cinquième année. Mais souvent les classes plus pauvres, qui sont impatientes de profiter de la vente des poulains, n'attendent pas qu'elles aient accompli leur quatrième année.

Le prix qu'on paie dans le Nedjd, quand on loue par occasion un étalon seulement pour la production, est une piastre espagnole; mais le maitre du cheval est en droit de refuser le paiement de cet argent s'il le juge convenable; il peut attendre jusqu'à ce que la jument ait mis bas. Si elle produit une pouliche, il peut exiger une chamelle d'un an; si elle donne un mâle, il prend également un jeune chameau, comme paiement pour l'emploi de son étalon.

Les Bédouins ne laissent pas tomber à terre un cheval au moment de sa naissance, ils le reçoivent dans leurs bras, et le soignent pendant plusieurs heures, occupés à le laver, à étendre ses membres faibles, et à le combler de caresses comme ils en feraient à un enfant. Après cela, ils le mettent à terre et surveillent ses premiers pas avec une attention particulière, prévoyant dès ce moment les défauts ou les qualités de leur futur compagnon.

Dans le Nedjd, on nourrit les chevaux régulièrement avec des dattes. A Déraïeh, et dans le pays d'El Hassa, les dattes sont mêlées avec le *kirsim* ou le trèfle séché et données comme aliment. L'orge est néanmoins la principale nourriture des chevaux dans toutes les contrées de l'Arabie. Les riches habitans du Nedjd donnent souvent à leurs chevaux de la viande crue aussi bien que bouillie, avec tous les restes de leurs propres repas. Je connais un homme à Hamah en Syrie, qui m'assura qu'il avait donné à ses chevaux des viandes rôties, avant de commencer un voyage fatigant, afin qu'ils pussent le faire plus facilement. La même personne m'a raconté aussi que, craignant que le gouverneur de la ville ne se prît de fantaisie pour le cheval qu'elle aimait le plus, elle le nourrit pendant quinze jours exclusivement de porc rôti, ce qui excita son ardeur et ses forces à un tel point, qu'il devint absolument indisciplinable et ne fut plus un objet désirable pour le gouverneur.

J'ai vu en Egypte des chevaux vicieux, guéris de l'habitude de mordre, en leur présentant juste au moment où ils se préparaient à le faire, un gigot de mouton sortant du feu. Le mal que les chevaux éprouvent en mordant de la viande chaude leur fait promptement abandonner leurs mauvaises habitudes. Les chevaux égyptiens sont beaucoup moins doux de caractère que les chevaux arabes; ils sont souvent vicieux; les arabes ne le sont presque jamais : ils demandent à être constamment attachés, tandis que les chevaux arabes errent librement et paisiblement dans les camps comme les chameaux. Les Egyptiens sont célèbres dans tout l'Orient, pour la manière dont ils soignent leurs chevaux, tellement que les pachas et les grands personnages de la Turquie d'Asie se sont fait une règle d'en avoir toujours deux à leur service. Ils étrillent les chevaux trois ou quatre fois par jour, et emploient tant de temps et de peine à cette opération, qu'il est ordinaire, dans toutes les parties de l'Egypte, d'avoir autant de palefreniers que de chevaux dans l'écurie; chacun soigne exclusivement un seul cheval.

Le chef wahhabite, qui, sans contredit, possède le plus beau haras de chevaux de tout l'Orient, ne permet pas que ses jumens soient montées avant qu'elles aient atteint leur quatrième année. Cependant les Bédouins s'en servent souvent même avant qu'elles aient trois ans.

Le chef wahhabite a défendu à ses Arabes de vendre un tiers de jument, comme cela se pratique souvent chez les A'nezé du nord : il allègue que cet usage induit souvent à commettre des actions fourbes et déloyales; mais il permet la vente de la moitié de la jument.

*Chameaux* (voy. p. 140 de ce volume).

Il existe une différence considérable entre les races de chameaux du pays du nord et celles du pays du sud. En Syrie et en Mésopotamie, ces animaux sont couverts de poils épais, et en général parviennent à une taille beaucoup plus haute qu'en Hedjaz, où ils n'ont que peu de laine. Le chameau de Nubie a le poil ras comme un cerf, il en est de même des moutons de cette contrée, ce qui empêche les Bédouins qui l'habitent de vivre sous des tentes; elles sont fabriquées en Arabie de poils de chèvre et de chameau; il faut donc qu'ils se contruisent avec des nattes et des roseaux des cabanes portatives; les chameaux arabes sont généralement bruns, on en voit aussi beaucoup de noirs. Plus on approche de l'Egypte méridionale, plus leur couleur devient claire. Du côté de la Nubie, ils sont presque tous blancs; je n'en ai jamais vu un noir dans ce pays.

Les plus grands chameaux sont ceux de l'Anatolie, de race turcomane; les plus petits que j'aie vus sont ceux de l'Yemen. Dans le désert de l'est, ceux que l'on regarde comme les meilleurs pour porter les fardeaux sont ceux des Beni Taï, en Mésopotamie, prés des rives de l'Euphrate. Certainement les chameaux sont rares dans les pays montagneux, mais c'est une erreur de croire qu'ils ne peuvent pas grimper sur les montagnes. En Hedjaz leur nombre est limité par la rareté des pâturages. Le pays le plus riche et le plus abondant en chameaux est sans contredit le Nedjd, nommé par cette raison *Om el Bel* (la mère des chameaux). Il approvisionne la Syrie, le Hedjaz et l'Yemen de ces animaux; dans ces contrées, ils sont d'un prix double de celui qui a été payé primitivement dans le Nedjd. Durant mon séjour dans le Nedjd, un bon chameau y était estimé soixante piastres fortes; et tels étaient le manque de pâturages et la rareté des fourrages, que, dans une période de trois ans, il mourut trente mille chameaux appartenant au pacha d'Egypte qui, à cette époque, commandait dans le Hedjaz.

Les Turkomans et les Kurdes de l'Anatolie achètent, tous les ans, huit à dix mille chameaux dans les déserts de Syrie; le plus grand nombre de ces animaux est amené par des marchands du Nedjd. Ils sont employés à propager la race de chameaux turcomans nommée *maïa*.

Aucune contrée de l'Orient n'est aussi remarquable par la propagation rapide des chameaux que le Nedjd pendant les années de fertilité. Les chameaux de ce pays sont également moins susceptibles que les autres de maladies épidémiques, notamment du *djam*, qui est très redouté dans les divers cantons du désert, et c'est surtout par cette raison que les Bédouins les préfèrent; ils viennent des parties de l'Arabie les plus reculées pour renouveler leurs troupeaux dans le Nedjd.

Chez les Bédouins, les chamelles sont toujours plus estimées et plus chères que les mâles. En Syrie et en Egypte, au contraire, où l'on a principalement besoin de chameaux à cause de leur force à porter des fardeaux pesans, les mâles sont ceux dont on fait le plus de cas. Les Arabes qui habitent les villes et les villages du Nedjd ne montent dans leur voyage que des chamelles, parce qu'elles supportent mieux la soif que les mâles; les Bédouins, au contraire, préfèrent généralement ceux-ci pour les monter. La charge ordinaire d'un chameau arabe est de quatre à cinq quintaux, dans un voyage de courte durée, et seulement de trois à quatre quintaux quand la course doit être longue. Les chameaux employés à transporter des vivres entre Djidda et Taïf à Mohammed Aly, en 1814 et 1815, portaient des charges qui n'excédaient pas deux cent cinquante livres. Les chameaux égyptiens, bien nourris et bien abreuvés, égalent en vigueur ceux de l'Anatolie; les plus grands, au Caire, portent trois balles de café, pesant ensemble quinze cents livres, de la ville au bord du Nil, ce qui fait une distance de trois milles. Du Caire à Suez les mêmes chameaux portent un poids de dix quintaux; ils parcourent en trois jours cet espace. Plus le voyage que l'on doit entreprendre est long, et moins on compte rencontrer de puits sur la route, et plus la charge est légère. Les chameaux du Darfour se distinguent par leur taille et par leur force à supporter la fatigue, quoique pesamment chargés; ils l'emportent pour cette dernière qualité sur tous les chameaux du nord et de l'Afrique. Ceux qui accompagnent la caravane du Darfour en Egypte portent rarement plus de quatre quintaux. Ceux du Senna'r n'ont généralement qu'une charge de trois quintaux et demi et n'égalent pas pour la taille ceux du Darfour.

La faculté d'endurer la soif varie considérablement parmi les différentes races de chameaux. L'anatolien, accoutumé à un climat froid et à des pays abondamment arrosés de toutes parts, doit recevoir sa ration d'eau tous les deux jours; si en été elle lui manque, jusqu'au troisième jour, il succombe souvent à cette privation. En hiver, sous la latitude de la Syrie et dans le désert de l'Arabie septentrionale, les chameaux boivent très rarement, excepté en voyage; la première herbe succulente humecte suffisamment leur palais dans cette saison. En été, le chameau du Nedjd doit être abreuvé le soir de chaque quatrième jour; s'il pâtissait plus long-temps de la soif durant un voyage, le résultat lui en serait probablement fatal.

Je crois que dans toute l'Arabie quatre jours entiers composent le délai le plus long pendant lequel les chameaux peuvent endurer la soif en été; il n'est pas nécessaire non plus qu'ils soient contraints de rester plus long-temps sans boire, parce qu'il n'y a pas en Arabie de territoire, le long des routes suivies par les voyageurs, où les puits soient à une distance de plus de trois jours entiers ou de trois jours et demi de marche l'un de l'autre. Dans un cas de nécessité absolue, un chameau arabe marchera peut-être cinq jours sans boire; mais le voyageur ne doit jamais compter sur une circonstance aussi extraordinaire; et quand le chameau a passé trois jours entiers sans eau, il montre des symptômes évidens de malaise.

Le chameau indigène égyptien est de tous ceux que je connais le moins propre à endurer la fatigue; accoutumé, dès sa naissance à être bien abreuvé et bien nourri, sur les rives fertiles du Nil, il n'est guère habitué à des courses d'une certaine étendue dans le désert; et durant la marche des pèlerins vers la Mecque, il périt journellement plusieurs de ces animaux. Nulle race de chameaux ne supporte la soif aussi patiemment que ceux du Darfour. Les caravanes allant de ce pays en Egypte sont obligés, de suivre pendant neuf à dix jours un chemin qui ne fournit pas une goutte d'eau, et souvent elles parcourent cette étendue de terrain durant les chaleurs de l'été. Il est vrai que beaucoup de chameaux meurent en route, et aucun marchand n'entreprend une expédition semblable, sans avoir une couple de ces animaux en réserve; cependant le plus grand nombre arrive en Egypte. Il n'est nullement probable qu'un chameau arabe et encore moins un syrien ou un égyptien pût entreprendre un tel voyage. Les chameaux de presque toutes les contrées de l'Afrique sont plus robustes que ceux de l'Arabie.

Quoique j'aie souvent entendu raconter des anecdotes d'Arabes réduits, dans un long voyage, à une détresse extrême par le manque d'eau, cependant je n'ai jamais appris qu'ils eussent égorgé un chameau afin de trouver de l'eau dans son estomac. Sans nier absolument la possibilité d'une telle circonstance, je n'hésite pas à affirmer qu'elle n'a dû arriver que très rarement; en effet, le dernier degré de la soif rend un voyageur si dégoûté et si incapable de supporter la marche, qu'il continue son voyage sur le dos de son chameau plutôt que de s'exposer à une perte certaine en tuant une créature qui lui est si utile. J'ai souvent vu mettre des chameaux à mort, mais je n'ai jamais aperçu de l'eau en abondance dans l'estomac d'aucun, excepté de ceux qui le même jour avaient été abreuvés. Les caravanes du Darfour sont fréquemment exposées à des souffrances incroyables par le manque d'eau, néanmoins elles n'ont jamais recours à l'expédient dont il vient d'être question. Il a peut-être été mis en pratique dans d'autres contrées de l'Afrique, toutefois il paraît être inconnu en Arabie; et je n'ai pas non plus ouï dire, soit dans ce pays, soit en Nubie, que de l'urine de chameau mêlée avec de l'eau fût employée pour étancher la soif de cet animal dans les cas d'extrême nécessité.

Le chameau nommé en Egypte et en Afrique *hedjeïn* et en Arabie *déloul*, mots signifiant également l'animal dressé pour être monté, est réellement de la même race que celui qui porte de lourds fardeaux, et n'est distingué de ce dernier que comme un cheval de selle l'est d'un cheval de carrosse. Quand un Arabe découvre dans un de ses jeunes chameaux des dispositions à être petit et extrêmement actif, il le dresse pour être monté, et si c'est une femelle, il a soin de l'appareiller avec un mâle élevé avec soin. Le prix de l'usage temporaire d'un chameau mâle dans ces sortes d'occasions est d'une piastre forte, parmi les Bédouins d'Arabie; c'est la même somme qui se paie pour le loyer d'un étalon destiné à un service semblable. Les prix dont j'ai fait mention sont ceux des chameaux qui transportent de lourds fardeaux, ainsi que de ceux qu'on réserve pour la selle.

En Arabie on dit que les meilleurs chameaux de monture, ceux dont le trot est le plus prompt et le plus aisé sont ceux de la province d'Oman. Le *déloul el Oma'ni* est célèbre dans tous les chants des Arabes. Pendant que j'étais à Djidda, Mohammed Aly pacha reçut deux de ces animaux en présent de l'imam de Mascat; ils avaient été expédiés par mer. Il n'aurait peut-être pas été facile de les distinguer, à leur extérieur, des autres chameaux arabes; néanmoins ils avaient les jambes un peu plus droites et plus minces que ceux-ci; mais il y avait dans leurs yeux une expression de vivacité, et dans toute leur allure quelque chose qui fait toujours discerner, chez tous les animaux, ceux qui ont de la supériorité de ceux qui appartiennent à la race vulgaire. Parmi les autres déloul d'Arabie, les races les plus estimées sont celles que possèdent les tribus des Hoveïtat, des

Seba'a, branche des A'nezé et des Schérarat. Dans le nord-est de l'Afrique, où le déloul est nommé hedjeîn, la race du Senna'r et celle de Nubie sont beaucoup préférées aux autres pour la monture. Les chameaux du Darfour sont bien trop lourds pour être employés comme hedjeîn à porter la selle.

Les bons hedjeîn de Nubie sont si dociles et ont un amble si prompt et si agréable, qu'ils suppléent mieux que les autres chameaux au manque de chevaux; la plupart sont blanchâtres. Ils surpassent en vitesse les différens chameaux que j'ai vus dans toutes les contrées du Levant.

Le nom d'*oschari*, signifiant un chameau qui effectue en un jour un voyage de dix jours, est connu en Egypte et en Nubie, où l'on raconte des histoires incroyables concernant une race de chameaux qui étaient habitués à faire des expéditions très extraordinaires. J'ai des motifs de douter qu'ils aient jamais existé, sinon dans l'imagination inventive des Bédouins. Si je répétais les contes des Bedouins d'Arabie et de Nubie sur ce sujet, les circonstances en paraîtraient semblables à celles que des voyageurs trop crédules rapportent des chameaux de Barbarie, ou d'une race particulière de ces animaux, circonstances que je ne croirai jamais avant qu'elles aient été constatées de manière à ce qu'on n'en puisse pas douter, et prouvées au point de pouvoir être rangées réellement parmi les faits avérés. Un Bedouin Abadde me dit une fois à Assouan que dans une occasion son grand-père était allé en un jour de cette ville à Siout, qui en est éloigné au moins de cent cinquante milles, et que le chameau qui avait fait cette course n'était nullement fatigué. Mais je n'ai jamais pu vérifier positivement un exemple de vitesse plus grand que celui que je vais raconter, et je suis persuadé que très peu de chameaux en Egypte ou en Nubie auraient été capables d'un effort semblable.

La plus grande célérité d'un hedjeïn, certifiée par des témoignages croyables, qui soit jamais venue à ma connaissance, est celle d'un chameau appartenant à un bey mamelouk d'Esné dans la Haute-Egypte ; ce bey l'avait acheté, pour cent cinquante piastres fortes, d'un chef bischarien. On avait parié que ce chameau irait en un jour, depuis le lever jusqu'au coucher du soleil, d'Esné à Kéné et y reviendrait ; la distance totale est égale à cent trente milles. Il arriva vers quatre heures après midi à un village éloigné de seize milles d'Esné. Là la force lui manqua ; il avait parcouru à peu près cent quinze milles en onze heures, et passé deux fois le Nil dans un bac, traversée qui exige au moins vingt minutes. Une bonne jument de trot anglaise pourrait en faire autant, ou peut-être plus, mais probablement elle n'en serait pas capable dans un climat aussi chaud que celui d'Egypte. Si l'on n'eût pas fait faire une marche forcée à ce chameau, il eût vraisemblablement parcouru en vingt-quatre heures une distance de cent quatre-vingts, ou peut être de deux cents milles ; ce qui, d'après le pas lent des caravanes en voyage, peut être calculé comme équivalant à dix journées de route ; par conséquent, la vanterie d'avoir accompli en un jour une course de dix jours peut ne pas paraître absolument extravagante.

Mais il serait absurde de supposer qu'aucun animal fût capable de parcourir dix fois, pendant un jour entier, le même espace qu'un homme à pied durant le même espace de temps; et la vitesse d'un chameau n'approche jamais, même pour les petites distances, de celle d'un cheval ordinaire. Le chameau ne peut jamais soutenir, pendant plus d'une demi-heure, le galop, qui n'est point son pas accoutumé, et ce mouvement forcé de galop ne produit en aucun temps un degré de célérité égale à celle d'un cheval commun. Le trot forcé n'est pas si contraire à la nature du chameau; il peut le supporter pendant plusieurs heures, sans montrer beaucoup de symptômes de malaise. Cependant je dois remarquer que même ce trot accéléré est bien moins expéditif que le même pas chez un cheval modérément bon, et je crois que le taux de douze milles à l'heure est le plus haut degré de vélocité auquel le meilleur hedjeïn puisse atteindre au trot; il parcourrait peut-être au grand galop huit et même neuf milles à l'heure, mais il ne peut endurer plus long-temps un effort aussi violent.

Par conséquent, ce n'est point par leur extrême célérité que les hedjeïn ou déloul se distinguent, quelque surprenantes que puissent être les histoires que l'on raconte à ce sujet tant en Europe que dans le Levant. Ils sont peut-être sans pareils parmi tous les quadrupèdes, par l'aisance avec laquelle ils portent leurs cavaliers pendant un voyage de plusieurs jours et de plusieurs nuits sans interruption, quand on leur laisse continuer leur pas naturel, qui est une sorte d'amble doux et aisé, dont la vitesse est de cinq milles ou cinq milles et demi à l'heure. Pour décrire ce pas d'amble si agréable, les Arabes disent d'un bon déloul : « Son dos est si doux qu'on peut boire une tasse de café pendant qu'on y est assis. » Un chameau robuste, convenablement nourri tous les soirs, ou dans les cas de nécessité seulement de deux jours l'un, peut continuer pendant cinq ou six jours à parcourir journellement au pas de l'amble la distance énoncée plus au haut. J'ai vu des chameaux qui allaient en cinq jours de Bagdhad à Sokhné dans le désert d'Alep. Les caravanes emploient vingt et un jours à ce trajet. Des messagers arrivent quelquefois à Alep, le septième jour après leur départ de Bagdhad, or la distance entre les deux villes est évaluée communément à vingt-cinq jours de marche ; j'ai connu des courriers qui sont allés par terre en dix-huit jours, sans changer de chameau, du Caire à La Mecque, voyage dont la durée ordinaire est de quarante-cinq jours.

La première chose dont un Arabe s'inquiète, relativement à son chameau, quand il est sur le point d'entreprendre un long voyage, c'est de la bosse de cet animal : s'il la trouve bien fournie de graisse, il sait que son chameau endurera une fatigue considérable, même avec une chétive ration de nourriture ; parce qu'il croit que, suivant le dicton courant parmi ses compatriotes, « le chameau durant le temps de cette » expédition se nourrira de la graisse de sa bosse. » Le fait est que, dès que la bosse diminue, le chameau commence à n'être plus capable de faire de grands efforts et cède graduellement à la fatigue. Après un long voyage, l'animal perd presque entièrement cette excroissance, et il lui faut trois ou quatre mois de repos et d'alimens abondans, pour qu'elle soit rétablie dans son premier état; cela n'arrive toutefois que lorsque les autres parties du corps ont été de nouveau remplies de chair. Chez peu d'animaux, la nourriture se convertit aussi rapidement en graisse que chez le chameau : quelques jours de tranquillité et de pâture copieuse produisent chez lui une augmentation visible d'embonpoint; tandis qu'au contraire peu de jours employés à voyager sans nourriture réduisent presque immédiatement cet animal à n'être guère qu'un squelette, excepté la bosse qui résiste bien plus long-temps aux effets de la fatigue et de la privation de subsistance.

Si un chameau est parvenu à son degré complet d'embonpoint, sa bosse prend la forme d'une pyramide, étendant sa base sur le dos tout entier, et occupant un quart du volume de tout son corps : on n'en rencontre aucun qui réponde à cette description dans les cantons cultivés, où les chameaux sont toujours obligés de travailler plus ou moins; on n'en aperçoit que dans l'intérieur du désert chez les Bédouins riches, qui entretiennent de grands troupeaux de chameaux uniquement pour propager la race, et n'en obligent rarement qu'un très petit nombre à faire un ouvrage quelconque. Au printemps, ces animaux, après avoir brouté pendant une couple de mois l'herbe tendre, deviennent tellement gras, qu'on ne croirait plus qu'ils appartiennent à la même espèce que le chameau des paysans ou des caravanes, astreint à une tâche pénible.

Quand les dents incisives du chameau sont arrivées à toute leur longueur, la première paire des molaires se montre au commencement de la sixième année; il se passe deux ans avant qu'elles atteignent leur plus grande dimension. Quand l'animal entre dans sa huitième année, la seconde paire des molaires, placée derrière la première, et complétement séparée des autres dents, paraît, et quand elle est entièrement développée, dans la dixième année, la troisième et dernière paire pousse; de même que les autres, elle est deux ans à croître. Par conséquent, le chameau n'a accompli sa croissance parfaite qu'à sa douzième année; alors on le nomme *ras*. Pour connaître l'âge d'un chameau avant ce terme, on examine toujours les dents molaires.

Le chameau vit jusqu'à quarante ans; mais, après sa vingt-cinquième ou trentième année, il commence à faiblir, et n'est plus susceptible d'endurer de grandes fatigues. Si un chameau qui a passé sa seizième année vient à maigrir, les Arabes disent qu'il ne peut jamais redevenir gras, et dans ce cas ils ont coutume de le vendre à bas prix aux paysans; ceux-ci nourrissent mieux leurs chameaux que ne le font les habitans du désert.

La selle ordinaire du hedjeïn en Egypte, laquelle diffère très peu d'une selle de cheval, se nomme *ghabeït*. La selle du hedjeïn chez les Nubiens, apportée également en Egypte et très délicatement façonnée en cuir, est appelée *gissa*. Le bât usité par le paysan égyptien diffère de celui des Arabes et des Syriens, et porte le nom de *schaghour*. C'est de cette appellation que les Arabes ont emprunté une dénomination injurieuse qu'ils donnent aux paysans égyptiens; ils les appellent *schaghaour*. Le bât employé par les Bédouins de Libye, de Nubie et de la Haute-Egypte est nommé *haouié* et ressemble absolument à celui des Arabes.

Dans toute l'Arabie, la selle du déloul est nommée *schédad;* dans le Hedjaz, celle des ânes est le schédad, qui ne diffère en rien de celui du déloul.

Dans le Hedjaz, le nom de *schébrié* est donné à une espèce de palanquin ayant un siége fait de paille tressée; sa longueur est à peu près de cinq pieds, on le place en travers de la selle du chameau et on l'y fixe par des cordes; sur ses quatre côtés s'élèvent des perches minces, traversées dans leur partie supérieure par d'autres sur lesquelles on pose soit des nattes, soit des tapis pour abriter le voyageur des rayons du soleil. Chez les indigènes du Hedjaz, c'est la voiture qui est préférée pour voyager, parce qu'elle leur permet de s'étaler tout de leur long, et de dormir s'ils en ont l'envie.

Des machines semblables, du genre du palanquin, mais plus courtes et plus étroites, sont posées en long, des deux côtés du chameau; on leur donne le nom de *schekdéf*. Une personne s'assied dans chacune, mais elle n'a pas la faculté de s'y étendre comme elle le voudrait. Chaque schekdéf est de même couvert de tapis jetés en travers; cette sorte de véhicule est principalement destinée au transport des femmes.

Le *taht roan* ou plutôt *takht ravan*, comme l'appellent les Persans desquels ce mot est emprunté, diffère des machines que je viens de décrire : c'est une litière portée par deux chameaux, l'un devant, l'autre derrière. Les pèlerins de haut parage voyagent dans cette espèce de voiture ; mais elle est plus fréquemment employée par les Turcs que par les Arabes.

C'est la mode, en Egypte, de tondre le hedjeïn aussi ras qu'un mouton ; cela se fait ainsi uniquement parce qu'on pense que l'animal a ensuite meilleure apparence. Les Français, pendant leur occupation de l'Egypte, avaient établi un corps composé d'environ cinq cents cavaliers montés sur des chameaux, et composé d'un choix de leurs meilleurs et plus braves soldats ; ils vinrent à bout, par ce moyen, de contenir les Bédouins. Le pacha d'Egypte a ordonné à beaucoup de cavaliers de son armée d'entretenir des hedjeïn ; et son fils Ibrahim pacha a environ deux cents hommes montés de cette manière.

Les hedjeïn d'Egypte sont guidés par une corde attachée à un anneau passé dans les naseaux : ceux d'Arabie ont très rarement les naseaux percés ; ils obéissent bien mieux à la baguette du cavalier qu'à la bride.

Les femmes arabes s'occupent beaucoup d'orner la selle dont elles se servent pour monter un chameau. Une femme du Nedjd se croirait dégradée si elle s'asseyait sur un autre chameau qu'un chameau noir ; au contraire, une femme A'nezé préfère beaucoup un chameau gris ou blanc.

L'usage de placer sur le dos des chameaux de petits pierriers qui tournent sur le pommeau de la selle n'est pas connu en Egypte ; j'en ai vu en Syrie ; ils paraissent être communs en Mésopotamie et à Bagdhad. Quoique ces petits pierriers soient réellement peu utiles, cependant c'est une arme excellente et très convenable contre les Arabes; elle est plus propre que les plus grosses pièces d'artillerie à leur inspirer de la terreur.

Le prix des chameaux varie dans chaque pays : ainsi, en Egypte, suivant l'abondance et le bon marché des subsistances, le prix du même chameau peut changer de douze à quarante piastres fortes. Un bon dromadaire ou hedjeïn de Nubie coûte quelquefois au Caire quatre-vingts piastres fortes. Dans le Hedjaz, on paie un prix très élevé pour les chameaux; parfois on donne cinquante et soixante piastres fortes pour un déloul de l'espèce la plus commune. Dans le Nedjd, les délouls de première qualité sont très recherchés. Saoud a compté trois cents piastres fortes pour un chameau de l'Oman.

Les Arabes distinguent dans leurs chameaux divers défauts et divers vices qui déprécient beaucoup leur valeur. Le principal défaut est *el asab;* il réside dans le fanon du chameau; les Arabes le regardent comme incurable, et comme une preuve de faiblesse : vient ensuite *el fekéh;* c'est un tremblement violent dans les jambes de derrière du chameau quand il s'accroupit ou qu'il se relève; cet accident est aussi considéré comme une marque de faiblesse : *el serrer:* ce sont des ulcères au dessous du ventre; *el hell. l*, *el fahoura* et beaucoup d'autres. La plupart des chameaux de caravane sont poussifs (*sedréh khourba'n*) par l'excès de la fatigue ou des charges trop pesantes; quand cela arrive, les Arabes cautérisent le ventre du chameau : ils ont aussi recours à ce procédé du cautère, dans les cas de plaie à la bosse du chameau ou de blessures fréquemment occasionées par le bât ou les fardeaux trop lourds. Vers la fin d'un long voyage, il se passe à peine une soirée sans que l'opération d'appliquer le cautère ait lieu, et cependant, le lendemain, la charge est placée de nouveau sur la partie si récemment brûlée; mais aucun degré de douleur ne peut exciter le généreux chameau à refuser son fardeau ou à le jeter à terre; cependant on ne peut le forcer à se relever, si la force lui manque par le défaut de nourriture ou l'excès de lassitude.

## *Sauterelles.*

J'ai remarqué, dans les relations de mes différens voyages, que ces insectes destructeurs se trouvent en Egypte, tout le long du cours du Nil, jusqu'au Senna'ar, en Nubie et dans toutes les parties du désert d'Arabie : celles que j'ai vues en Egypte venaient toutes du nord; celles que j'ai aperçues en Nubie arrivaient toutes, disait-on, de la Haute-Egypte. Il paraît donc que ces contrées de l'Afrique ne sont pas les lieux où ces insectes ont pris naissance. En 1815, ils dévorérent toute la récolte depuis Berber jusqu'à Schendi, dans le pays des Noirs : au printemps de la même année, j'avais rencontré des volées entières de ces sauterelles dans la Haute-Egypte, où elles causent un préjudice notable aux palmiers; elles les dépouillent entièrement de leur feuillage et de toute particule de verdure, de sorte que ces arbres restent comme des squelettes avec leurs branches nues.

En Arabie, on sait que les sauterelles viennent invariablement de l'est; les Arabes disent, en conséquence, qu'elles sont produites par les eaux du golfe Persique. Le Nedjd est particulièrement exposé à leurs ravages; elles s'y montrent quelquefois en si prodigieuse quantité, qu'après avoir anéanti la récolte elles pénètrent par milliers dans les habitations, et dévorent tout ce qu'elles peuvent trouver, même le cuir des outres. On a observé que les sauterelles qui viennent de l'est ne passent pas pour si formidables, parce qu'elles ne s'attaquent qu'aux arbres, et ne ravagent pas les moissons; mais elles donnent bientôt naissance à une nouvelle engeance, et ce sont les jeunes sauterelles qui, avant d'être suffisamment développées pour s'envoler, consument les blés. Suivant l'opinion générale, les sauterelles se reproduisent trois fois par an.

Les Bédouins qui habitent la presqu'île du mont Sinaï sont fréquemment poussés au désespoir par la multiplicité des sauterelles, qui forment un des fléaux de ce pays, et lui causent un tort très sérieux. Elles arrivent par Akaba, par conséquent de l'est, vers la fin de mai, au coucher des Pléiades, selon l'observation faite par les Arabes, qui croient que ces insectes redoutent extrêmement cette constellation; elles restent une cinquantaine de jours dans la péninsule, et ensuite disparaissent pour le reste de l'année.

On aperçoit, tous les ans, un petit nombre de ces insectes; mais les grandes volées reparaissent tous les quatre ou cinq ans : tel est, en général, le cours de leurs visites fâcheuses. Toutefois, depuis 1811, elles ont envahi la péninsule, à chaque saison, successivement, pendant cinq ans, en quantités considérables.

Tous les Bédouins d'Arabie, ainsi que les habitans des villes du Nedjd et du Hedjaz, sont accoutumés à manger des sauterelles. J'ai vu à Médine et à Taïf des boutiques où on les vendait à la mesure. En Egypte et en Nubie, elles ne sont l'aliment que des plus pauvres mendians. Les Arabes, pour accommoder les sauterelles, les jettent vivantes dans de l'eau bouillante qui a été mêlée de beaucoup de sel; au bout de quelques minutes, on les en retire, et on les fait sécher au soleil; on en ôte la tête, les pattes et les ailes; le corps est débarrassé du sel qui le couvre, puis complétement séché; ensuite les Bédouins en remplissent de grands sacs. Quelquefois on les mange grillées au beurre; et souvent elles font une partie essentielle d'un déjeûner, alors on les étend sur du pain sans levain et enduit de beurre.

Il peut paraître digne de remarque que, de tous les Bédouins que j'ai connus en Arabie, ceux de Sinaï sont les seuls qui ne fassent pas leur nourriture des sauterelles.

*Mois lunaires* (p. 55 de ce volume).

La table suivante montre les noms donnés par plusieurs tribus bédouines, et notamment par les A'nezé, à quelques uns des mois des mahométans.

| Noms des mois mahométans. | Noms bédouins. |
|---|---|
| Moharrem. . . . . . . | A'choura. |
| Radjeb. . . . . . . . . . | Ghourré. |
| Sch'aban. . . . . . . . . | Kassir. |
| Schaval. . . / Dzu el kadé. } . . . . . | El aftar. |
| Schaval (seul). . . . . | Fatr el ewel. |
| Dzu el kadé (seul).. . . | Fatr el thanè. |
| Dzu el hadj. . . . . . | El Dahir. |

*Guerre des Bédouins* (p. 96 et 210).

Au fort de la mêlée, quand les cavaliers ou les soldats montés sur des chameaux se livrent des combats singuliers, ou prennent part à une action générale soit pour fuir, soit pour poursuivre, les Beni Atié, tribu considérable qui habite entre la Syrie et le golfe Arabique et qui comprend les Hoveïtat, les O'mra'n et les Térabin, prononcent fréquemment à haute voix les vers suivans :

Vous oiseaux à tête chauve, vous abourakham et hadazi,
Si vous êtes avides de chair humaine, assistez au jour du combat.

L'abourakham et le hadazi sont des oiseaux de proie : le premier est un aigle, le second un faucon. Les Arabes donnent à ce chant de guerre le nom de *bouschan*.

*Vengeance du sang* (p. 107 et 226).

On peut suivre jusqu'au temps d'Abd el Motalleb Ibn Haschem, grand-père de Mahomet, l'origine du *dié* ou de l'amende de cent chameaux pour le sang d'un homme tué, amende adoptée par plusieurs tribus, et ratifiée par les Wahhabites. Haschem avait fait vœu d'immoler un de ses dix fils en honneur de l'idole qui était adoré dans la ka'aba : le sort tomba sur le fils qu'il chérissait le plus ; les instances de ses amis secondant, nous pouvons le supposer, l'affection paternelle, l'engagèrent à commuer l'objet du sacrifice, et il égorgea en honneur de l'idole cent chameaux ; depuis cette époque, ce nombre devint nécessaire pour l'expiation du sang. (V. Azraki, *Histoire de la Mecque*.)

Quand un Bédouin de l'une des tribus demeurant entre Akaba et le Caire tue un homme pour venger le sang, il crie en le frappant : « Je prends ton sang tout chaud, pour vengeance. »

FIN DU TROISIÈME ET DERNIER VOLUME.

## TABLE DES MATIÈRES.



### NOTES SUR LES BÉDOUINS.

FIN.

## *ERRATA.*

### TOME Ier.

| | | | | |
|---|---|---|---|---|
| Page 109, | ligne 16, | et ailleurs oléma, | *lisez* | ouléma. |
| 238, | 14, | zou'l kadé, | | dzu el kadé. |
| 362, | 3, | et ailleurs zou'l hadj, | | dzu el hadj. |

### TOME II.

| | | | | |
|---|---|---|---|---|
| Page 53, | ligne 27, | Zobah, | *lisez* | Zobab. |
| 94, | 13, | djebeli, | | djelebi. |
| 99, | 3, | Schaltat, | | Schatat. |
| 101, | 5, | Kasim, | | Cassim. |
| 112, | 21, | aou, | | aousa. |
| *Ibid.*, | 21, | Khezerdj, | | Khezredj. |
| 163, | 15, | Ghemané, | | Ghemamé. |
| 183, | 6, | Moëileh, | | Mouileh. |
| 188, | 7, | du, | | de. |
| 210, | 7, | Merkhar, | | Merkha. |
| 213, | 4, | Kesbi, | | Kebsi. |
| 214, | 16, | Roheïn, | | Roheitha. |
| *Ibid.*, | 28, | Matsa, | | Mathsa. |
| 230, | 29, | djef, | | djof. |
| 221, | 22, | Laié, | | Lié. |
| 229, | 24, | Schoval, | | Schaval. |
| 236, | 21, | Schenamé, | | Schenané. |
| *Ibid.*, | 3, | sau, | | sarr. |
| 242, | 10, | el Rab, | | el Zab. |
| 251, | 10, | Mestebzra, | | Mestebzerah. |
| *Ibid.*, | 12, | Benkan, | | Benhan. |
| 254, | 26, | Temin, | | Temim. |
| 323, | 7, | notka, | | nokta. |
| 347, | 8, | makrouli, | | mabrouki. |

## TOME III.

| | | | | |
|---|---|---|---|---|
| Page 3, | ligne 16, | Menzikat, | *lisez* | Mereikhat. |
| 19, | 27, | Arabes ghour de Tabarié, | | de Beïsan. |
| 29, | 12, | Katea'a, | | Katha. |
| 32, | 27, | navouié, | | ravouié. |
| 33, | 7, | fudel, | | udel. |
| 44, | 21, | jebah, | | djebah. |
| 46, | 24, | œrk, | | oerck. |
| 57, | 27, | grandoule, | | gandoule. |
| 59, | 27, | Koualek, | | Kouléh. |
| 63, | 2, | Ssahdjé, | | Soahdjé. |
| 171, | 19, | Omar el Deighemi, | | Orar el deighemi. |
| 272, | 3, | athr, | | ather. |
| 279, | 14, | Doghama, | | Doghana. |
| 285, | 11, | ouarrené, | | ouaremé. |
| 288, | 17, | Azairé, | | Azaïzé. |
| 306, | 10, | seddela, | | sedda. |
| 325, | 31, | Kirsim, | | Birsim. |

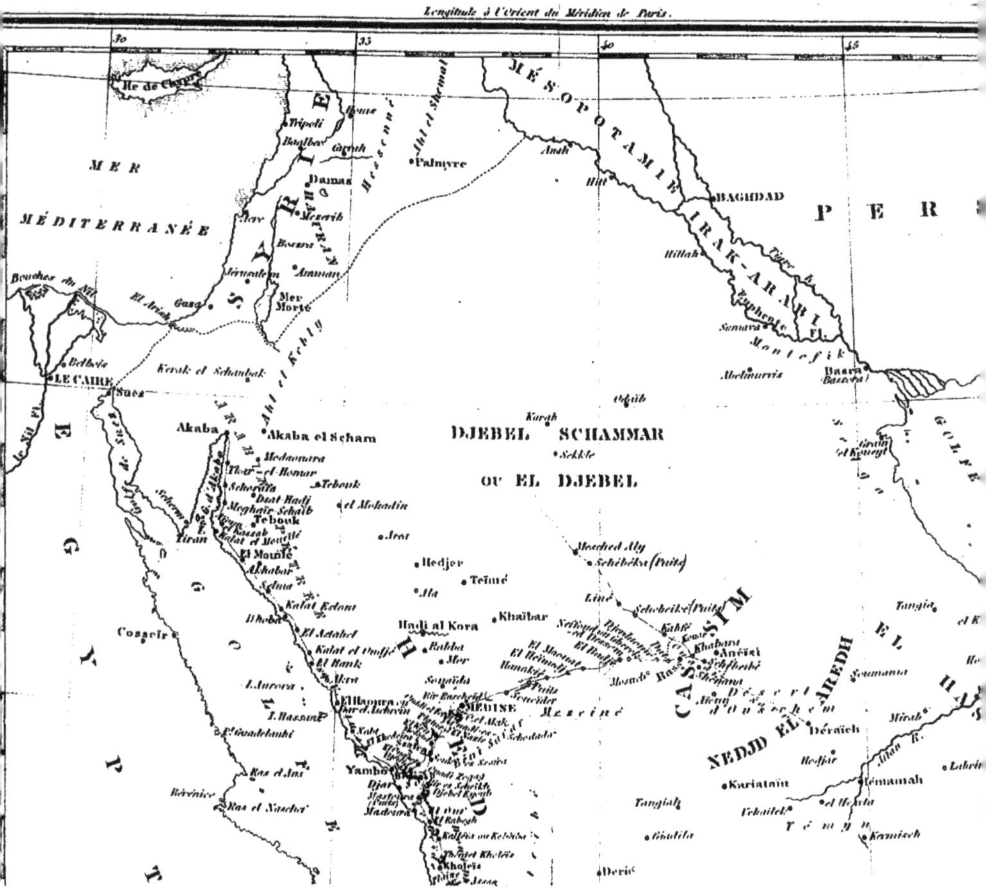

Longitude à l'Orient du Méridien de Paris.

30 35 40 45

Ile de Chypre

MÉSOPOTAMIE

Tripoli

Palmyre

Anah

MER

MÉDITERRANÉE

Damas

BAGHDAD

P E R

SYRIE

Hitt

Hillah

Jérusalem

Amman

IRAK-ARABI

Mer Morte

Bouches du Nil

El Arish

Gaza

Euphrate

Samava

Montefik

Belbeis

LE CAIRE

Kerak el Schaubak

Abelmurris

Basra (Bassora)

Suez

Akaba

Akaba el Scham

DJEBEL SCHAMMAR

OU EL DJEBEL

Sekkle

Koueyt

GOLFE

Medaouara

Tebouk

el Mohadin

Tebouk

El Moulé

Arat

Hedjer

Meched Aly

Schébéka (Puits)

Teïmé

Ala

Ghoba

Kalat Eslam

Hadi al Kora

Khaïbar

Cosseir

El Hank

Rabba

Rass

Anéizi

Khabara

CASSIM

Tangia

EL AREDH

NEDJD EL

EL HA

Yambo

MÉDINE

Meziné

Dériaïeh

Hedjar

Yémamah

Kariataïn

Ras el Ans

Bérénice

Ras el Nascher

Djar

Madeura

El Rabegh

Kholeïs

Tangiah

Ghatila

Deriè

Kermisch

Lahris

EGYPTE

GOLFE

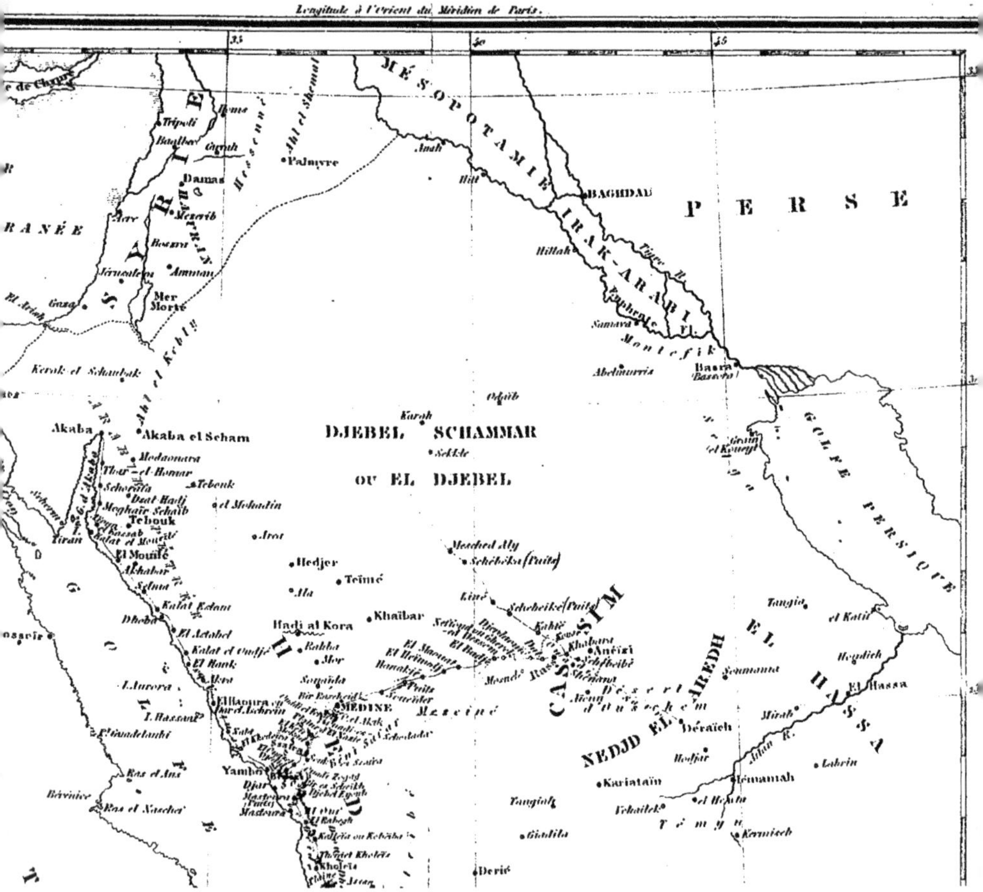

Longitude à l'Orient du Méridien de Paris.

35 40 45

MÉSOPOTAMIE

PERSE

SYRIE

IRAK-ARABI

DJEBEL SCHAMMAR OU EL DJEBEL

GOLFE PERSIQUE

CASSIM

NEDJD EL AREDH

EL HASSA

HEDJAZ

Tripoli

Baalbec

Damas

Palmyre

Anah

Hitt

BAGHDAD

Hillah

Samava

Abelmurris

Basra (Bassora)

Jérusalem

Gaza

Amman

Mer Morte

Akaba

Akaba el Scham

Tebouk

Teïmé

Hedjer

Khaïbar

Hadi al Kora

MÉDINE

Yambo

Ras

Anéïzi

Déraïch

Kariataïn

Iémamah

Derié

El Hassa

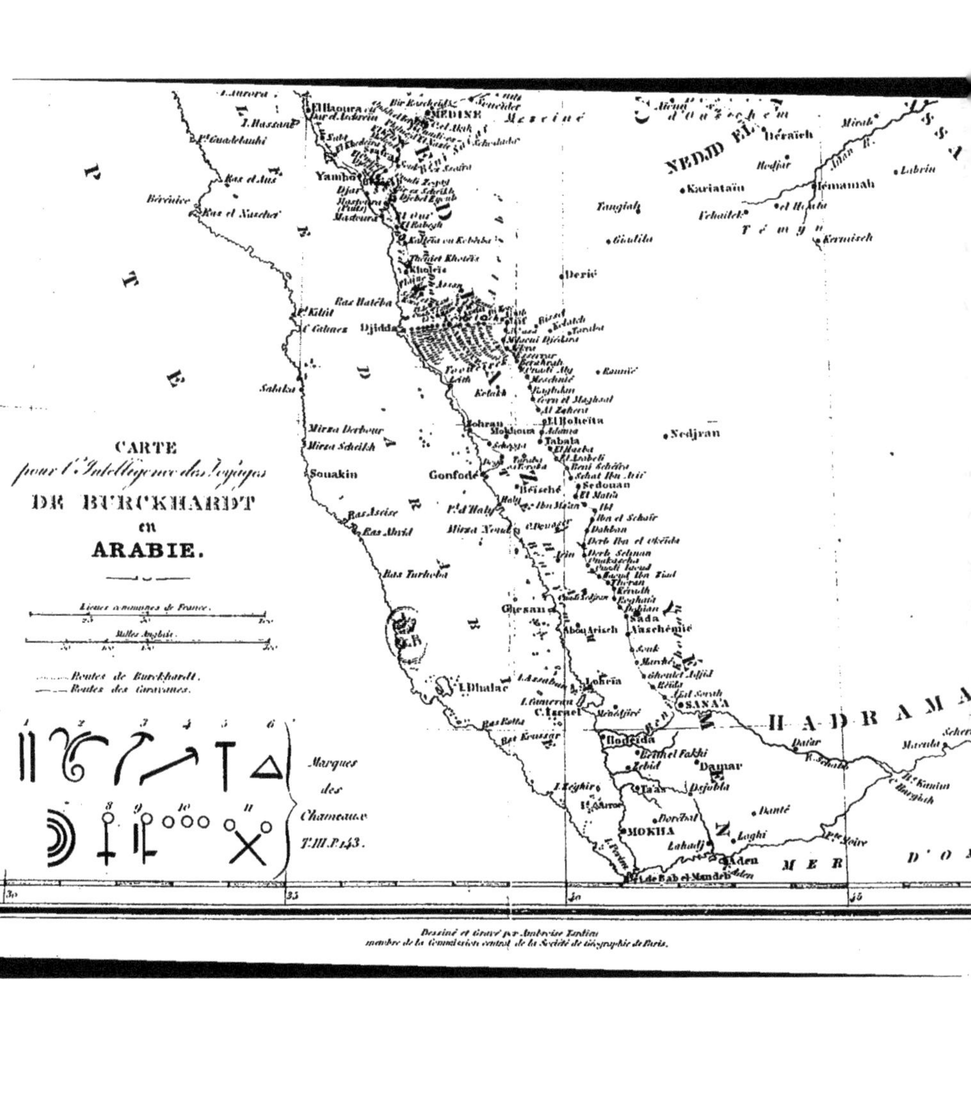
CARTE
pour l'Intelligence des Voyages
DE BURCKHARDT
en
ARABIE.
Lieues communes de France.
Milles Anglais.
Routes de Burckhardt.
Routes des Caravanes.
Marques des Chameaux T.III.P.143.
MEDINE
Yambo
Djidda
Gonfode
Souakin
Nedjran
Deraïeh
NEDJD
Iémamah
Ghesan
Loheia
Hodeida
Beit el Fakhi
Zebid
Damar
Taas
MOKHA
Aden
SANA'A
Sada
H A D R A M A
MER
Dessiné et Gravé par Ambroise Tardieu
membre de la Commission central de la Société de Géographie de Paris.

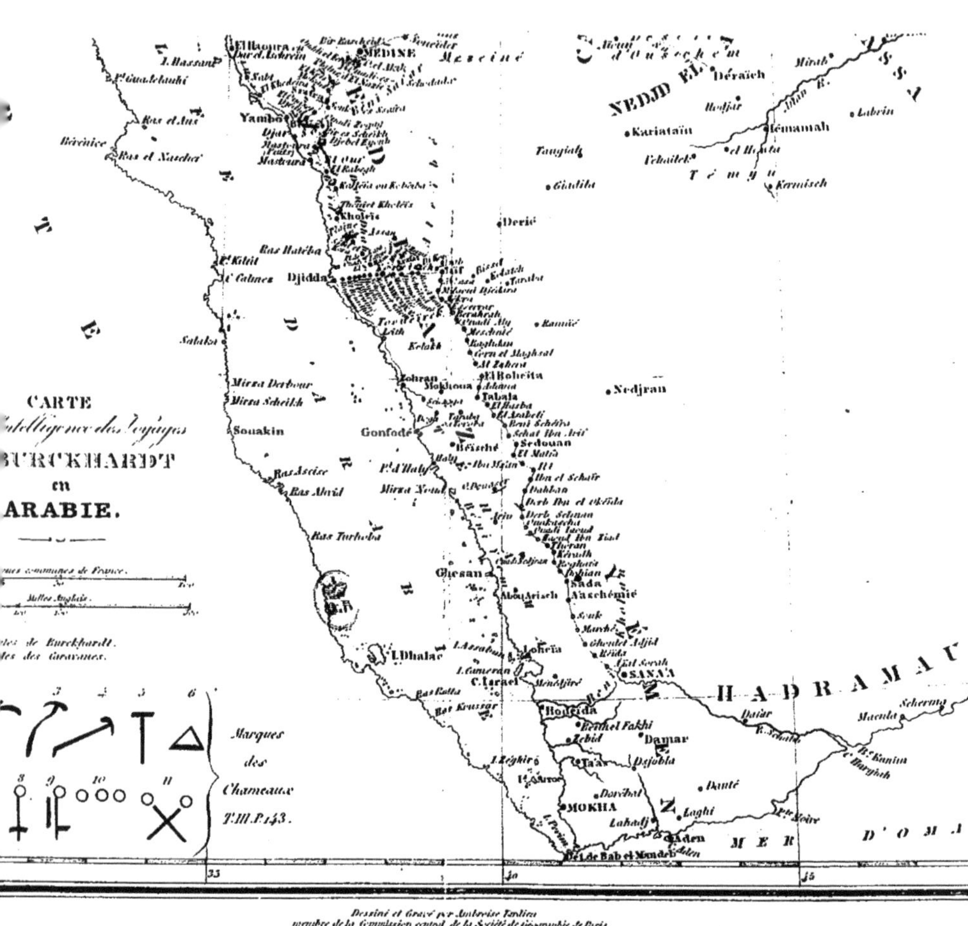


Dessiné et Gravé par Ambroise Tardieu
membre de la Commission central de la Société de Géographie de Paris.

www.ingramcontent.com/pod-product-compliance
Ingram Content Group UK Ltd.
Pitfield, Milton Keynes, MK11 3LW, UK
UKHW012007240726
13965UKWH00001B/217

9 782013 260510